模 式 识 别

赵宇明　熊惠霖　周　越　胡福乔　姚莉秀　编著

上海交通大学出版社

内 容 提 要

本书系统地论述了各类经典模式识别的基本概念、基本原理、典型方法、实用技术以及有关研究的新成果。本书讨论的模式识别技术涵盖统计模式识别、支撑向量机理论、人工神经网络技术以及基于隐马尔科夫模型的识别方法等多个方面。全书共分 10 章。第 1 章为绪论;第 2 章至第 7 章系统地介绍统计模式识别的基本理论和基本方法,包括用似然函数做模式识别、用距离函数做模式识别,以及特征选择,具体为:判别函数方法、Bayes 决策理论、错误率和密度函数估计、最近邻法、聚类分析以及特征选择;第 8 章论述支撑向量机理论;第 9 章介绍人工神经网络技术;第 10 章讨论基于隐马尔科夫模型的识别方法。

本书可供模式识别与智能系统、计算机科学与技术、控制科学与工程、生命科学与技术及其他领域的和有关专业的研究生、本科高年级学生作为关于信息分析、检测、识别的教材或教学参考书,也可以供相关专业的科研人员参考。

图书在版编目(CIP)数据

模式识别/赵宇明等编著. —上海: 上海交通大学出版社, 2013

ISBN 978-7-313-10246-1

Ⅰ. ①模… Ⅱ. ①赵… Ⅲ. ①模式识别—教材 Ⅳ. ①O235

中国版本图书馆 CIP 数据核字(2013)第 201033 号

模式识别

赵宇明 等/编著

上海交通大学出版社出版发行

(上海市番禺路 951 号 邮政编码 200030)

电话: 64071208 出版人: 韩建民

上海交大印务有限公司印刷 全国新华书店经销

开本: 787 mm×1092 mm 1/16 印张: 11.5 字数: 244 千字

2013 年 10 月第 1 版 2013 年 10 月第 1 次印刷

ISBN 978-7-313-10246-1/O 定价: 36.00 元

前　言

模式识别是研究模式分类理论和方法的学科，是一门涉及数学、信息科学、计算机科学等多学科的交叉性学科。自20世纪30年代诞生以来，模式识别已经发展成一门理论相对完善的学科，其理论基础涵盖了高等数学中的矩阵分析、概率统计及最优化等方面的内容；同时，模式识别也是一门应用性很强的学科，它在功能上可视为人工智能的一个分支，主要为智能系统实现机器智能提供理论和技术支持。20世纪70年代以来，随着计算机技术的发展，模式识别在各种应用需求的推动下取得了长足的发展，新的理论和方法相继涌现。目前，模式识别技术已成功应用在视频监控、医疗诊断、生物识别、雷达信号识别、智能交通系统和高技术武器系统等广泛的领域中。

模式识别的核心问题是如何让机器对多种模式进行合理的分类和识别，围绕这个问题，在模式识别的发展过程中产生了多种模式识别的理论和方法，较典型的模式识别理论包括统计模式识别、结构模式识别、模糊模式识别等，这其中统计模式识别是发展时间最长、理论相对最完善、实际应用最广泛的一种模式识别理论，也是现代模式识别的主流方法。作为主要面向高校模式识别课程的教材，本书主要讲述统计模式识别的核心内容，包括判别函数方法、贝叶斯决策理论、错误率和密度函数估计、最近邻分类法、特征变换和特征选择、聚类分析等传统的统计模式识别知识；另外，作为对模式识别新方法的介绍，本书最后三章分专题较详细地介绍了现代模式识别中三种应用广泛的典型方法，即支持向量机理论、人工神经网络方法和基于隐马尔可夫模型的模式识别方法。

本书在编写中始终坚持重视基础的原则，强调对基本概念、基本理论和基本方法的理解,在注重理论严谨性的同时尽量用浅显易懂的方式表述模式识别的基础理论知识,并在此基础上适当介绍现代模式识别中具有广泛应用价值的新理论和新方法。在内容取舍上,注重理论和方法的实用性,因此,本书主要以统计模式识别的内容为线索展开,不包括一般模式识别书籍中常见的结构模式识别等方面的内容。

本书的作者长期从事模式识别相关的科研和教学工作,在参考国内外众多专家学者论文及论著的基础上,结合我们自己在模式识别的教学和科研工作中的实践经验,联合编写了本书,其中第1章和第8章由熊惠霖编写、第2章由姚莉秀编写、第3章至第7章由赵宇明编写、第9章由胡福乔编写、第10章由周越编写。由于我们学识水平所限,加之模式识别学科还是一门相对年轻、且仍在快速发展的学科,本书中一定存在一些不妥甚至错误的地方,敬请读者批评指正。

作　者

2013年8月1日

目 录

第1章 绪 论

1.1 模式识别概论

1.1.1 模式识别基本概念

什么是模式？广义上讲，模式是对存在于时空中的某种客观事物的描述。例如“水”是一种无色无味且透明的液体，“玻璃”是一种能透光且易碎的固体。这种对事物特征的描述是人在认识客观世界的过程中，对同类事物的多次感知经验中形成的，人将事物的这种描述存储记忆在大脑中，并以此为依据，对当下感知的事物是什么进行判断，这实际就是一个模式识别的过程。

我们可以这样给(人的)模式识别下一个定义：模式识别是对感知信息进行分析，并对感兴趣的对象是什么进行判别的过程。人在日常生活、工作学习和社会活动中几乎无时、无处不在进行着模式识别，我们阅读是在进行文字模式识别；听收音机是在进行语音模式识别；看电影是在同时进行视觉模式识别和语音模式识别。医生工作时，要根据自己掌握的有关疾病的专业知识和经验，结合病人的实际情况和症状，判断病人所患的是什么疾病，并采取相应的治疗措施，整个过程就是对疾病的模式识别过程。

作为高级智慧生物，人具有非凡的模式识别能力。我们能在多人说话的声音中准确分辨熟人的声音；面对复杂的视觉场景，我们能在不经意的一瞥之中准确判断“这里是一辆汽车”“那里有一个行人”。可是，这些在我们看来如此容易的模式识别工作要让机器或计算机来完成，却会变得非常困难，如何让机器具有或部分具有人的识别能力？机器能在多大程度上实现人的识别能力？这些问题关乎“智能”的本质，也是模式识别和人工智能探讨的主要问题。

在模式识别中，通常并不研究“人是如何进行模式识别的?”，尽管这方面的知识可以帮助和启发我们设计有效的机器模式识别方法，但在一般模式识别研究中我们关心的主要是“机器该如何去识别?”。为了让机器进行识别，首先必须将表征模式的信息输入机器(或计算机)。在模式识别中，模式的表征通常用反映其特征的一组数组成的向量来表示，称为特征向量。表征模式信息的特征向量输入机器(或计算机)后，(机器)模式识别要完成的工作就是要判断输入的模式是什么，即输入的模式属于哪类模式，这种判断模式类别属性的问题本质上是一个分类问题，因此机器模式识别就是根据一定的规则（或算法），对模式特征向量进行合理的分类。其中的规则可以是人事先赋予的（如各种专家系统），也可以是机器通过对大量样本数据学习后获得的。

1.1.2 模式识别系统的组成

一个完整的模式识别系统主要由模式信息获取、预处理、特征提取或特征选择、分类决策等几部分或环节组成，图 1-1 给出了它们之间的联系和先后顺序。由于现代模式识别大都采用训练、学习的手段，从大量训练样本数据中获得模式的分类规则，因此在分类决策环节常常包括规则的训练学习过程，指的是通过大量的样本数据学习决策函数。一般来说，模式识别研究的核心内容是特征提取与选择、训练学习和分类识别。

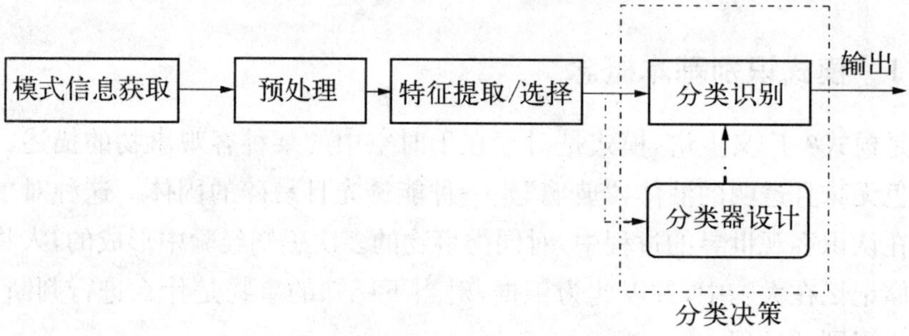

图 1-1 模式识别系统组成

1) 模式信息的获取

获取模式信息一般是通过某种传感器，将反映模式信息的信号（如光或声音等）转化为电信号。模式信息可以是二维的信号，如图像；也可以是一维的信号，如声波、心电图、脑电图等。为便于存储、处理和传输，载有模式信息的电信号一般要经过模数转换，即将模拟电信号转化为数字信号。

2) 预处理

在模式信息的获取过程中，不可避免会有随机噪声的干扰，需要对噪声进行滤除，在滤除噪声的同时要尽可能保存和恢复模式信息的完整性；由于传感器与目标模式间相对位置的变化，或传感器平台本身的运动等方面的原因，获得的模式信号常常会出现不同程度的畸变，需要进行校正；另外，为有利于后续特征提取，常常需要对反映模式特征的信息内容进行增强等等；这些处理过程都属于预处理的内容。

3) 特征提取与特征选择

传感器获取的模式信息经过预处理后，包含大量冗余的与模式识别任务无关的信息，这些额外的信息不仅加重了计算负担，还会对最终的模式分类产生干扰，因此，为排除与模式分类无关的信息，我们需要从获取的模式信息中提取最能反映异类模式间本质差异的信息，这种信息称为模式的特征（信息）。提取模式特征信息的过程称为特征提取，例如在图像识别中，由于形状能反映不同物体(模式)的差异，因此我们通常需要从图像中提取物体的边缘，并以此作为反映不同物体形状差异的特征。

不同模式的差异可以从多方面来描述，因此反映模式差异的特征信息可以从不同的角度、采用不同的方法提取，如在图像识别中，可以从物体形状差异的角度出发，提取反映形状差异的边缘特征；可以从物体颜色差异的角度出发，提取反映这种差异的颜色特征；还可以从物体表面光滑或粗糙程度的差异，提取反映这种差异的纹理特征等。这些特征从不同的角度对模式对象的特征进行描述，但它们刻画模式间差异的能力是不同的，有时为了更有效地进行后续的模式分类识别，我们还需要从模式的特征集中，按某种准则选择部分模式辨识能力强的特征子集作为模式的特征描述，这一过程通常称为特征选择。特征选择可降低特征的维数、节省模式的存储空间、提高计算效率，更重要的是通过特征选择，还可以发现反映模式差异的更本质的特征。

4) 分类器设计

经过特征提取或特征选择后，模式就由特征来表示，特征常常是以向量的形式出现的，称为特征向量，特征向量所在的空间称为特征空间。这样，在模式识别中，模式就被抽象为特征空间中的一个点，而模式识别或模式分类就是根据一定的规则，将分布于特征空间的模式特征向量划归为不同的模式类。所谓分类器就是执行分类规则的计算模块(或单元)，因此，分类器设计本质上就是设计分类规则。

模式识别的核心问题是如何让机器获得有效的模式分类规则。机器获取分类规则有两种途径，第一种途径是将人的知识和经验进行归纳总结后形成机器可以执行的规则，例如在各种专家系统中，专家的知识和经验经过归纳总结，形成对特定模式(如某种疾病)的辨识规则，并输入机器，机器就可以模仿专家进行模式辨识。但是，专家的知识和经验是在长期的学习和实践中获得的，这些知识和经验有时难以用有限的规则来描述和概括，因此，在现代模式识别中，机器对分类规则的获取主要是通过第二种途径，即训练和学习来实现的。这种途径需要收集大量有代表性的样本，并采用机器学习的方法，让机器在大量样本的学习中产生有效的分类规则。这一过程一般要反复多次进行，并不断地反馈以修正错误，使机器的正确辨识率达到最佳，形象地说，这一过程就是培养机器“专家”的过程。

5) 分类识别

经过学习和训练之后，将产生的分类规则用于未知类别的模式对象，并对该模式对象的类别属性进行判断的过程。

1.1.3 模式识别方法

模式识别这一学科诞生于20世纪30年代，当时Fisher提出了统计分类的理论，奠定了统计模式识别的理论基础。60年代以来，统计模式识别得到了快速发展，并一直是模式识别的主流方法之一。与此同时，在Noam Chemsky的形式语言理论基础上，美籍华人学者傅京荪(King-sun Fu)于60年代提出了句法模式识别方法。20世纪80年代，Hopfield发展了神经元网络模型的理论，开创了应用神经网络进行模式识别的新方法。

自 90 年代以来，以隐马尔可夫随机场模型（HMM）、支持向量机（Support Vector Machines, SVM）、子空间学习和稀疏表示（Sparse Representation）等为代表的大批新方法相继涌现，为模式识别这一学科带来了新的理论和活力。

目前，模式识别已发展成一门多种学科交叉的学科，这门学科涉及的理论与技术相当广泛，包括数学、信息论、控制论、计算机科学、信号处理、神经心理学等。模式识别从形式上来讲是研究数据处理与信息分析的学科，但从功能上讲，可以认为它是人工智能的一个分支。在模式识别发展的历史中产生了各种各样的识别方法，这些方法按理论的不同可以将主要的方法分为统计模式识别、结构模式识别、模糊模式识别和人工神经网络模式识别等。

1）统计模式识别

统计模式识别是模式识别的主流，也是本书的主要内容。统计模式识别的理论基础较完善，方法众多，在实际应用中较有效，现已形成一个完整的体系。统计模式识别最基本的特点就是以模式数据在特征空间中的概率分布为基础，引导对模式总体进行分析和分类。统计模式识别中代表性的方法有：聚类分析方法、统计判决方法、近邻分类法等。

2）结构模式识别

结构模式识别也称句法模式识别，适用于有复杂结构特征的模式对象。在许多情形下，对于具有复杂结构特征的模式对象，仅采用一些数值特征常常不能充分地对其进行描述和正确地识别。结构模式识别方法将模式对象分解为若干个基本单元（称为基元），并用这些基元以及它们的结构关系来表征模式对象。基元和基元间的结构关系用字符串或图来表示，这些字符串或图称为语言的句子，结构模式识别就是运用形式语言的理论与技术，对句子进行句法分析，然后根据其是否符合某一模式类的文法来判断句子所代表模式的类别。

3）模糊模式识别

模糊模式识别方法是将模糊数学中的一些概念和方法应用在模式识别领域而产生的一类方法。模糊模式识别的基本思想方法是：将模式或模式类作为模糊集，模式的类属性或属性值转化为隶属度，运用隶属函数、模糊关系或模糊推理进行分类识别。模糊模式识别方法在实际的模式识别中有较广泛的应用，但是模糊模式识别方法的有效性取决于模式类的隶属函数是否恰当，模式对象间模糊关系的度量是否良好等。

4）人工神经网络模式识别

人工神经网络是由大量神经元（neuron）互相连接而构成的一种非线性系统，单个神经元的结构和功能都非常简单，但大量神经元构成的系统却可以实现复杂的系统功能，甚至模拟生物神经网络的某些特性。例如，人工神经网络具有自组织、自学习、自适应及联想和容错等特性，将人工神经网络的这些特点与模式识别的目标相结合就产生了一种独特的模式识别方法，即基于神经网络模型的模式识别方法。

5）模式识别新方法

进入 20 世纪 90 年代以来，随着计算机应用技术日新月异的发展，各种模式识别的新理论和新方法不断涌现，给模式识别理论和应用的发展带来了新的活力。在这些新出现的模式识别方法中最具代表性的有以下几种：① 支持向量机(SVM)识别方法；② 各种子空间分析方法；③ 以隐马尔可夫模型为代表的随机场方法；④ 以 AdaBoost 为代表的集成学习方法等。这些模式识别新方法大都具有坚实的理论基础，如支持向量机方法是建立在凸优化的数学理论之上的，这些方法的有效性已被大量实际应用结果所证实。

1.2 模式识别数学基础

模式信息经过特征提取或特征选择后，模式就被抽象为一个 n 维特征向量，即 $\mathbf{R}^n$ 中的一个点。一般而言，即使对同类模式、不同对象(样本)的特征向量也是有差异的，这种差异可能来自模式信息获取时噪声的干扰，但更主要的原因是在获取模式信息时，传感器与模式对象间空间位置、方位、视角等因素的不同而造成的，这使得同类模式的不同样本以某种特定的空间分布方式散布在特征空间中。从数理统计的观点来看，我们可以认为模式是特征空间中的随机向量，同类模式的不同对象是模式母体的观测样本，通过对母体分布规律的估计来引导模式分类，这正是统计模式识别的思想。由于统计模式识别是本书的主要内容，本节给出了与此相关的数学基础知识。

1.2.1 随机向量

1) 随机向量的分布

设 $\boldsymbol{X}=(\boldsymbol{X}_1, \boldsymbol{X}_2, \cdots, \boldsymbol{X}_n)^{\mathrm{T}}$ 为 n 维随机向量，$\boldsymbol{X}$ 的所有可能取值为实数域的随机向量 $\boldsymbol{x}$，$\boldsymbol{x}=(x_1, x_2, \cdots, x_n)^{\mathrm{T}} \in \mathbf{R}^n$，则随机向量 $\boldsymbol{X}$ 的(联合)概率分布函数为

$$F(\boldsymbol{x}) = P(\boldsymbol{X} \leqslant \boldsymbol{x}) \overset{\text{def}}{=\!=} P(\boldsymbol{X}_1 \leqslant x_1, \boldsymbol{X}_2 \leqslant x_2, \cdots, \boldsymbol{X}_n \leqslant x_n)$$

(联合)概率密度函数定义为

$$p(\boldsymbol{x}) = p(x_1, x_2, \cdots, x_n) \overset{\text{def}}{=\!=} \frac{\partial^n F(x_1, x_2, \cdots, x_n)}{\partial x_1 \partial x_2 \cdots \partial x_n}$$

设所有模式分为 c 类，第 i 类模式记为 ω_i，其特征向量的概率分布函数和概率密度函数记为

$$F(\boldsymbol{x} \mid \omega_i) \overset{\text{def}}{=\!=} P(\boldsymbol{X} \leqslant \boldsymbol{x} \mid \boldsymbol{X} \in \omega_i)$$

$$p(\boldsymbol{x} \mid \omega_i) \overset{\text{def}}{=\!=} \frac{\partial^n F(x_1, x_2, \cdots, x_n \mid \omega_i)}{\partial x_1 \partial x_2 \cdots \partial x_n}$$

2) 随机向量的数字特征

(1) 期望(均值)和条件期望。

n 维随机向量 $\boldsymbol{X}$ 的期望定义为如下的 n 维向量：

$$\boldsymbol{\mu} = E(\boldsymbol{X}) \stackrel{\text{def}}{=\!=} (E(\boldsymbol{X}_1),\ E(\boldsymbol{X}_2),\ \cdots,\ E(\boldsymbol{X}_n))^{\mathrm{T}} = \int_{\mathbf{R}^n} \boldsymbol{x}\, p(\boldsymbol{x})\,\mathrm{d}\boldsymbol{x}$$

式中：$\boldsymbol{\mu}$ 的第 i 个分量：

$$E(\boldsymbol{X}_i) \stackrel{\text{def}}{=\!=} \mu_i = \int_{-\infty}^{+\infty} x p_i(x)\,\mathrm{d}x = \int_{-\infty}^{+\infty}\int_{-\infty}^{+\infty}\cdots\int_{-\infty}^{+\infty} x_i p(x_1,\ x_2,\ \cdots,\ x_n)\,\mathrm{d}x_1\mathrm{d}x_2\cdots\mathrm{d}x_n$$

式中：$p_i(x)$是 X_i 的边缘密度函数。n 维随机向量 $\boldsymbol{X}$ 关于模式类 ω_i 的条件期望定义为

$$E(\boldsymbol{X} \mid \omega_i) \stackrel{\text{def}}{=\!=} \int_{\mathbf{R}^n} \boldsymbol{x}\, p(\boldsymbol{x} \mid \omega_i)\,\mathrm{d}\boldsymbol{x}$$

(2) (自)协方差矩阵。

n 维随机向量 $\boldsymbol{X}$ 的(自)协方差矩阵

$$\boldsymbol{\Sigma} = E(\boldsymbol{X}-\boldsymbol{\mu})(\boldsymbol{X}-\boldsymbol{\mu})^{\mathrm{T}} \stackrel{\text{def}}{=\!=} [\sigma_{ij}^2]_{n\times n}$$

是一个 $n\times n$ 的实对称非负定的矩阵，其中 σ_{ij}^2 为第 i 个分量 $\boldsymbol{X}_i$ 与第 j 个分量 $\boldsymbol{X}_j$ 的协方差，即

$$\sigma_{ij}^2 = E(\boldsymbol{X}_i - \mu_i)(\boldsymbol{X}_j - \mu_j)$$

所谓 $\boldsymbol{\Sigma}$ 非负定是指对任意 $\boldsymbol{x} \in \mathbf{R}^n$ 都有

$$\boldsymbol{x}^{\mathrm{T}}\boldsymbol{\Sigma}\boldsymbol{x} \geqslant 0$$

(3) 自相关矩阵和相关系数矩阵。

n 维随机向量 $\boldsymbol{X}$ 的自相关矩阵 $\boldsymbol{R} \stackrel{\text{def}}{=\!=} E(\boldsymbol{X}\boldsymbol{X}^{\mathrm{T}})$，相关系数矩阵 $\boldsymbol{R}_c \stackrel{\text{def}}{=\!=} [r_{ij}]_{n\times n}$，其中 r_{ij} 为第 i 个分量 X_i 与第 j 个分量 X_j 的相关系数，即 $r_{ij} = \sigma_{ij}^2/(\sigma_{ii}\sigma_{jj})$。显然，$-1 \leqslant r_{ij} \leqslant 1$，自相关矩阵与(自)协方差矩阵之间有如下关系：$\boldsymbol{\Sigma} = \boldsymbol{R} - \boldsymbol{\mu}\boldsymbol{\mu}^{\mathrm{T}}$。

3) 随机变量、随机向量间的关系

(1) 不相关。

若随机向量 $\boldsymbol{X}$ 的第 i 个分量 $\boldsymbol{X}_i$ 与第 j 个分量 $\boldsymbol{X}_j$ 的协方差 $\sigma_{ij}^2 = 0$(这里 $i \neq j$)，则称 $\boldsymbol{X}_i$ 与 $\boldsymbol{X}_j$ 不相关。显然，$\boldsymbol{X}_i$ 与 $\boldsymbol{X}_j$ 不相关等价于下式成立：

$$E(\boldsymbol{X}_i\boldsymbol{X}_j) = E(\boldsymbol{X}_i)E(\boldsymbol{X}_j)$$

进一步，若下式成立，则称两个 n 维随机向量 $\boldsymbol{X}$ 与 $\boldsymbol{Y}$ 不相关：

$$E(\boldsymbol{X}\boldsymbol{Y}^{\mathrm{T}}) = E(\boldsymbol{X})E(\boldsymbol{Y}^{\mathrm{T}})$$

上式的另一种表述是：$\boldsymbol{X}$ 与 $\boldsymbol{Y}$ 的互协方差矩阵为零矩阵，即 $\mathrm{cov}(\boldsymbol{X},\boldsymbol{Y}) = \boldsymbol{0}$，这里互协方差矩阵定义为 $\mathrm{cov}(\boldsymbol{X},\boldsymbol{Y}) = E(\boldsymbol{X}-E(\boldsymbol{X}))(\boldsymbol{Y}-E(\boldsymbol{Y}))^{\mathrm{T}}$。

(2) 正交和独立。

两个 n 维随机向量 $\boldsymbol{X}$ 与 $\boldsymbol{Y}$ 正交,如果它们满足:$E(\boldsymbol{X}\boldsymbol{Y}^{\mathrm{T}})=0$。若两个随机向量 $\boldsymbol{X}$ 与 $\boldsymbol{Y}$ 的联合概率密度函数等于两个边缘概率密度函数之积,即 $p(\boldsymbol{x},\ \boldsymbol{y})=p(\boldsymbol{x})p(\boldsymbol{y})$,则称 $\boldsymbol{X}$ 与 $\boldsymbol{Y}$ 独立。

显然,若两个随机向量独立,则它们必是不相关的,但反之则不然。任何与零均值随机向量独立或不相关的随机向量必与之正交。

(3) 随机向量的线性变换。

n 维随机向量 $\boldsymbol{X}$,经 $m\times n$ 矩阵 $\boldsymbol{A}$ 线性变换后得到 m 维随机向量,$\boldsymbol{Y}=\boldsymbol{A}\boldsymbol{X}$,则 $\boldsymbol{X}$ 与 $\boldsymbol{Y}$ 的均值与协方差矩阵之间存在以下关系:

$$\begin{aligned}\boldsymbol{\mu}_Y &= \boldsymbol{A}\boldsymbol{\mu}_X\\ \boldsymbol{\Sigma}_Y &= \boldsymbol{A}\boldsymbol{\Sigma}_X\boldsymbol{A}^{\mathrm{T}}\end{aligned}\tag{1-1}$$

式中:$\boldsymbol{\mu}_X$ 和 $\boldsymbol{\mu}_Y$ 分别为随机向量 $\boldsymbol{X}$ 和 $\boldsymbol{Y}$ 的期望,$\boldsymbol{\Sigma}_X$ 和 $\boldsymbol{\Sigma}_Y$ 分别为 $\boldsymbol{X}$ 和 $\boldsymbol{Y}$ 的(自)协方差矩阵。

由于 $\boldsymbol{\Sigma}_X$ 是实对称非负定矩阵,必存在变换矩阵 $\boldsymbol{A}$ 使 $\boldsymbol{A}\boldsymbol{\Sigma}_X\boldsymbol{A}^{\mathrm{T}}$ 为对角矩阵,即 $\boldsymbol{Y}$ 的协方差矩阵为对角矩阵,这时 $\boldsymbol{Y}$ 的各分量是不相关的。因此,对任意随机向量,一定可以找到一种线性变换,使变换后随机向量的各分量是彼此不相关的。

1.2.2 正态分布

在概率论及数理统计课程中,正态分布是一种最重要的概率分布,很多实际问题中的随机变量或随机向量都服从或近似服从正态分布。事实上,根据概率论中的中心极限定律,当影响一个随机变量的因素很多,且没有一个占主导的因素时,可以认为这个随机变量近似服从正态分布。

1) 正态分布密度函数

(1) 一元正态分布。

一维随机变量 $\boldsymbol{X}$ 服从参数为 μ 和 σ^2 的正态分布,其概率密度函数为

$$p(x)=\frac{1}{\sqrt{2\pi}\sigma}\exp\left[-\frac{(x-\mu)^2}{2\sigma^2}\right]$$

记为 $\boldsymbol{X}\sim N(\mu,\ \sigma^2)$,或 $p(x)\sim N(\mu,\ \sigma^2)$。易证,若 $\boldsymbol{X}\sim N(\mu,\ \sigma^2)$,则 $\boldsymbol{X}$ 的期望 $E(\boldsymbol{X})=\mu$,方差 $E(\boldsymbol{X}-\mu)^2=\sigma^2$。特别地,若 $\boldsymbol{X}\sim N(0,\ 1)$,称 $\boldsymbol{X}$ 服从标准正态分布。一元正态分布的概率密度函数由期望和方差完全确定。

(2) 多元正态分布。

n 维随机变量 $\boldsymbol{X}=(\boldsymbol{X}_1,\ \boldsymbol{X}_2,\ \cdots,\ \boldsymbol{X}_n)^{\mathrm{T}}$ 服从 n 元正态分布,其(联合)概率密度函数为

$$p(x_1,\ x_2,\ \cdots,\ x_n)\overset{\text{def}}{=}p(\boldsymbol{x})=\frac{1}{(2\pi)^{n/2}\ |\ \boldsymbol{\Sigma}\ |^{1/2}}\exp\left[-\frac{1}{2}(\boldsymbol{x}-\boldsymbol{\mu})^{\mathrm{T}}\boldsymbol{\Sigma}^{-1}(\boldsymbol{x}-\boldsymbol{\mu})\right]\tag{1-2}$$

式中：$\boldsymbol{\mu}=(\mu_1, \mu_2, \cdots, \mu_n)^{\mathrm{T}}$ 为 $\boldsymbol{X}$ 的期望向量，$\boldsymbol{\Sigma}$ 为 $\boldsymbol{X}$ 的协方差矩阵，$|\boldsymbol{\Sigma}|$ 为协方差矩阵的行列式，记为 $\boldsymbol{X}\sim N(\boldsymbol{\mu}, \boldsymbol{\Sigma})$。

2) 多元正态分布的性质

(1) 多元正态分布完全由 $\boldsymbol{\mu}$ 和 $\boldsymbol{\Sigma}$ 确定。

(2) 若 $\boldsymbol{X}\sim N(\boldsymbol{\mu}, \boldsymbol{\Sigma})$，则 $\boldsymbol{X}$ 的各分量之间不相关与独立是等价的。事实上，若 $\boldsymbol{X}$ 的各分量不相关，则协方差矩阵为对角矩阵，即 $\boldsymbol{\Sigma}=\mathrm{diag}(\sigma_{11}^2, \sigma_{22}^2, \cdots, \sigma_{nn}^2)$，这里 $\mathrm{diag}(\sigma_{11}^2, \sigma_{22}^2, \cdots, \sigma_{nn}^2)$ 表示以 $\sigma_{11}^2, \sigma_{22}^2, \cdots, \sigma_{nn}^2$ 为主对角线元素的对角矩阵。于是有

$$|\boldsymbol{\Sigma}|=\prod_{i=1}^{n}\sigma_{ii}^2, \ \boldsymbol{\Sigma}^{-1}=\mathrm{diag}(1/\sigma_{11}^2, 1/\sigma_{22}^2, \cdots, 1/\sigma_{nn}^2)$$

$$(\boldsymbol{x}-\boldsymbol{\mu})\boldsymbol{\Sigma}^{-1}(\boldsymbol{x}-\boldsymbol{\mu})^{\mathrm{T}}=\sum_{i=1}^{n}\frac{(x_i-\mu_i)^2}{\sigma_{ii}^2}$$

因此，$\boldsymbol{X}$ 的联合概率分布密度函数

$$\begin{aligned}p(\boldsymbol{x})&=\frac{1}{(2\pi)^{n/2}|\boldsymbol{\Sigma}|^{1/2}}\exp\left[-\frac{1}{2}(\boldsymbol{x}-\boldsymbol{\mu})^{\mathrm{T}}\boldsymbol{\Sigma}^{-1}(\boldsymbol{x}-\boldsymbol{\mu})\right]\\&=\prod_{i=1}^{n}\frac{1}{\sqrt{2\pi}\sigma_{ii}}\exp\left[-\frac{(x_i-\mu_i)^2}{2\sigma_{ii}^2}\right]\\&=\prod_{i=1}^{n}p_i(x_i)\end{aligned}$$

这就证明了 $\boldsymbol{X}$ 的各分量是相互独立的。

(3) 多元正态分布中等概率密度的点形成 $\mathbf{R}^n$ 空间中的超椭球面。

由式(1-2)知，当指数为常数时联合概率密度函数值不变，因此多元正态分布的等概率密度曲面方程为

$$(\boldsymbol{x}-\boldsymbol{\mu})\boldsymbol{\Sigma}^{-1}(\boldsymbol{x}-\boldsymbol{\mu})^{\mathrm{T}}=\lambda^2 \tag{1-3}$$

式中：λ 为常数。显然该方程表示 $\mathbf{R}^n$ 空间中的超椭球面，其中心位于 $\boldsymbol{\mu}$ 处。式(1-3)中的 λ 称为 $\boldsymbol{x}$ 到 $\boldsymbol{\mu}$ 的马氏(Mahalanobis)距离。

(4) 多元正态分布的边缘概率分布和条件概率分布仍为正态分布。

若随机向量 $\boldsymbol{X}$ 由两个随机向量 $\boldsymbol{X}_1$ 和 $\boldsymbol{X}_2$ 构成，即

$$\boldsymbol{X}=\begin{pmatrix}\boldsymbol{X}_1\\\boldsymbol{X}_2\end{pmatrix}\sim N(\boldsymbol{\mu}, \boldsymbol{\Sigma}),\text{令 }\boldsymbol{\mu}=\begin{pmatrix}\boldsymbol{\mu}_1\\\boldsymbol{\mu}_2\end{pmatrix}, \boldsymbol{\Sigma}=\begin{pmatrix}\boldsymbol{\Sigma}_{11}&\boldsymbol{\Sigma}_{12}\\\boldsymbol{\Sigma}_{21}&\boldsymbol{\Sigma}_{22}\end{pmatrix}$$

这里 $\boldsymbol{X}_1$ 和 $\boldsymbol{\mu}_1$ 的维数与 $\boldsymbol{\Sigma}_{11}$ 的行、列数相等，$\boldsymbol{X}_2$ 和 $\boldsymbol{\mu}_2$ 的维数与 $\boldsymbol{\Sigma}_{22}$ 的行、列数相等，可以证明：

(a) $\boldsymbol{X}_1\sim N(\boldsymbol{\mu}_1, \boldsymbol{\Sigma}_{11})$，$\boldsymbol{X}_2\sim N(\boldsymbol{\mu}_2, \boldsymbol{\Sigma}_{22})$

(b) 如果 $|\boldsymbol{\Sigma}_{22}|>0$，则在条件 $\boldsymbol{X}_2=\boldsymbol{x}_2$ 下，$\boldsymbol{X}_1$ 的条件概率密度函数

$$p(\boldsymbol{x}_1 \mid \boldsymbol{x}_2) \sim N(\boldsymbol{\mu}_1 + \boldsymbol{\Sigma}_{12}\boldsymbol{\Sigma}_{22}^{-1}(\boldsymbol{x}_2 - \boldsymbol{\mu}_2),\ \boldsymbol{\Sigma}_{11} - \boldsymbol{\Sigma}_{12}\boldsymbol{\Sigma}_{22}^{-1}\boldsymbol{\Sigma}_{21})$$

(5) 多维正态随机向量经线性变换仍是服从正态分布的随机向量。

设 n 维随机向量 $\boldsymbol{X} \sim N(\boldsymbol{\mu}, \boldsymbol{\Sigma})$，经 $m \times n$ 矩阵 $\mathbf{A}$ 线性变换后得到 m 维随机向量 $\boldsymbol{Y} = \boldsymbol{AX}$，由式(1-1)易得 $\boldsymbol{Y} \sim N(\boldsymbol{A\mu}, \boldsymbol{A\Sigma A}^{\mathrm{T}})$。特别地，若 $m = 1$（这时 $\boldsymbol{Y}$ 是 $\boldsymbol{X}$ 各分量的线性组合），则 $\boldsymbol{X}$ 各分量的线性组合是服从一元正态分布的随机变量。

由于正态分布的协方差矩阵是对称非负定矩阵，必存在变换矩阵 $\mathbf{A}$ 使 $\mathbf{A\Sigma A}^{\mathrm{T}}$ 为对角矩阵，这就意味着 $\boldsymbol{Y}$ 的各分量是不相关的，又由于对正态分布而言，不相关等价于独立，所以可以得到如下结论：对于服从正态分布的随机向量，一定存在线性变换使得变换后随机向量的各分量彼此独立。

第 2 章　判别函数方法

2.1 引　　言

我们知道，一个 n 维特征向量的样本 $\boldsymbol{x}$ 对应于 n 维特征空间中的一个点，当条件合适时，同一类的样本分布在特征空间中的某一个区域内，而另一类的样本分布在特征空间的另一个区域。如此，我们可以训练已知类别的样本(称为训练样本)得到若干个判别平面，将特征空间分成一些互不重叠的子区域，每个子区域内分布同类型的样本集。对于二维特征向量的样本集合，判别平面可为一条条的直线或曲线；三维特征空间中，判别平面表现为二维平面或二维曲面；在更高维的特征空间中，判别平面表现为超平面或超曲面。不管怎样，判别平面是通过判别函数 $d(\boldsymbol{x})$ 来实现的。

如果不同类别的一组样本可以用一个线性判别函数 $d(\boldsymbol{x})$ 分开，即 $d(\boldsymbol{x})=\boldsymbol{w}^{\mathrm{T}}\boldsymbol{x}+\boldsymbol{w}_0$，则称它们是线性可分的，否则为线性不可分。在本章中，将分别介绍线性与非线性函数的基本原理和一些具体的算法。

2.2 线性判别函数

对于 n 维特征空间，样本记为 $\boldsymbol{x}=(\boldsymbol{x}_1, \boldsymbol{x}_2, \boldsymbol{x}_3, \cdots, \boldsymbol{x}_n)^{\mathrm{T}}$，线性判别函数是指由 $\boldsymbol{x}$ 的各个分量线性组合而成的函数：

$$d(\boldsymbol{x})=w_1 x_1+w_2 x_2+\cdots+w_d x_d+w_0=\boldsymbol{w}^{\mathrm{T}}\boldsymbol{x}+w_0 \tag{2-1}$$

式中：$\boldsymbol{w}=(w_1, w_2, \cdots, w_n)^{\mathrm{T}}$ 是权向量，w_0 是一个常数，称为阈值权。

2.2.1 两类的线性判别

对于两类问题，假设类标为 $\{\omega_1, \omega_2\}$，则一般通过以下准则进行分类判别：

$$d(\boldsymbol{x})\begin{cases}>0 & \boldsymbol{x}\in\omega_1\\ <0 & \boldsymbol{x}\in\omega_2\\ =0 & \text{边界点}\end{cases} \tag{2-2}$$

$d(\boldsymbol{x})=0$ 其实就是定义了一个决策超平面，它把两类样本点分开。对于在超平面上的点，或者说边界上的点，可以被归到任意一类，或者拒判。

2.2.2　多类的线性判别

假定训练集含有 K 类样本，类别标号为 $\{\omega_1, \omega_2, \cdots, \omega_k\}$。共 L 个训练样本，利用线性判别函数设计多类分类器，可以有多种方法。

第一种是以两类为基础，把 K 类问题转换为 K 个两类问题，构造 K 个两类分类器；另外一种是，一次性构造一个多输出的分类器。

第一种比较常见，其主要的方法有："一对一"方法（one-versus-one，1-v-1）；"一对多"方法（one-versus-rest，1-v-r）和 Directed Acyclic Graph（DAG）方法。而一次性构造多输出分类器的方法有决策树［见本章第 2.7 节］、神经网络算法等。

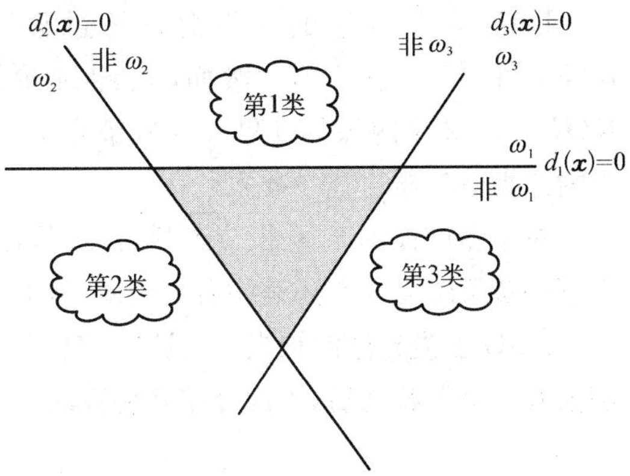

图 2-1　"一对多"多类方法

1）*"一对多"方法*

"一对多"方法构造 K 个分类器。训练第 i 个分类器时，将第 i 类所有样本当作正样本，除 i 类之外的所有样本当作负样本。如图 2-1 所示，$d_1(\boldsymbol{x})=0$ 是把第 1 类作为正样本，其他两类作为负样本的时候的判别函数；$d_2(\boldsymbol{x})=0$ 是把第 2 类作为正样本，其他两类作为负样本的时候的判别函数；$d_3(\boldsymbol{x})=0$ 是把第 3 类作为正样本，其他两类作为负样本时的判别函数。

也即，通过定义 K 个判别函数：

$$d_i(\boldsymbol{x})=\boldsymbol{w}_i^{\mathrm{T}}\boldsymbol{x}+w_{i0}\quad i=1, 2, \cdots, K \tag{2-3}$$

来对 K 类样本进行分类。

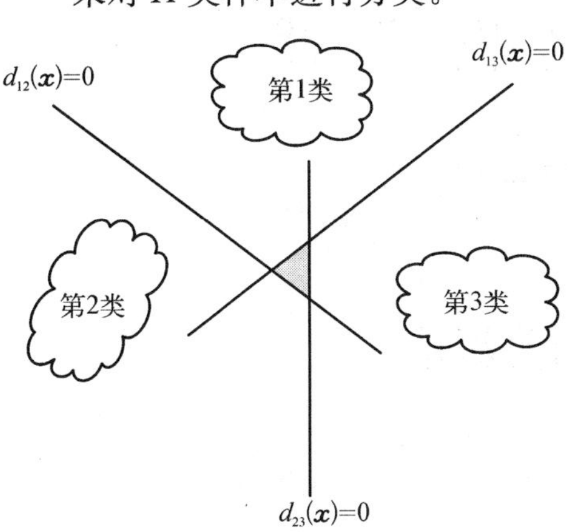

图 2-2　"一对一"多类方法

2）*"一对一"方法*

"一对一"方法，也叫两分法，需要构造 $K(K-1)/2$ 个分类器。每个分类器训练时只涉及训练集中的两类，而不关心此两类之外的所有样本。例如，当训练第 i 类和第 j 类数据样本时，可以将第 i 类的样本作为正样本，第 j 类作为负样本，判别函数只考虑 i 和 j 类样本：

$$d_{ij}(\boldsymbol{x})=\boldsymbol{w}_{ij}{}^{\mathrm{T}}\boldsymbol{x}+w_{i0}\quad i, j=1, 2, \cdots, K;\ i\neq j \tag{2-4}$$

该方法的分类效果如图 2-2 所示，有

$$d_{ij}(\boldsymbol{x})\begin{cases} >0 & 若\ \boldsymbol{x}\in\omega_i \\ <0 & 若\ \boldsymbol{x}\in\omega_j \\ =0 & 边界点 \end{cases} \tag{2-5}$$

也即根据$d_{ij}(\boldsymbol{x})$的正负不能直接判断样本 $\boldsymbol{x}$ 是属于哪一类，只能判断有可能属于哪一类。所以在分类器训练过程结束后，常采用投票策略来预报样本所属的类别。如果决策函数$d_{ij}(\boldsymbol{x})$表明样本 $\boldsymbol{x}$ 属于第 i 类，那么对应于第 i 类的票数将增加 1，否则，对应于第 j 类的票数增加 1。最后可以将样本 $\boldsymbol{x}$ 归到投票数最大的一类中去，这也称为"Max Win"策略。如果有两个或者两个以上的类别有相同的类别数，可以随机选取一个类作为预报值。

3) DAG (Directed Acyclic Graph)方法

DAG 多类方法的分类器训练过程同"一对一"多类方法完全一样，需要构造 $K(K-1)/2$ 个分类器。然而，在测试阶段，该方法会构造一个具有一个根节点、$K(K-1)/2$ 个内部节点和 K 个叶节点的二叉有向无环图。每个节点代表第 i 类和第 j 类的二类分类器。

对于测试样本 x，从根节点开始，根节点的二类分类器做一次决策，根据输出值来决定下一步策略是往左还是往右。因此，从 DAG 可以得到从根节点到叶节点的决策路径。

DAG 多类方法的预报过程比"一对一"多类方法快，图 2-3 是其示意图。在对判别函数有一个了解之后，下面介绍几种算法。

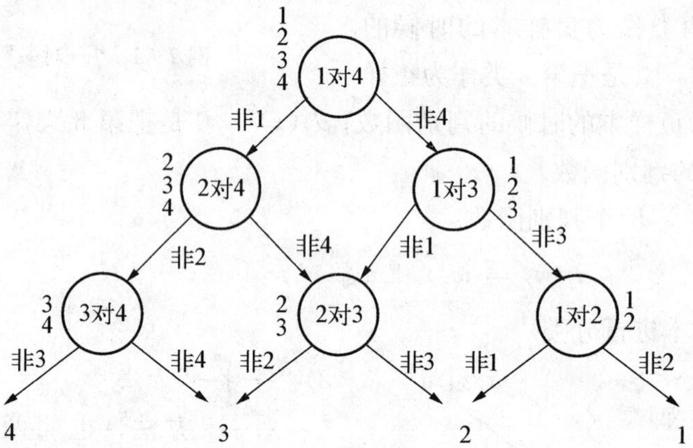

图 2-3 DAG 多类方法

2.3 Fisher 判别分析法

2.3.1 Fisher 判别分析

Fisher 在 20 世纪 30 年代提出一种判别方法，即 Fisher 分析，它把 n 维空间中的样本

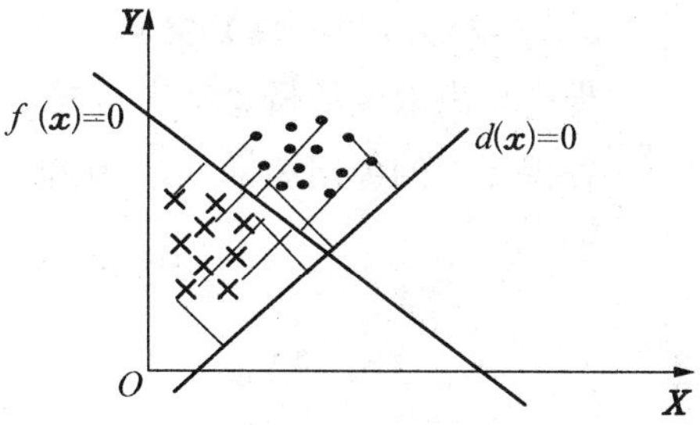

图2-4 二维空间向一维空间投影示意图

点都投影到一条直线上。当然,即使不同类的样本点在 n 维空间中是分属于不同子区域的,即可分的,在投影到不同的低维空间后,很可能会发生各类样本混杂的情况,降低了分类效果。设法找出一最佳投影方向,将 n 维空间中的点投影到低维空间,如一维空间中,使不同类的点尽可能分离开来,然后在低维空间中再分类,这就是 Fisher 方法的思想,如图 2-4 所示,判别函数 $d(\boldsymbol{x})=0$ 代表的判别平面是 Fisher 方法想要获得的直线,而判别函数 $f(\boldsymbol{x})=0$ 显然不合适,因为投影到该线上后,两类样本点混杂在一起不可分了。

下面讨论如何获得最佳的 $d(\boldsymbol{x})=\boldsymbol{w}^{\mathrm{T}}\boldsymbol{x}$,即如何确定最佳的直线方向值 $\boldsymbol{w}^*$。一个用来衡量投影结果分离程度的值是样本均值的差。假设有 L 个 n 维向量的样本集,它们分属于两个不同的类别,属于 ω_1 类的有 L_1 个,属于 ω_2 类的有 L_2 个。则各类样本集的均值向量可表示为

$$\boldsymbol{m}_i=\frac{1}{L_i}\sum_{x\in\omega_i}\boldsymbol{x}\qquad i=1,\ 2\ \text{代表样本类别}\tag{2-6}$$

现把 n 维向量 $\boldsymbol{x}$ 在以 $d(\boldsymbol{x})=0$ 方向的轴上进行投影,假设投影空间为一维 $\boldsymbol{Y}$ 空间,则均值为

$$\widetilde{m}_i=\frac{1}{L_i}\sum_{y\in\omega_i}\boldsymbol{y}=\boldsymbol{w}^{\mathrm{T}}m_i\qquad i=1,\ 2\ \text{代表样本类别}\tag{2-7}$$

也即,投影后的均值是原始样本均值 m_i 的投影。投影后的两类样本点的均值之差为

$$|\ \widetilde{m}_1-\widetilde{m}_2\ |=|\ \boldsymbol{w}^{\mathrm{T}}(m_1-m_2)\ |\tag{2-8}$$

我们可以通过调节 $\boldsymbol{w}$ 的方法来得到任意大小的投影样本均值之差,为使两类样本在投影上有明显的区别,自然希望它们的代表值之间的差距越大越好,同时希望**同属于一类的某个样本与其他同类样本之间的差距越小越好,**这就是 Fisher 提出的最优判别准则。前述的两个条件分别用类间离散矩阵和类内离散矩阵来表示。

1) 在原始的 n 维空间

各类样本的类内离散矩阵 $\boldsymbol{S}_i$ 和总的类内离散矩阵 $\boldsymbol{S}_w$ 分别为

$$\boldsymbol{S}_i=\sum_{x\in\omega_i}(\boldsymbol{x}-\boldsymbol{m}_i)(\boldsymbol{x}-\boldsymbol{m}_i)^{\mathrm{T}}\qquad i=1,\ 2\tag{2-9}$$

$$\boldsymbol{S}_w=\boldsymbol{S}_1+\boldsymbol{S}_2\tag{2-10}$$

样本类间离散矩阵 $\boldsymbol{S}_b$ 为

$$\boldsymbol{S}_b=(\boldsymbol{m}_1-\boldsymbol{m}_2)(\boldsymbol{m}_1-\boldsymbol{m}_2)^{\mathrm{T}}\tag{2-11}$$

2）在投影后的一维 $\boldsymbol{Y}$ 空间

现引入离散度的概念来表示样本间的离散程度，它是离散矩阵的行列式值，是标量。各类样本的类内离散度 $\widetilde{S}_i^2$ 和总的类内离散度 $\widetilde{S}_w^2$ 分别为

$$\widetilde{S}_i^2 = \sum_{y \in \omega_i} (y - \widetilde{m}_i)^2 \qquad i = 1, 2 \tag{2-12}$$

$$\widetilde{S}_w^2 = \widetilde{S}_1^2 + \widetilde{S}_2^2 \tag{2-13}$$

样本类间离散度 $\widetilde{S}_b^2$ 为

$$\widetilde{S}_b^2 = (\widetilde{m}_1 - \widetilde{m}_2)^2 \tag{2-14}$$

根据前述的最优判别准则，可定义 Fisher 准则函数为

$$J_F(\boldsymbol{w}) = \frac{(\widetilde{m}_1 - \widetilde{m}_2)^2}{\widetilde{S}_1^2 + \widetilde{S}_2^2} = \frac{\boldsymbol{w}^{\mathrm{T}} \boldsymbol{S}_b \boldsymbol{w}}{\boldsymbol{w}^{\mathrm{T}} \boldsymbol{S}_w \boldsymbol{w}} \tag{2-15}$$

所以，我们的目标就转换成求 $\boldsymbol{w}$，使 $J_F(\boldsymbol{w})$ 最大。

式(2-15)中的 $J_F(\boldsymbol{w})$ 通常被称为广义的 Rayleigh 商，可以证明，使得准则函数 $J_F(\cdot)$ 最大化的 $\boldsymbol{w}$ 必须满足：

$$\boldsymbol{S}_b \boldsymbol{w} = \lambda \boldsymbol{S}_w \boldsymbol{w} \tag{2-16}$$

如果 $\boldsymbol{S}_w$ 非奇异，式(2-16)两边左乘 $\boldsymbol{S}_w^{-1}$，可得

$$\boldsymbol{S}_w^{-1} \boldsymbol{S}_b \boldsymbol{w} = \lambda \boldsymbol{w} \tag{2-17}$$

根据式(2-11)，可知

$$\boldsymbol{S}_b \boldsymbol{w} = (\boldsymbol{m}_1 - \boldsymbol{m}_2)(\boldsymbol{m}_1 - \boldsymbol{m}_2)^{\mathrm{T}} \boldsymbol{w} = (\boldsymbol{m}_1 - \boldsymbol{m}_2)\alpha \tag{2-18}$$

式中：$\alpha = (\boldsymbol{m}_1 - \boldsymbol{m}_2)^{\mathrm{T}} \boldsymbol{w}$ 为一标量，所以 $\boldsymbol{S}_b \boldsymbol{w}$ 总是在向量 $(\boldsymbol{m}_1 - \boldsymbol{m}_2)$ 方向上。由于我们的目的是寻找最好的投影方向，w 的比例因子对此并无影响，因此，从式(2-17)可得

$$\lambda \boldsymbol{w} = \boldsymbol{S}_w^{-1}(\boldsymbol{S}_b \boldsymbol{w}) = \boldsymbol{S}_w^{-1}(\boldsymbol{m}_1 - \boldsymbol{m}_2)\alpha \tag{2-19}$$

于是可以得到

$$\boldsymbol{w} = \frac{\alpha}{\lambda} \boldsymbol{S}_w^{-1}(\boldsymbol{m}_1 - \boldsymbol{m}_2) \tag{2-20}$$

忽略比例因子 $\frac{\alpha}{\lambda}$，得

$$\boldsymbol{w}^* = \boldsymbol{S}_w^{-1}(\boldsymbol{m}_1 - \boldsymbol{m}_2) \tag{2-21}$$

$\boldsymbol{w}^*$ 就是使 Fisher 准则函数 $J_F(\cdot)$ 取极大值时的解，也就是 n 维空间到一维 Y 空间的最好投影方向：$y = \boldsymbol{w}^{*\mathrm{T}} \boldsymbol{x}$。接下去就是求解阈值($y_t$)，即在这个一维空间中把两类分开的那个点的位置。有了 y_t，Fisher 判别准则就为

$$y = \boldsymbol{w}^{*\mathrm{T}} \boldsymbol{x} = \begin{cases} > y_t & \in \omega_1 \\ < y_t & \in \omega_2 \end{cases} \tag{2-22}$$

阈值 y_t 可用以下几种方式计算获得：

（1）当维数 n 和样本数 L 足够大时，可采用 Bayes 决策规则，获得一种在一维空间的最优分类器。

（2）取两类中心在投影轴上投影点的均值：

$$y_t = \frac{\widetilde{m}_1 + \widetilde{m}_2}{2} = \frac{\boldsymbol{w}^{*\mathrm{T}} m_1 + \boldsymbol{w}^{*\mathrm{T}} m_2}{2} = \boldsymbol{w}^{*\mathrm{T}} \frac{m_1 + m_2}{2} \tag{2-23}$$

（3）以类的频率为权值的两类中心的加权算术平均作为阈值：

$$y_t = \frac{L_1 \widetilde{m}_1 + L_2 \widetilde{m}_2}{L_1 + L_2} = \widetilde{m} \tag{2-24}$$

式中：L_1 表示 ω_1 类样本的总数，L_2 表示 ω_2 类样本的总数。

（4）利用先验概率：

$$y_t = \frac{\widetilde{m}_1 + \widetilde{m}_2}{2} + \frac{\ln \dfrac{P(\omega_1)}{P(\omega_2)}}{L_1 + L_2 - 2} \tag{2-25}$$

式中：$P(\omega_1)$ 和 $P(\omega_2)$ 分别为 ω_1 类样本和 ω_2 类样本的先验概率。

2.3.2　多重判别分析

上述 Fisher 方法考虑的是两类问题，现在我们把它推广到多类问题。设样本集共包含 K 个类别，就需要 $K-1$ 个判别函数。也就是说，问题变成从 n 维空间向 $(K-1)$ 维空间的投影 $(d > K)$。设 $K-1$ 维子空间的方向由 $w_i (i = 1, 2, \cdots, K-1)$ 决定，原 n 维空间中的样本 $\boldsymbol{x}$ 在 $K-1$ 维子空间上的投影为

$$\boldsymbol{y}_i = \boldsymbol{w}_i^{\mathrm{T}} \boldsymbol{x} \quad i = 1, 2, \cdots, K-1 \tag{2-26}$$

令 $\boldsymbol{y} = (y_1, y_2, \cdots, y_{K-1})^{\mathrm{T}}$，$\boldsymbol{w} = (w_1, w_2, \cdots, w_{K-1})^{\mathrm{T}}$，那么整个样本集的投影形式可写为

$$\boldsymbol{y} = \begin{bmatrix} \boldsymbol{w}_1^{\mathrm{T}} \\ \boldsymbol{w}_2^{\mathrm{T}} \\ \vdots \\ \boldsymbol{w}_{K-1}^{\mathrm{T}} \end{bmatrix} \boldsymbol{x} = \boldsymbol{w}^{\mathrm{T}} \boldsymbol{x} \tag{2-27}$$

样本在原 n 维空间中的类内和类间离散矩阵可分别表示为

$$\boldsymbol{S}_w = \sum_{i=1}^{K} S_i \tag{2-28}$$

$$\boldsymbol{S}_b = \sum_{i=1}^{K} L_i (\boldsymbol{m}_1 - \boldsymbol{m})(\boldsymbol{m}_1 - \boldsymbol{m})^{\mathrm{T}} \tag{2-29}$$

式(2-28)中，

$$\boldsymbol{S}_i = \sum_{x \in \omega_i} (\boldsymbol{x} - \boldsymbol{m}_i)(\boldsymbol{x} - \boldsymbol{m}_i)^{\mathrm{T}} \quad i = 1, 2, \cdots, K \tag{2-30}$$

式(2-29)中，L_i表示属于第 i 类的样本数，$\boldsymbol{m}$ 为总均值向量，即

$$\boldsymbol{m} = \frac{1}{L} \sum_{x} x \tag{2-31}$$

投影后的类间和类内离散矩阵与原空间中的矩阵关系为

$$\widetilde{\boldsymbol{S}}_w = \boldsymbol{W}^{\mathrm{T}} \boldsymbol{S}_w \boldsymbol{W} \tag{2-32}$$

$$\widetilde{\boldsymbol{S}}_b = \boldsymbol{W}^{\mathrm{T}} \boldsymbol{S}_b \boldsymbol{W} \tag{2-33}$$

和 Fisher 的中心思想一样，我们就是要寻找一个变换矩阵 $\boldsymbol{W}$，使得类间离散度和类内离散度的比值最大。离散度的一种简单的标量度量是离散矩阵的行列式的值。因为行列式的值等于矩阵的本征值的乘积，也就是各个主要方向上的方差的积，代表各个投影轴方向上各类中心关于总体中心的平均平方距离的积。所以可设下列准则函数：

$$J(\boldsymbol{w}) = \frac{|\widetilde{S}_b|}{|\widetilde{S}_w|} = \frac{\boldsymbol{W}^{\mathrm{T}} \boldsymbol{S}_b \boldsymbol{W}}{\boldsymbol{W}^{\mathrm{T}} \boldsymbol{S}_w \boldsymbol{W}} \tag{2-34}$$

最后就是求解最佳的 $\boldsymbol{W}^*$，使得 $J(\cdot)$最大。

从数学上来说，最佳矩阵 $\boldsymbol{W}^*$ 的列向量是下列等式中的最大特征值对应的特征向量：

$$\boldsymbol{S}_b \boldsymbol{w}_i = \lambda_i \boldsymbol{S}_w \boldsymbol{w}_i \tag{2-35}$$

用求解特征多项式的根的方法来求解特征值 λ：

$$|\boldsymbol{S}_b - \lambda_i \boldsymbol{S}_w| = 0 \tag{2-36}$$

相应于每一个非零的特征值 λ_i，都有一个本征向量 $\boldsymbol{w}_i$ 使得

$$(\boldsymbol{S}_b - \lambda_i \boldsymbol{S}_w) \boldsymbol{w}_i = 0 \tag{2-37}$$

因为$\boldsymbol{S}_b$的秩小于等于 $K-1$，所以$\boldsymbol{S}_b$非零特征值最多有 $K-1$ 个，所求的特征向量对应这些非零特征值。

2.4 广义线性判别函数

2.4.1 一维的例子

下面看一个简单的两类问题的例子。

设有一维两类样本集合 x，在一维空间（坐标轴）上的分布如图 2-5 所示，x 为 $[a, b]$ 区间时，属于 ω_2 类；x 为 $(-\infty, a]$ 或 $[b, +\infty)$ 时属于 ω_1 类。显然，这两类是线性不可分的。但是，一条穿过 a, b 两点的二次曲线就可以满足

$$d(x) = (x-a)(x-b) = x^2 - (a+b)x + ab \tag{2-38}$$

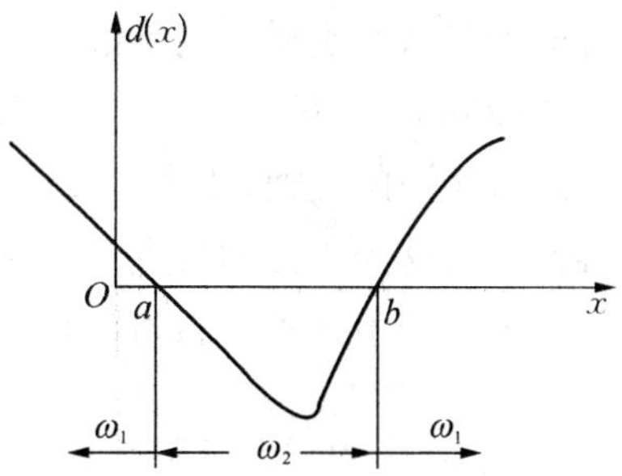

图 2-5　一维线性不可分示例

式(2-38)称为二次判别函数，其决策规则与一次的线性判别函数类似：

$$d(x)\begin{cases} >0 & x \in \omega_1 \\ <0 & x \in \omega_2 \\ =0 & \text{边界点} \end{cases}$$

二次判别函数可以写为一般形式：

$$d(x) = c_0 + c_1 x + c_2 x^2 \tag{2-39}$$

如此，可以把 x 映射成 $\boldsymbol{y}$ 向量，即

$$\boldsymbol{y} = \begin{bmatrix} y_1 \\ y_2 \\ y_3 \end{bmatrix} = \begin{bmatrix} 1 \\ x \\ x^2 \end{bmatrix} \tag{2-40}$$

$$\boldsymbol{a} = \begin{bmatrix} a_1 \\ a_2 \\ a_3 \end{bmatrix} = \begin{bmatrix} c_0 \\ c_1 \\ c_2 \end{bmatrix} \tag{2-41}$$

因此，式(2-38)的二次曲线可以写成广义线性判别函数的形式：

$$d(\boldsymbol{x}) = \boldsymbol{a}^{\mathrm{T}} \boldsymbol{y} = \sum_{i=0}^{3} a_i y_i \tag{2-42}$$

式中：$\boldsymbol{a}$ 称为广义权向量。

2.4.2　多维的例子

多维的线性判别函数是

$$d(\boldsymbol{x}) = w_1 x_1 + w_2 x_2 + \cdots + w_n x_n + w_0 = w_0 + \sum_{i=1}^{n} w_i x_i$$

通过加入另外的二次项（各分量之间的乘积），可得到二次判别函数为

$$d(\boldsymbol{x}) = w_0 + \sum_{i=1}^{n} w_i x_i + \sum_{i=1}^{n}\sum_{j=1}^{n} w_{ij} x_i x_j = \boldsymbol{a}^{\mathrm{T}} \boldsymbol{y} \tag{2-43}$$

此时的二次判别函数的维数 $\hat{n}=(n+1)(n+2)/2$。

原则上，还可以加入三次、四次等任意高次的项，组成任意高次的判别函数 $d(\boldsymbol{x})$，然后通过相同的变换，化为广义线性判别函数。这时，$\boldsymbol{a}^{\mathrm{T}}\boldsymbol{y}$ 不是 $\boldsymbol{x}$ 的线性函数，而是 $\boldsymbol{y}$ 的线性函数。这个方法的缺点是化成广义线性函数后维数大大地增加，会妨碍问题的解决。

但是基于这种思想，我们可以重新审视原来的线性方程：

$$d(\boldsymbol{x})=w_1x_1+w_2x_2+\cdots+w_nx_n+w_0=w_0+\sum_{i=0}^{n}w_ix_i$$

假设 $x_0=1$，上式就可以写为

$$d(\boldsymbol{x})=w_0x_0+w_1x_1+w_2x_2+\cdots+w_nx_n=\sum_{i=0}^{n}w_ix_i \tag{2-44}$$

令 $\boldsymbol{y}=\begin{bmatrix}1\\x_1\\\vdots\\x_n\end{bmatrix}=\begin{bmatrix}1\\x\end{bmatrix}$，$a=\begin{bmatrix}w_0\\w_1\\\vdots\\w_d\end{bmatrix}=\begin{bmatrix}w_0\\w\end{bmatrix}$，就可以把线性判别函数转换成下面的式子：

$$d(\boldsymbol{x})=\boldsymbol{a}^{\mathrm{T}}\boldsymbol{y} \tag{2-45}$$

这是广义线性判别函数的一个特例，称为线性判别函数的齐次简化，$\boldsymbol{y}=\begin{bmatrix}1\\x\end{bmatrix}$ 叫做增广样本向量，a 叫做增广权向量或广义权向量，它们是 $\hat{n}=(n+1)$ 维向量。这实现了从 n 维 $\boldsymbol{X}$ 空间到 $(n+1)$ 维 $\boldsymbol{Y}$ 空间的映射，这个映射在数学上几乎没有变化，保持了样本间的欧式距离不变。$\boldsymbol{a}^{\mathrm{T}}\boldsymbol{y}=0$ 在 $\boldsymbol{Y}$ 空间确定了一个通过原点的超平面 $\hat{H}$，在原来 $\boldsymbol{X}$ 空间中却是一个可能出于任意位置的超平面，但在两个空间中的划分完全相同。而从 $\boldsymbol{Y}$ 空间中任意一点 $\boldsymbol{y}$ 到 $\hat{H}$ 的距离得到简化，为

$$\hat{r}=\frac{d(\boldsymbol{x})}{\|\boldsymbol{a}\|}=\frac{\boldsymbol{a}^{\mathrm{T}}\boldsymbol{y}}{\|\boldsymbol{a}\|} \tag{2-46}$$

由于 $\|\boldsymbol{a}\|\geqslant\|\boldsymbol{w}\|$，此距离小于或等于从 $\boldsymbol{x}$ 到 $\hat{H}$ 的距离。通过使用这种映射，我们把寻找权向量 $\boldsymbol{w}$ 和权阈值 w_0 的问题简化成寻找一个向量 $\boldsymbol{a}$ 的问题。

2.5 感知准则函数和梯度下降法

2.5.1 基本概念

1）线性可分

引入 2.4 节的概念，假设有一组包含 L 个样本的集合 $\boldsymbol{y}=\{\boldsymbol{y}_1,\boldsymbol{y}_2,\cdots,\boldsymbol{y}_i,\cdots,\boldsymbol{y}_L\}$，

$\boldsymbol{y}_i$为$\hat{n}=(n+1)$维的增广样本向量，一些属于 ω_1 类，一些属于 ω_2 类。如果存在一个增广权向量 $\boldsymbol{a}$，使得：

$$\boldsymbol{a}^{\mathrm{T}}\boldsymbol{y}\begin{cases}>0 & \text{对于任意的 } \boldsymbol{y}\in\omega_1\\ <0 & \text{对于任意的 } \boldsymbol{y}\in\omega_2\end{cases} \tag{2-47}$$

我们就把这些样本称为“线性可分”。反过来，如果样本集是线性可分的，则必存在一个增广权向量 $\boldsymbol{a}$，能将每个样本正确地分类。

2）样本的规范化

由上面讨论可知，如果样本集是线性可分的，则满足式(2-47)的增广权向量 $\boldsymbol{a}$ 都能将样本正确分类。如果在来自 ω_2 类的样本前面加上一个负号，即令

$$\boldsymbol{y}'_j=-\boldsymbol{y}_j\ \boldsymbol{y}_j\in\omega_2,$$

则有：$\boldsymbol{a}^{\mathrm{T}}\boldsymbol{y}'_j>0$。

这种操作称之为样本的规范化。规范化使得我们可以不管样本原来的类别标记，寻找一个对所有样本都有 $\boldsymbol{a}^{\mathrm{T}}\boldsymbol{y}'_j>0$ 的权向量 $\boldsymbol{a}$。这样的向量被称为“分离向量”或“解向量”。$\boldsymbol{y}'_j$ 叫做规范化的增广样本向量，后面我们还是用 $\boldsymbol{y}$ 来表示，只是样本规范化的时候，已经对属于 ω_2 类的 $\boldsymbol{y}$ 值做了取负操作。

3）解向量和解区

增广权向量 $\boldsymbol{a}$ 可理解为权空间中的一个点，每个样本 $\boldsymbol{y}_i$都限制着 $\boldsymbol{a}$ 的可能位置，即要求 $\boldsymbol{a}^{\mathrm{T}}\boldsymbol{y}_i>0$。等式 $\boldsymbol{a}^{\mathrm{T}}\boldsymbol{y}_i=0$ 确定了一个穿过权空间原点的超平面，$\boldsymbol{y}_i$为其法向量。解向量如果存在，则必须在每个超平面的正侧，以满足 $\boldsymbol{a}^{\mathrm{T}}\boldsymbol{y}_i>0$，$L$ 个样本将产生L 个超平面，每个超平面把权空间分成两个半空间。所以解向量如果存在，必在 L 个正半空间的交叠区域，而且该区域中的任意向量都是解向量。我们称这样的区域为解区域。

4）解区域的限制

解向量如果存在，通常不是唯一的。可以有许多方法引入附加要求对解区域进行限制，其目的是为了使解向量更可靠。通常认为，越靠近解区域中间的解向量，似乎越能对新的样本进行正确分类。所以有一种限制方法，是找到一个单位长度的权向量，它使得从样本到分类平面的距离达到最大。另一种方法，是在所有 i 中寻找满足 $\boldsymbol{a}^{\mathrm{T}}\boldsymbol{y}_i\geqslant b$ 的解向量，这里 b 是我们引入的一个大于零的余量。显然，由此产生的正半空间的交叠区位于原解区域中，而且它们的边界离开原解区域边界的距离为 $b/\|\boldsymbol{y}_i\|$。

实际上，只要解向量严格位于解区域中，我们都会感到满意，要关心的是求解向量 $\boldsymbol{a}$ 的算法，只要该算法能使 $\boldsymbol{a}$ 向量不收敛到边界点上。上面的引入 b 余量的操作可以避免这个问题。而对于最优的 $\boldsymbol{a}^*$ 求解问题，我们可以采用梯度下降法。

2.5.2　梯度下降法

在寻找满足线性不等式 $\boldsymbol{a}^{\mathrm{T}}\boldsymbol{y}_i>0$ 的解时采用的方法是：定义一个准则函数 $J(\boldsymbol{a})$，当 $\boldsymbol{a}^*$

是解向量时，$J(\boldsymbol{a}^*)$最小。我们知道，函数$J(\boldsymbol{a})$在某一点a_p的梯度$\nabla J(a_p)$是一个向量，其负梯度方向是$J(\boldsymbol{a})$减少最快的方向。即在求某函数的极小值时，沿着负梯度方向走，可以最快达到极小点。所以通常下一个$\boldsymbol{a}$的值($\boldsymbol{a}_{p+1}$)与前一个$\boldsymbol{a}$的值($\boldsymbol{a}_p$)存在如下关系：

$$\boldsymbol{a}_{p+1} = \boldsymbol{a}_p - \rho_p \nabla J(\boldsymbol{a}_p) \tag{2-48}$$

式中：ρ_p是一个正比例因子，也称用于设定步长的学习率。如此会得到一个权向量顺序，最终收敛于最优解$\boldsymbol{a}^*$。这就是梯度下降法。

梯度下降法中ρ_p的选取是个难题。如果ρ_p太小，收敛会很慢；如果ρ_p太大，又可能会发散。R. O. Duna 介绍了一种设定学习率ρ_p的方法。假设准则函数可由它在$\boldsymbol{a}_p$附近的二阶展开近似：

$$J(\boldsymbol{a}) \approx J(\boldsymbol{a}_p) + \nabla J^{\mathrm{T}}(\boldsymbol{a} - \boldsymbol{a}_p) + \frac{1}{2}(\boldsymbol{a} - \boldsymbol{a}_p)^{\mathrm{T}}\boldsymbol{H}(\boldsymbol{a} - \boldsymbol{a}_p) \tag{2-49a}$$

式中：$\boldsymbol{H}$是 Hessian 矩阵，也就是$J(\boldsymbol{a})$在$\boldsymbol{a}_p$的二阶偏导$\partial^2 J/\partial \boldsymbol{a}_i \partial \boldsymbol{a}_j$。将式(2-48)代入式(2-49a)，得

$$J(\boldsymbol{a}_{p+1}) \approx J(\boldsymbol{a}_p) - \rho_p \parallel \nabla J \parallel^2 + \frac{1}{2}\rho_p^2 \nabla J^{\mathrm{T}}\boldsymbol{H}\nabla J \tag{2-49b}$$

可以推得，当

$$\rho_p = \frac{\parallel \nabla J \parallel^2}{\nabla J^{\mathrm{T}}\boldsymbol{H}\nabla J} \tag{2-50}$$

时，可使$J(\cdot)$最小化。这里的$\boldsymbol{H}$和$\boldsymbol{a}$有关，因此间接依赖于p。这就是上文提出的假设条件下的最优选择。

2.5.3 感知器准则函数

现在考虑构造求解线性不等式组$\boldsymbol{a}^{\mathrm{T}}\boldsymbol{y}_i > 0$的准则函数，我们一般采用的是 Rosenblatt 提出的感知器准则函数(perception criterion function)：

$$J_P(\boldsymbol{a}) = \sum_{y \in \bar{\Omega}} (-\boldsymbol{a}^{\mathrm{T}} y) \tag{2-51}$$

式中：$\bar{\Omega}$表示被权向量$\boldsymbol{a}$预报错误的样本集。当y被错分时，就有$\boldsymbol{a}^{\mathrm{T}}\boldsymbol{y} \leqslant 0$，或$-\boldsymbol{a}^{\mathrm{T}}\boldsymbol{y} \geqslant 0$。因此式(2-51)中的$J_P(\boldsymbol{a})$总是大于等于0，而且仅当$\boldsymbol{a}$为解向量或$\boldsymbol{a}$在解区域边界上时，$J_P(\boldsymbol{a})$才为0。也就是说，当且仅当$\bar{\Omega}$为空集时，$J_P^*(\boldsymbol{a}) = \min J_P(\boldsymbol{a}) = 0$，此时不存在错误预报的样本，所以所得的解向量$\boldsymbol{a}^*$就是我们要寻找的最优解。现在就可以用前面介绍的梯度下降法求解。

首先将式(2-51)对$\boldsymbol{a}$求梯度：

$$\nabla J_P(\boldsymbol{a}) = \frac{\partial J_P(\boldsymbol{a})}{\partial \boldsymbol{a}} = \sum_{y \in \bar{\Omega}} (-\boldsymbol{y}) \tag{2-52}$$

将式(2-52)代入梯度的迭代公式(2-48),得

$$\boldsymbol{a}_{p+1}=\boldsymbol{a}_p+\rho_p\sum_{y\in\bar{\Omega}} y \tag{2-53}$$

由上式可见,梯度算法可以叙述为:任意给定初始权向量 $\boldsymbol{a}_1$,第 $p+1$ 次迭代时权向量 $\boldsymbol{a}_{p+1}$ 等于第 p 次的权向量加上被$\boldsymbol{a}_p$错分的样本之和乘以一个系数ρ_p。可以证明,对于线性可分的样本集,经过有限次迭代,一定可以找到一个解向量 $\boldsymbol{a}^*$。其收敛的速度取决于初始向量 $\boldsymbol{a}_1$和系数ρ_p。

2.6　最小平方误差准则函数

感知器准则函数及其梯度下降算法只适用于线性可分的情形,而对于线性不可分的情形,迭代过程无法终止,即算法不收敛。

但是在实际问题中,往往无法预先知道某样本集是否线性可分。因此,我们希望找到一种既适合于线性可分,又适合于线性不可分的情形。对于线性可分情形,利用该算法可以找到一个类似于上节算法的 $\boldsymbol{a}^*$(将全部样本正确分类);对于线性不可分的情形,能够找到一个使得误差的平方和最小的权向量 $\boldsymbol{a}^*$。最小平方误差准则函数(Minimum Squared-Error, MSE)就是其中的一种求解算法。

2.6.1　MSE准则函数及其伪逆解

考虑到线性不可分的情况,我们把不等式组形式改变为

$$\boldsymbol{a}^{\mathrm{T}}\boldsymbol{y}_i=b_i>0 \tag{2-54}$$

式中:b_i是任意给定的正的常数。将上式写成联立方程组的形式:

$$\boldsymbol{Y}\boldsymbol{a}=\boldsymbol{b}$$

式中:$\boldsymbol{Y}$ 是一个 $L\times\hat{n}$, $\hat{n}=(n+1)$ 的矩阵(n 为维数,L 为样本数);

$$\boldsymbol{Y}=\begin{bmatrix} y_{11} & y_{12} & \cdots & y_{1\hat{n}} \\ y_{21} & y_{22} & \cdots & y_{2\hat{n}} \\ \vdots & \vdots & & \vdots \\ y_{L1} & y_{L2} & \cdots & y_{L\hat{n}} \end{bmatrix};$$

$\boldsymbol{b}$ 是一个 L 维的正的列向量:

$$\boldsymbol{b}=(b_1, b_2, \cdots, b_L)^{\mathrm{T}}。$$

通常样本数 L 总是大于维数$\hat{d}$,因此 $\boldsymbol{Y}$ 是长方阵,一般为列满秩阵,即方程个数多于未知数,所以一般为矛盾方程组,通常没有精确解存在。但我们可以定义一个误差向量

$$\boldsymbol{e} = \boldsymbol{Y}\boldsymbol{a} - \boldsymbol{b} \tag{2-55}$$

并定义最小平方误差准则函数

$$J_S(a) = \| \boldsymbol{e} \|^2 = \| \boldsymbol{Y}\boldsymbol{a} - \boldsymbol{b} \|^2 = \sum_{i=1}^{L} (\boldsymbol{a}^T y_i - b_i)^2 \tag{2-56}$$

就是要找一个使$J_S(\cdot)$极小化的 $\boldsymbol{a}$ 作为问题的解$\boldsymbol{a}^*$。

2.6.2 伪逆法

一个简单的 $\boldsymbol{a}^*$ 求解方法是梯度法，即先求$J_S(\boldsymbol{a})$的梯度：

$$\nabla J_S(\boldsymbol{a}) = \sum_{i=1}^{L} 2(\boldsymbol{a}^T y_i - b_i) y_i = 2\boldsymbol{Y}^T(\boldsymbol{Y}\boldsymbol{a} - \boldsymbol{b}) \tag{2-57}$$

然后令其为零，得

$$\boldsymbol{Y}^T\boldsymbol{Y}\boldsymbol{a} = \boldsymbol{Y}^T\boldsymbol{b} \tag{2-58}$$

上面等式中的$\boldsymbol{Y}^T\boldsymbol{Y}$是一个方阵，且通常是非奇异的。当它是非奇异的时候，就可得到唯一解：

$$\boldsymbol{a}^* = (\boldsymbol{Y}^T\boldsymbol{Y})^{-1}\boldsymbol{Y}^T\boldsymbol{b} = \boldsymbol{Y}^{\#}\boldsymbol{b} \tag{2-59}$$

式中：

$$\boldsymbol{Y}^{\#} = (\boldsymbol{Y}^T\boldsymbol{Y})^{-1}\boldsymbol{Y}^T \tag{2-60}$$

$\boldsymbol{Y}^{\#}$称为“伪逆矩阵”。

MSE 解是由 $\boldsymbol{b}$ 决定的，$\boldsymbol{b}$ 的不同选择给解带来不同的性质。利用伪逆法，可以求得 $\boldsymbol{a}^* = \boldsymbol{Y}^{\#}\boldsymbol{b}$。但是该方法的$\boldsymbol{Y}^{\#}$计算量大，并且要求 $(\boldsymbol{Y}^T\boldsymbol{Y})^{-1}$ 是非奇异的，因此还可以采用梯度下降法。

2.6.3 梯度下降法

首先求出$J_S(\boldsymbol{a})$的梯度为

$$\nabla J_S(\boldsymbol{a}) = 2\boldsymbol{Y}^T(\boldsymbol{Y}\boldsymbol{a} - \boldsymbol{b}) \tag{2-61}$$

利用 2.5.2 节提到的梯度下降法迭代求解：

$$\boldsymbol{a}_{p+1} = \boldsymbol{a}_p - \rho_p \boldsymbol{Y}^T(\boldsymbol{Y}\boldsymbol{a}_p - \boldsymbol{b}) \tag{2-62}$$

可以证明，如果选择步长 $\rho_p = \rho_1/p$，ρ_1 是任意常数，a_1 也选任意值，则该方法得到的权向量序列收敛于使式(2-61)为零的权向量$\boldsymbol{a}^*$。

该算法的优点是，不管矩阵$\boldsymbol{Y}^T\boldsymbol{Y}$是否奇异，总能得到权向量$\boldsymbol{a}^*$，且该算法的运算量比伪逆法小，只要求计算$\boldsymbol{Y}^T\boldsymbol{Y}$。

2.6.4 Widrow-Hoff 算法

梯度下降法只需求解$\boldsymbol{Y}^T\boldsymbol{Y}$，不用求解$\boldsymbol{Y}^{\#}$，所以比伪逆法减少了计算量。进一步地，通过考虑样本的序列化并使用 Widrow - Hoff 算法，也称最小均方算法(Least Mean Squared, LMS)，所需的存储空间还能继续减少。

$$\boldsymbol{a}_{p+1} = \boldsymbol{a}_p + \rho_p(b_p - \boldsymbol{a}_p^{\mathrm{T}} \boldsymbol{Y}^p) \boldsymbol{Y}^p \tag{2-63}$$

式中：$\boldsymbol{Y}^p$是使$b_p \neq \boldsymbol{a}_p^{\mathrm{T}} \boldsymbol{Y}^p$ 的样本。

由于b_p是任意给定的正常数，所以要使 $b_p = \boldsymbol{a}_p^{\mathrm{T}} \boldsymbol{Y}^p$ 的概率微乎其微，因而修正过程永远不会终止，所以必须让ρ_p随 p 的增加而减少，以保证收敛。一般和梯度下降法一样，选择 $\rho_p = \rho_1/p$，因此由式(2 - 63)确定的算法可收敛于一个满意的解 $\boldsymbol{a}^*$。

2.7　适合于多类直接分类的决策树方法

决策树方法自 19 世纪 60 年代以来，在分类、预测、规则提取等领域有着广泛应用。特别是 Quilan 于 1986 年提出 ID3 算法以后，在机器学习、知识发现领域得到了进一步应用及巨大的发展。

决策树是一树状结构，它的每一个树节点可以是叶节点，对应着某一类，多个叶节点就对应了多个类。也可以是内部节点，对应着一个划分，将该节点对应的样本集划分成若干个子集，每个子集对应一节点。

对一个分类问题或规则学习问题，决策树的生成是一个从上至下，分而治之的过程。它从根节点开始，对数据样本进行测试，根据不同的结果将数据样本划分成不同的数据样本子集，每个数据样本子集构成一子节点。对每个子节点再进行划分，生成新的子节点。不断反复，直至达到特定的终止准则，如图 2 - 6 所示，AGE 是根节点，CarType 是内部节点，High 和 Low 是叶节点。对于生成的决策树，可从根节点开始，由上至下，提取规则；也可对数据点进行分类。

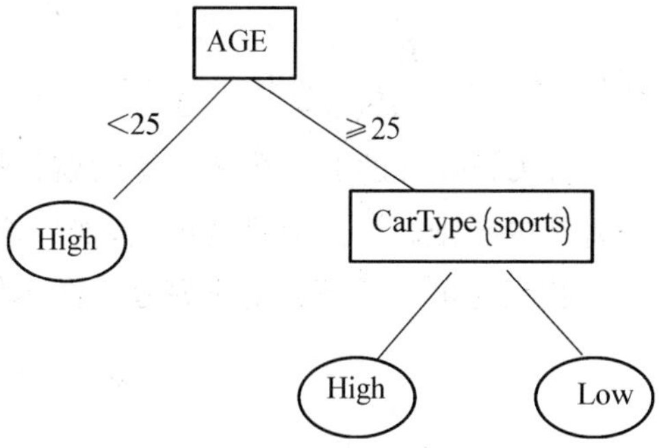

图 2 - 6　决策树示意图

决策树算法和一般的分类方法一样，可以分为两步：① 对决策树内部节点进行属性值的比较，根据不同的属性值判断从该节点向下的分支，并在叶节点处得出结论。也就是通过训练已知数据集，构造决策树。② 根据根节点到叶节点的路径，对应着寻找分类规律。如此，测定一个新样本的类别就是根据各属性值，由上到下遍历决策数，最后得到结果。

所以决策树方法的关键问题是寻找合适的内部节点，即根据某种准则选择适当的属性作为内部节点。如图 2 - 6 中，为什么属性“AGE”被选为根节点，而非“CarType”，这就是根据某种评价准则选出来的结果。

2.7.1 评价准则

在各种各样的算法中，已有大量的评价准则提出，主要可分为以下两类：

(1) 基于信息熵(information entropy)的评价准则。寻求使信息熵增益最小的划分。

(2) 基于错误率(error)的评价准则。如 Twoing 准则、Gini 指标，Max Minority，Sum Minority 和 Sum of Varience。

评价标准和划分模型确定后，通过搜索算法求解模型参数，从而求得较优划分。统一来说，可用划分后样本集的不确定性(Impurity)作为衡量划分好坏的标准。划分后的样本集的不确定性越小，表明该划分越优。不确定性可通过上述的评价准则来定义。

现对以上所述的各种样本集不确定性的度量准则详述如下：设样本共有 K 类。设某一节点共有 L 个样本，某个划分将这 L 个样本分成 n 个子空间，即形成 n 个子节点。T_i 表示第 i 个子节点；$\| L_i \|$ 表示 $\boldsymbol{T}_i$ 中样本个数；$L_{i,j}$ 表示 $\boldsymbol{T}_i$ 中第 j 类样本的个数 $(1 \leqslant i \leqslant n)$。则有下列准则。

1) 信息熵准则

信息熵可以用来衡量不确定性，信息熵越大，不确定性越小。信息熵定义如下：

$$Entropy = \sum_{i=1}^{n} \frac{\| \boldsymbol{T}_i \|}{K} E_i \tag{2-64}$$

式中：$E_i = \dfrac{L_{i,j}}{\| \boldsymbol{T}_i \|} \log_2 \dfrac{L_{i,j}}{\| \boldsymbol{T}_i \|}$

如 Quinlan 的 ID3 算法中使用划分前后的信息熵增益(Informatin Gain)作为衡量划分好坏的准则。信息熵增益越大，划分越好。

我们也可以用下式定义划分后样本集合的不确定性(或不纯性)：

$$Impurity = 1 + Entropy \tag{2-65}$$

2) Gini 指标准则

Gini 指标准则由 Breiman 提出，描述了数据样本集合中样本的错分概率。对样本 $\boldsymbol{T}_i$，Gini 指标定义为

$$Gini(i) = 1.0 - \sum_{j=1}^{K} (L_{i,j} / \| \boldsymbol{T}_i \|)^2 \tag{2-66}$$

Gini 指标越大，表明该数据样本集合的类纯度越低，即分类的不确定性越大。因此定义

$$Impurity = \sum_{i=1}^{n} [| T_i |^* Gini(i)] \Big/ K \tag{2-67}$$

3) Max Minority(最大少数)准则

该准则对每一个节点 T_i 计算：

$$m(i) = \sum_{j=1,\ j\neq \max L_{i,j}}^{K} L_{i,j} \tag{2-68}$$

式中：$L_{i,j}$表示 T_i 中第 j 类的样本数。

则定义不确定性：

$$Impurity = \max_{1\leqslant i\leqslant n}[m(i)] \tag{2-69}$$

4) Sum Minority 准则

根据式(2-68)，定义不确定性：

$$Impurity = \sum_{i=1}^{K} m(i) \tag{2-70}$$

根据上述的划分模型和评价准则的不同，可以演绎出各种类型的决策树算法。下面主要介绍以信息熵为准则的 ID3 算法。

2.7.2　基于信息熵的信息增益

假定 S 为训练样本集，每个训练样本的类别已知。

L：样本总数；

K：类别总数；

L_i：属于第 $i(i = 1, 2, \cdots, K)$ 类的样本数。

如此，判定某个样本属于哪一类的期望信息定义为

$$I(L_1, L_2, \cdots, L_K) = -\sum_{i=1}^{K} \frac{L_i}{L} \log_2 \frac{L_i}{L} = -\sum_{i=1}^{K} p_i \log_2 p_i \tag{2-71}$$

一个属性 A 有 n 个取值：$\{a_1, a_2, \cdots, a_n\}$。即能把样本集 S 划分为 n 个子集：$\{S_1, S_2, \cdots, S_n\}$，$S_j$ 内包含的样本其属性 A 的取值皆为 a_j。假设 S_j 中包含的第 i 类样本的样本数为 L_{ij}，则定义属性 A 的熵为

$$E(A) = \sum_{j=1}^{n} \frac{(L_{1j} + L_{2j} + \cdots + L_{Kj})}{N} I(L_{1j}, \cdots, L_{Kj}) \tag{2-72}$$

关于属性 A 的信息增益就是

$$Gain(A) = I(L_1, L_2, \cdots, L_K) - E(A) \tag{2-73}$$

2.7.3　ID3 决策树算法的递归描述

设有训练样本集为 S。

第一步：如果样本集中所有的样本属于同类（或没有属性集可供分类，或其他终止条件），则该样本集不再划分，生成一个叶节点。并根据该样本集中的所有样本的类别赋予该叶节点一个类别标记，转第三步；否则转第二步。

第二步：根据信息增益结果，以某属性生成一个非叶节点对 S 进行划分，得到 n（该属

性值个数)个子集样本,记为 S_i,对每个 S_i 执行第一步。

第三步:提取规则析取式,输出结果。

2.7.4 ID3 算法举例

已知一个训练集,如表 2-1 所示,有 4 个属性,14 个样本,用决策树法判定第 15 号样本属于哪一类。

表 2-1 训练集

序号	属性				类别
	天气	温度	湿度	风力	
1	晴	热	高	无	2
2	晴	热	高	有	2
3	阴	热	高	无	1
4	雨	暖	高	无	1
5	雨	凉	正常	无	1
6	雨	凉	正常	有	2
7	阴	凉	正常	有	1
8	晴	暖	高	无	2
9	晴	凉	正常	无	1
10	雨	暖	正常	无	1
11	晴	暖	正常	无	1
12	阴	暖	正常	有	1
13	阴	热	正常	无	1
14	雨	暖	高	有	2
15	雨	暖	正常	无	?

处理步骤如下:

第一步:检验样本集 S 中的类别

因为 S 中并不是所有样本都属于同类,所以转向第二步。

第二步:确定 S 根据哪个属性进行划分

求天气、温度、湿度、风力 4 个属性的信息增益,以确定划分标准(见表 2-2)。

表 2-2 属性

	天气	温度	湿度	风力
Gain	0.246	0.029	0.236	0.102
E	0.694	0.911	0.704	0.838

从上面的计算结果可知,选取天气作为划分数据样本的标准(根节点)。

第三步：根据“天气”的不同值个数，分成 3 个子空间(S_1，S_2，S_3)，并对每个子空间进行类别检验：

S_1(天气：晴)：1，2，8，9，11(有 1 类和 2 类)；

S_2(天气：阴)：3，7，12，13 (皆为 1 类)；

S_3(天气：雨)：4，5，6，10，14(有 1 类和 2 类)。

可见 S_2 中的样本的所有类别属性相同(都为 1 类)，可以得到一个叶节点。

第四步：另外的两个子集样本 S_1，S_3 做类似于 S 的递归处理。

对于 S_1(1，2，8，9，11)如表 2-3 所示。

表 2-3　子集样本 S_1

	温　度	湿　度*	风　力
Gain	0.571	0.971	0.171
E	0.4	0	0.8

对于 S_3(4，5，6，10，14)如表 2-4 所示。

表 2-4　子集样本 S_3

	温　度	湿　度	风　力*
Gain	0.02	0.02	0.971
E	0.951	0.951	0

由此，可得到如图 2-7 所示的决策树：

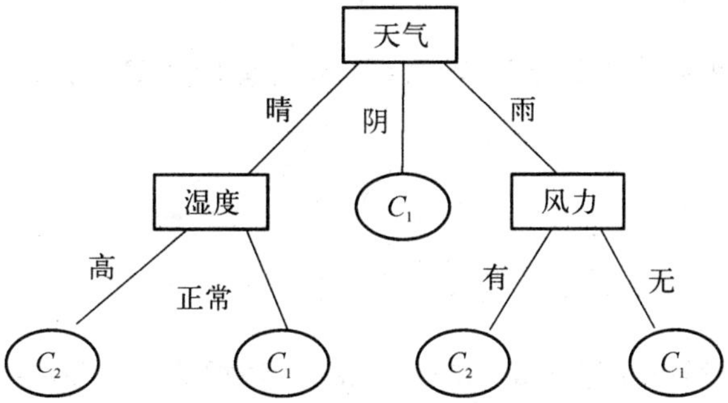

图 2-7　决策树结果

习　题

2.1　证明引入余量 b 之后，新的解区 $\boldsymbol{w}^{\mathrm{T}}\boldsymbol{x}_i \geqslant b(i=1, 2, \cdots)$ 位于原解区 $\boldsymbol{w}^{\mathrm{T}}\boldsymbol{x}_i > 0$ 之中，且与原解区边界之间的距离为 $b/\|\boldsymbol{x}_i\|$。

2.2　考虑一个线性判别函数 $d_i(\boldsymbol{x})=\boldsymbol{w}^{\mathrm{T}}\boldsymbol{x}+w_{i0}$，证明判别区是凸的，即如果 $x_1 \in$

D_i，$x_2 \in D_i$，那么$\lambda x_1 + (1-\lambda)x_2 \in D_i$，$0 \leqslant \lambda \leqslant 1$。

2.3 证明：当将属于 $\boldsymbol{w}_1$ 类和 $\boldsymbol{w}_2$ 类的样本分别放在系数矩阵的上 N_1 行和下 N_2 行，且余量矢量 $\boldsymbol{b} = \left(\underbrace{\frac{N}{N_1}, \cdots, \frac{N}{N_1}}_{N_1}, \underbrace{\frac{N}{N_2}, \cdots, \frac{N}{N_2}}_{N_2}\right)^{\mathrm{T}}$ 时，MSE 解等价于 Fisher 解。

2.4 试证在几何上，感知准则函数正比于被错分类的样本到判别界面的距离之和。

2.5 证明 H－K 算法的收敛性。

2.6 证明在 M 类问题中，最优分类器的分类错误率受下列条件的限制：

$$P_{\mathrm{e}} \leqslant \frac{M-1}{M}$$

2.7 在两类三维问题中，每一类的特征向量为正态分布，协方差矩阵为

$$\boldsymbol{\Sigma} = \begin{bmatrix} 0.3 & 0.1 & 0.1 \\ 0.1 & 0.3 & -0.1 \\ 0.1 & -0.1 & 0.3 \end{bmatrix}$$

特征向量分别为$(0, 0, 0)^{\mathrm{T}}$和$(0.5, 0.5, 0.5)^{\mathrm{T}}$。写出相应的线性判别函数及决策面方程。

2.8 在投掷硬币的试验中，正面(1)发生的概率为 q，反面(0)发生的概率是 $1-q$。设 $x_i(i=1, 2, \cdots, N)$是实验结果，$x_i \in \{0, 1\}$。证明 q 的 ML 估计为

$$q_{\mathrm{ML}} = \frac{1}{N}\sum_{i=1}^{N} x_i。$$

2.9 如果似然函数是高斯分布，均值 $\boldsymbol{u}$ 与协方差矩阵 $\boldsymbol{\Sigma}$ 未知，证明 ML 的结果为

$$\hat{\boldsymbol{u}} = \frac{1}{N}\sum_{k=1}^{N} \boldsymbol{x}_k$$

$$\hat{\Sigma} = \frac{1}{N}\sum_{k=1}^{N} (\boldsymbol{x}_k - \hat{\boldsymbol{u}})(\boldsymbol{x}_k - \hat{\boldsymbol{u}})^{\mathrm{T}}$$

2.10 在二维空间中有两类 $\boldsymbol{w}_1$ 和 $\boldsymbol{w}_2$。$\boldsymbol{w}_1$ 的数据均匀分布在一个半径为 r 的圆中。$\boldsymbol{w}_2$ 的数据均匀分布在另一个半径为 r 的圆中，两个圆心的距离大于 $4r$。设 N 是可用训练样本的数量。证明：在 $k \geqslant 3$ 的情况下，NN 的分类器的错误率总是比 kNN 错误率小。

2.11 解释为什么感知器代价函数是分段连续线性函数。

2.12 已知类 $\boldsymbol{w}_1$ 由两个特征向量$(0, 0)^{\mathrm{T}}$ 和$(0, 1)^{\mathrm{T}}$ 组成，$\boldsymbol{w}_2$ 由两个特征向量$(1, 0)^{\mathrm{T}}$ 和$(1, 1)^{\mathrm{T}}$ 组成。用感知器算法中的奖励和惩罚形式，其中 $\rho = 1$，$\boldsymbol{w}(0) = (0, 0)^{\mathrm{T}}$，设计这两类的线性分段函数。

第3章　Bayes决策理论

统计模式识别是依据各类的统计特性对未知类别的样本进行分类。虽然在实际分类的过程中总是先依据训练样本(已知其类别)来估计各类的统计特性,然后根据已估得的各类统计特性对未知类别的样本进行分类。即先估计密度函数,后作统计决策。但在叙述时,为了方便,一般都是先讨论统计决策规则,后讨论密度函数的估计。而在讨论统计决策规则时,设各类的密度函数是已知的。此外,为便于叙述,一般从二类问题出发再推广到多类问题。本章介绍分类器设计的四种统计决策规则:最小错误率贝叶斯决策、最小风险的贝叶斯决策、纽曼-皮尔逊决策和最小最大决策。

3.1　最小错误率贝叶斯决策

对同一套观察数据用不同的决策规则进行分类将产生不同的结果。人们总是希望寻找最佳的分类方法。但是对于什么是最佳的问题,从不同的角度看问题会得出不同的答案。最小错误率的贝叶斯决策是以平均错误率最小作准则的决策方法。这是一种常用的决策规则,常常把它作为与其他分类算法相比较的标准。

先看二类问题。设观察到一个向量 $\boldsymbol{X}$,它可能是由密度函数为 $p(\boldsymbol{x}|\omega_1)$的总体 ω_1 所产生的,也可能来自总体 ω_2。设已知观察向量 $\boldsymbol{X}$ 从 ω_1 及 ω_2 抽取的先验概率分别是 $P(\omega_1)$和 $P(\omega_2)$。要求在得到观察向量 $\boldsymbol{X}$ 后做出决策 $X\in\omega_1$,或 $X\in\omega_2$,使平均错误率最小。为此,应计算后验概率 $P(\omega_i|\boldsymbol{X})$,并将 $\boldsymbol{X}$ 分到 $P(\omega_i|\boldsymbol{X})$最大的类中去。即

若 $P(\omega_1\mid\boldsymbol{X})>P(\omega_2\mid\boldsymbol{X})$,则作决策 $\boldsymbol{X}\in\omega_1$;

若 $P(\omega_2\mid\boldsymbol{X})>P(\omega_2\mid X)$,则作决策 $\boldsymbol{X}\in\omega_2$。

这样的决策方法可以使平均错误率最小。因为对于某一个 $\boldsymbol{X}$ 而言,若作决策 $\boldsymbol{X}\in\omega_1$,则错误的概率为 $P(\omega_2|\boldsymbol{X})$;反之,错误的概率为 $P(\omega_1|\boldsymbol{X})$。将 $\boldsymbol{X}$ 归入使$P(\omega_i|\boldsymbol{X})$最大的类就可以使错误概率最小。既然对每个 $\boldsymbol{X}$ 都做出了使错误率最小的决策,那么从总体来看,这样的决策方法可以使总的平均错误率最小是当然的。

现在,已知先验概率 $P(\omega_i)$和各类密度函数 $p(\boldsymbol{x}|\omega_i)$。由贝叶斯定理

$$P(\omega_i \mid \boldsymbol{X}) = \frac{p(\boldsymbol{x} \mid \omega_i)P(\omega_i)}{p(\boldsymbol{x})} \tag{3-1}$$

式中：$p(\boldsymbol{x})$是随机向量 $\boldsymbol{X}$ 的联合概率密度函数，对二类问题 $p(\boldsymbol{x}) = p(\boldsymbol{x} \mid \omega_1)P(\omega_1) + p(\boldsymbol{x} \mid \omega_2)P(\omega_2)$。由于 $p(\boldsymbol{x})$与 ω_i 无关，它对决策没有影响，可以略去。则决策规则成为

若 $$p(\boldsymbol{x} \mid \omega_1)P(\omega_1) \gtrless p(\boldsymbol{x} \mid \omega_2)P(\omega_2)，则 \boldsymbol{X} \in \begin{cases}\omega_1\\ \omega_2\end{cases} \tag{3-2}$$

式(3-2)还可用似然比写成另一形式。记两个条件密度之比成为似然比，记为 l，则

$$l_{12}(\boldsymbol{x}) = \frac{p(\boldsymbol{x} \mid \omega_1)}{p(\boldsymbol{x} \mid \omega_2)} \tag{3-3}$$

于是决策规则可写成

若 $$l_{12}(\boldsymbol{x}) \gtrless \frac{P(\omega_2)}{P(\omega_1)}，则 \boldsymbol{X} \in \begin{cases}\omega_1\\ \omega_2\end{cases} \tag{3-4}$$

有时用对数似然比 $\mu(\boldsymbol{x}) = \ln(l(\boldsymbol{x}))$ 或负对数似然比 $h(\boldsymbol{x}) = -\ln(l(\boldsymbol{x}))$ 更为方便。这时决策规则成为

若 $$h(\boldsymbol{x}) \lessgtr \ln\frac{P(\omega_1)}{P(\omega_2)}，则 \boldsymbol{X} \in \begin{cases}\omega_1\\ \omega_2\end{cases} \tag{3-5}$$

或者

若 $$-\ln p(\boldsymbol{x} \mid \omega_1) + \ln p(\boldsymbol{x} \mid \omega_2) \lessgtr \ln\frac{P(\omega_1)}{P(\omega_2)}，则 \boldsymbol{X} \in \begin{cases}\omega_1\\ \omega_2\end{cases} \tag{3-6}$$

总之，对二类问题，最小错误率贝叶斯决策规则可以归结为把似然比（或对数似然比，负对数似然比）和一个门限比较大小，依此作出决策，而这个门限和各类先验概率 $P(\omega_1)$，$P(\omega_2)$有关。

对多类问题，最小错误率贝叶斯决策规则可归纳为下列步骤（设类别数为 M）：

步骤 1 对某个观察向量 $\boldsymbol{X}$，先计算 M 个决策函数

$$d_i(\boldsymbol{x}) = p(\boldsymbol{x} \mid \omega_i)P(\omega_i) \qquad i=1,\ 2,\ \cdots,\ M$$

步骤 2 把 $\boldsymbol{x}$ 分到使 $d_i(\boldsymbol{x})$最大的类中去。

即若 $d_i(\boldsymbol{x}) > d_j(\boldsymbol{x})$ 对所有 $j = 1,\ 2,\ \cdots,\ M$ 和 $j \neq i$ 成立，则 $\boldsymbol{X} \in \omega_i$，图 3-1 为 M 类最小错误率贝叶斯分类器的方框图。该图含义清楚，不再另作说明。

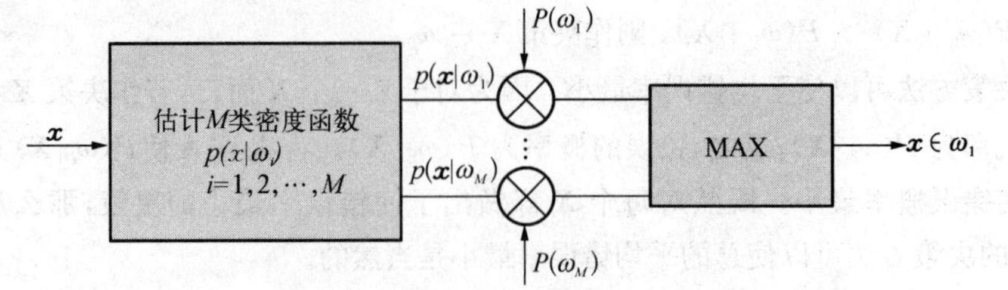

图 3-1 M类最小错误率贝叶斯分类器

3.2　最小风险的贝叶斯决策

在解决实际问题时，有时使错误率最小并不一定是最好的。当由于不同性质的错判造成的后果不相同的时候，情况往往就是这样。例如看病，医生要根据观察得到的各方面数据（如体温、血压、白血球分类等等）做出判断：有病还是无病。若把无病判为有病，这是一种性质的错误，会造成损失，使人在短期里精神上受到压力；而把有病判为无病，这是另一种性质的错误，所造成的损失要严重得多。因此有必要对这两种性质的错误加以区别，而不应把它们混起来统称为错判，并以错判概率最小作为诊断的准则，一个合理的准则应该考虑到由这两种不同性质的错误所造成损失的严重性。本小节从统计决策理论的观点来讨论模式分类问题，引出最小风险的贝叶斯决策规则，并讨论它与最小错误率贝叶斯决策之间的关系。

在最小风险贝叶斯决策中，除了需要知道各类的条件密度函数 $p(x|\omega_i)$ 以及先验概率 $P(\omega_i)$ 之外，还要已知损失矩阵 $\boldsymbol{L}=(L_{ij})$。损失矩阵 $\boldsymbol{L}$ 反映了各种性质的错误所造成风险的大小。在上例中，若医生所能作出的决策只能是“无病”和“有病”这两种，则可以得到 2×2 损失矩阵 $\boldsymbol{L}=\begin{bmatrix}0 & 1\\5 & 0\end{bmatrix}$，其含义可参见表 3-1(a)，将有病错判为无病的损失赋以 $L_{21}=5$，而将无病错判为有病的损失赋以 $L_{12}=1$。这反映了不同性质的错误不同对待的思想。在作决策时也可以增设一个类“无法作出判断”，或称“拒识”。这时损失矩阵 $\boldsymbol{L}$ 成为 2×3 矩阵，参见表 3-1(b)。在一般情况下，若共有 M 个类，可以作出的决策有 N 种，则损失矩阵是一个 $M\times N$ 矩阵。其分量 L_{ij} 的含义是：若实际上是 i 类，则判为第 j 类所造成的损失（或风险）。损失矩阵要根据具体问题来得到。在这里我们简单地认为它是已知的 $M\times N$ 阵。

表 3-1　损失矩阵举例

(a)

判断 / 损失 / 实际	无病（真实）	有病（真实）
无病（判断）	0	5
有病（判断）	1	0

(b)

判断 / 损失 / 实际	无病（真实）	有病（真实）	拒识
无病（判断）	0	5	0.5
有病（判断）	1	0	1.5

最小风险的贝叶斯决策是以期望风险(也称为平均损失、期望代价)最小作为准则来做决策的。对一个待识别模式 $\boldsymbol{X}$,要估算 M 个风险值。

$$r_j(\boldsymbol{x}) = \sum_{i=1}^{M} L_{ij} P(\omega_i \mid \boldsymbol{X}) \tag{3-7}$$

式中: $r_j(\boldsymbol{x})$表示若将 $\boldsymbol{X}$ 归入第 j 类所造成的期望风险。显然,应把 $\boldsymbol{X}$ 归入使 $r_j(\boldsymbol{x})$最小的类别中去。即为

若 $$r_i(\boldsymbol{x}) = \min_j r_j(\boldsymbol{x}),\text{则作决策 } \boldsymbol{X} \in \omega_i \tag{3-8}$$

同样,由贝叶斯定理并略去与类别无关的 $p(\boldsymbol{x})$,得

$$r_j(\boldsymbol{x}) = \sum_{i=1}^{M} L_{ij} p(\boldsymbol{x} \mid \omega_i) P(\omega_i) \tag{3-9}$$

对二类问题 $(M=2)$,决策规则可进一步简化为

若 $L_{11} p(\boldsymbol{x} \mid \omega_1) P(\omega_1) + L_{21} p(\boldsymbol{x} \mid \omega_2) P(\omega_2) < L_{12} p(\boldsymbol{x} \mid \omega_1) P(\omega_1) + L_{22} p(\boldsymbol{x} \mid \omega_2) P(\omega_2)$

则 $\boldsymbol{X} \in \omega_1$

再进一步简化成

若 $$\frac{p(\boldsymbol{x} \mid \omega_1)}{p(\boldsymbol{x} \mid \omega_2)} > \frac{P(\omega_2)}{P(\omega_1)} \frac{L_{21} - L_{22}}{L_{12} - L_{11}},\text{则 } \boldsymbol{X} \in \omega_1 \tag{3-10}$$

即对于二类问题,最小风险的贝叶斯分类器也可以归结为将似然比 $l_{12}(\boldsymbol{x}) = p(\boldsymbol{x} \mid \omega_1)/p(\boldsymbol{x} \mid \omega_2)$ 和门限 θ_{12}作比较,这里门限比 $\theta_{12} = P(\omega_2)(L_{21} - L_{22})/P(\omega_1)(L_{12} - L_{11})$。它不仅与先验概率 $P(\omega_i)$有关,也与损失矩阵 $\boldsymbol{L}$ 有关。当损失矩阵的对角元素为 0,其他元素都相等时,这时的最小风险贝叶斯分类器和最小错误率贝叶斯分类器完全一样。从概念上看,这是很容易想象的。因为损失矩阵的非对角元素都相等意味着不论发生哪种情况,造成的风险都相同。因此在作决策时不必区分错误的性质,只要使平均错误率最小即是使期望风险最小。

3.3 正态分布的贝叶斯分类器

多元正态分布是最常见的一种概率分布。本小节叙述在正态分布的情况下最小错误率贝叶斯分类器的决策函数及分类边界的性状及性质。设各类都服从多元正态分布 $N(\boldsymbol{\mu}_i, \boldsymbol{\Sigma}_i)$,其密度函数表达式为

$$p(\boldsymbol{x} \mid \omega_i) = \frac{1}{(2\pi)^{\frac{n}{2}} \mid \boldsymbol{\Sigma}_i \mid^{\frac{1}{2}}} \exp\left\{ -\frac{1}{2} (\boldsymbol{x} - \boldsymbol{\mu}_i)^{\mathrm{T}} \boldsymbol{\Sigma}_i^{-1} (\boldsymbol{x} - \boldsymbol{\mu}_i) \right\} \tag{3-11}$$

式中: $\boldsymbol{\mu}_i$ 为第 i 类期望向量, $\boldsymbol{\Sigma}_i$ 为第 i 类协方差矩阵。于是只要把式(3-11)代入贝叶斯

分类器决策函数的表达式中即可。为计算方便，取它的对数并略去与类别无关的常数项 $\frac{n}{2}\ln 2\pi$，得

$$d_i(\boldsymbol{x}) = \ln P(\omega_i) - \frac{1}{2}\ln|\boldsymbol{\Sigma}_i| - \frac{1}{2}[(\boldsymbol{x}-\boldsymbol{\mu}_i)^{\mathrm{T}}\Sigma_i^{-1}(\boldsymbol{x}-\boldsymbol{\mu}_i)] \tag{3-12}$$

将 $\boldsymbol{X}$ 纳入使 $d_i(\boldsymbol{x})$ 最大的类中去。第 i 类和第 j 类之间的分界面方程为 $d_i(\boldsymbol{x}) = d_j(\boldsymbol{x})$。下面分几种情况进行讨论。

3.3.1　各类协方差都相等，且各分量相互独立情况

$\boldsymbol{\Sigma}_i = \boldsymbol{\Sigma}_j = \sigma^2\boldsymbol{I}$，也就是各分量独立且有相同方差的情况。这时 $\boldsymbol{\Sigma}^{-1} = \frac{1}{\sigma^2}\boldsymbol{I}$，且 $\frac{1}{2}\ln|\boldsymbol{\Sigma}_i|$ 项可从式(3-12)的决策函数中除去。则式(3-12)可简化成

$$d_i(\boldsymbol{x}) = -\frac{1}{2\sigma^2}(\boldsymbol{x}-\boldsymbol{\mu}_i)^{\mathrm{T}}(\boldsymbol{x}-\boldsymbol{\mu}_i) + \ln P(\omega_i) \tag{3-13}$$

将式(3-13)中的 $(\boldsymbol{x}-\boldsymbol{\mu}_i)^{\mathrm{T}}(\boldsymbol{x}-\boldsymbol{\mu}_i)$ 展开，并略去与类别无关的 $\boldsymbol{x}^{\mathrm{T}}\boldsymbol{x}$ 项，得

$$d_i(\boldsymbol{x}) = \ln P(\omega_i) - \frac{1}{2\sigma^2}\boldsymbol{\mu}_i^{\mathrm{T}}\boldsymbol{\mu}_i + \frac{1}{\sigma^2}\boldsymbol{x}^{\mathrm{T}}\boldsymbol{\mu}_i \tag{3-14}$$

若各类先验概率也相等，则分类规则简化成简单的根据待分类模式 $\boldsymbol{X}$ 到各类中心 $\boldsymbol{\mu}_i$ 的欧氏距离来分类，分到离 $\boldsymbol{X}$ 最近的那一类去。分类边界是二类中心连线的垂直平分面。若各类先验概率不相等，分界面仍为线性分界面，但不通过两个中心连线的中点。若 $P(\omega_i) > P(\omega_j)$，则分界面向 j 靠拢。事实上，若式(3-14)代入分类边界方程 $d_i(\boldsymbol{x}) = d_j(\boldsymbol{x})$，容易看出这是个线性方程式：

$$2\boldsymbol{x}^{\mathrm{T}}(\boldsymbol{\mu}_j-\boldsymbol{\mu}_i) + \|\boldsymbol{\mu}_i\|^2 - \|\boldsymbol{\mu}_j\|^2 - 2\sigma^2\ln\frac{P(\omega_i)}{P(\omega_j)} = 0$$

图 3-2 示出当各类协方差阵相同，且为 $\sigma^2\boldsymbol{I}$ 时，2 维四类问题的分类边界(设先验概率都相同)。对 2 维情况，分类边界是直线。若维数 n 高于 3 维，分类边界为超平面。

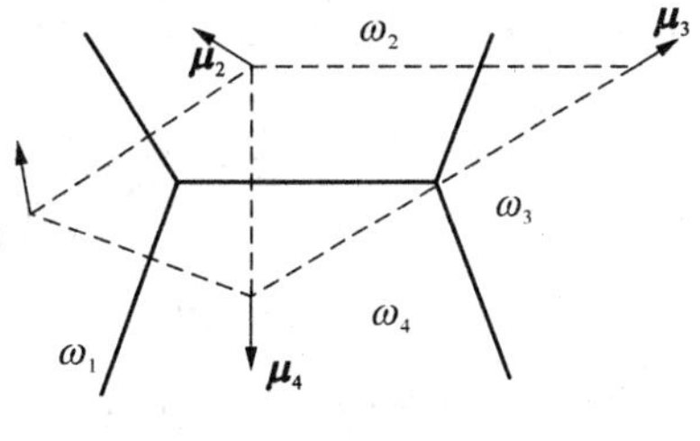

图 3-2　2 维四类问题分类边界图

3.3.2　各类协方差都相等，但各分量不相互独立情况

由式(3-12)，消去与类别无关的 $\boldsymbol{x}^{\mathrm{T}}\boldsymbol{x}$ 项及 $\frac{1}{2}\ln|\boldsymbol{\Sigma}_i|$ 项，得

$$d_i(\boldsymbol{x}) = \ln P(\omega_i) - \frac{1}{2}[(\boldsymbol{x}-\boldsymbol{\mu}_i)^{\mathrm{T}}\boldsymbol{\Sigma}^{-1}(\boldsymbol{x}-\boldsymbol{\mu}_i)] \tag{3-15}$$

及

$$d_i(\boldsymbol{x}) = \ln P(\omega_i) - \frac{1}{2}\boldsymbol{\mu}_i^{\mathrm{T}}\boldsymbol{\Sigma}^{-1}\boldsymbol{\mu}_i + \boldsymbol{x}^{\mathrm{T}}\boldsymbol{\Sigma}^{-1}\boldsymbol{\mu}_i \tag{3-16}$$

式(3－15)说明现在应该按 $\boldsymbol{X}$ 离各类中心的 Mahalanobis 距离(而不是欧氏距离)的大小进行分类。而式(3－16)表明分类边界仍是线性的。图 3－3(a)是这种情况下贝叶斯分类边界的示意图。事实上,3.3.1,3.3.2 中的两种情况之间有密切联系。若对第 2 种情况(各分量不相互独立情况)先作白化交换,即找到交换阵 $\boldsymbol{A}$ 使变换后的协方差阵 $\boldsymbol{A\Sigma A}^{\mathrm{T}} = \boldsymbol{I}$,则对变换后的矢量 $\boldsymbol{y} = \boldsymbol{Ax}$ 来说,情况就变为 $\boldsymbol{\Sigma}_{y1} = \boldsymbol{\Sigma}_{y2} = \boldsymbol{\Sigma}_y = \boldsymbol{I}$,即 3.3.1 中的情况(见图 3－3(b))。

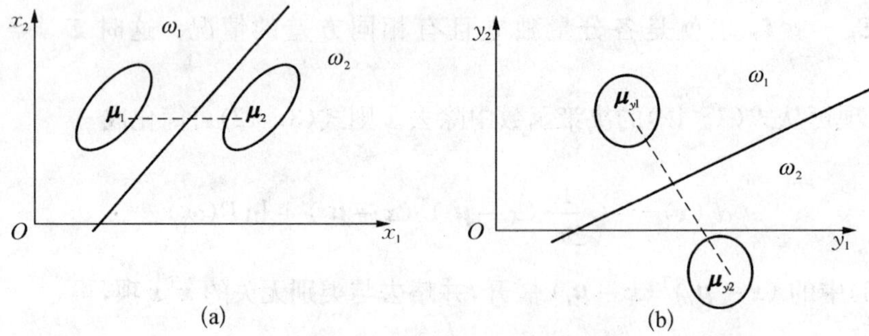

图 3－3 协方差阵相等时的分类边界

3.3.3 一般情况

这时,对式(3－12)无法做进一步的简化。因而,在一般情况下正态分布的贝叶斯分类边界是二次超曲面。按 $\boldsymbol{\Sigma}_i$, $\boldsymbol{\Sigma}_j$, $\boldsymbol{\mu}_i$, $\boldsymbol{\mu}_j$ 的不同,分类边界可能是超球面、超椭球面、超抛物面、超双曲面,在某些情况下也会退化为超平面。下面仅就 2 维二类情况下的分类边界形状作进一步的说明。对 2 维问题,分类边界应是二次曲线。为了叙述方便,令 $\boldsymbol{A} = \boldsymbol{\Sigma}_1^{-1} = \begin{bmatrix} a_{11} & a_{12} \\ a_{21} & a_{22} \end{bmatrix}$, $\boldsymbol{B} = \boldsymbol{\Sigma}_2^{-1} = \begin{bmatrix} b_{11} & b_{12} \\ b_{21} & b_{22} \end{bmatrix}$,则分类边界方程 $d_1(\boldsymbol{x}) = d_2(\boldsymbol{x})$ 可写为

$$(\boldsymbol{x}-\boldsymbol{\mu}_1)^{\mathrm{T}}\boldsymbol{A}(\boldsymbol{x}-\boldsymbol{\mu}_1) - (\boldsymbol{x}-\boldsymbol{\mu}_2)^{\mathrm{T}}\boldsymbol{B}(\boldsymbol{x}-\boldsymbol{\mu}_2) + K = 0 \tag{3-17}$$

式中: K 为与 $\boldsymbol{x}$ 无关的常数。式(3－17)总可化成二次曲线的一般方程式

$$ax_1^2 + 2bx_1x_2 + cx_2^2 + 2dx_1 + 2ex_2 + f = 0 \tag{3-18}$$

当二次项系数 a, b, c 为不同值时,式(3－18)分别对应于椭圆、抛物线、双曲线。由解析几何知识可知,若

$$\boldsymbol{H} = \begin{vmatrix} a & b \\ b & c \end{vmatrix} \begin{matrix} > \\ = 0, \text{则分界线为} \\ < \end{matrix} \quad \begin{matrix} \text{椭圆} \\ \text{抛物线} \\ \text{双曲线} \end{matrix} \tag{3-19}$$

将式(3－17)、式(3－18)进行比较,可得

$$\boldsymbol{H}=\begin{vmatrix} a_{11}-b_{11} & a_{12}-b_{12} \\ a_{12}-b_{12} & a_{22}-b_{22} \end{vmatrix}=(a_{11}-b_{11})(a_{22}-b_{22})-(a_{12}-b_{12})^2$$

$$=(a_{11}a_{22}-a_{12}^2)+(b_{11}b_{22}-b_{12}^2)+(-a_{11}b_{22}+2a_{12}b_{12}-a_{22}b_{11})$$

$$=|\boldsymbol{A}|+|\boldsymbol{B}|-|\boldsymbol{B}|\operatorname{tr}(\boldsymbol{AB}^{-1})=|\boldsymbol{B}|\{1+|\boldsymbol{AB}^{-1}|-\operatorname{tr}(\boldsymbol{AB}^{-1})\} \quad (3-20)$$

因为 $\boldsymbol{\Sigma}_1$，$\boldsymbol{\Sigma}_2$ 是正定阵，故 $|\boldsymbol{B}|>0$。设 $\boldsymbol{AB}^{-1}$的特征值为 λ_1，λ_2，则

$$1+|\boldsymbol{AB}^{-1}|-\operatorname{tr}(\boldsymbol{AB}^{-1})=1+\lambda_1\lambda_2-(\lambda_1+\lambda_2)=(\lambda_1-1)(\lambda_2-1) \quad (3-21)$$

由式(3－19)及式(3－21)，我们可以根据 $\boldsymbol{\Sigma}_1^{-1}\boldsymbol{\Sigma}_2$ 的两个特征值是大于、小于还是等于 1 来判断 2 维二类问题贝叶斯分类边界的形状。至于在什么情况下，二次曲线将退化为一次曲线的问题，也可从分析式(3－18)的系数得到。

图 3－4 示出在不同情况下，贝叶斯分类器分类边界(对于正态，2 维，2 类情况)。

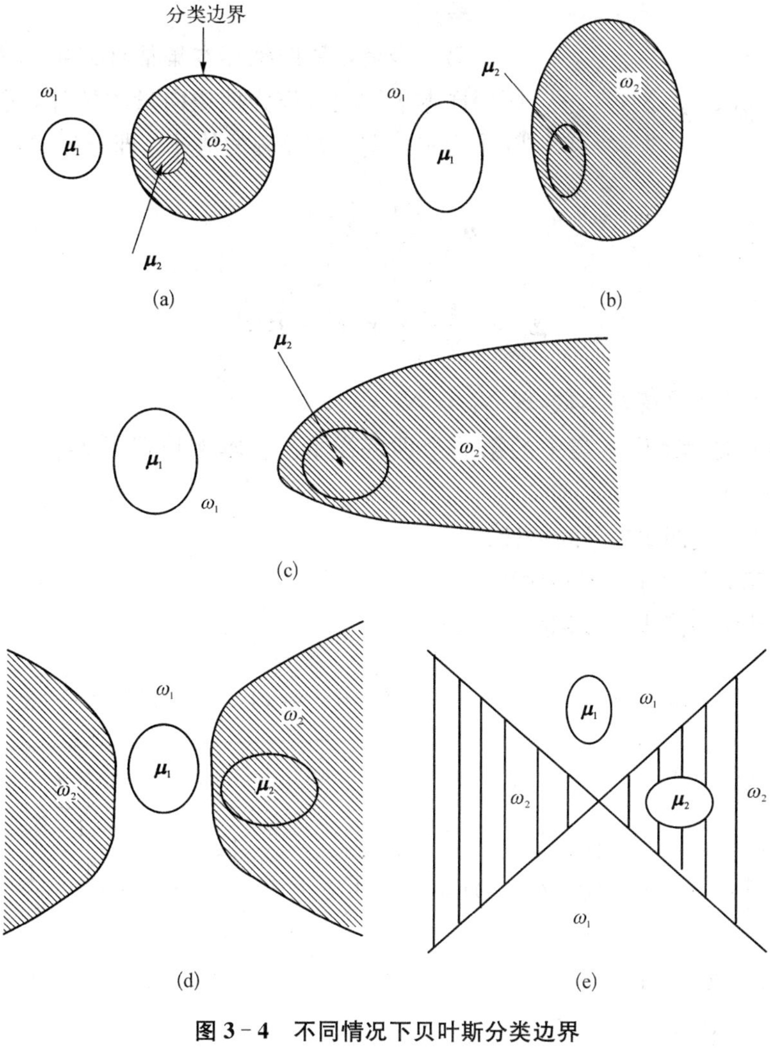

图 3－4　不同情况下贝叶斯分类边界

(a) 圆；(b) 椭圆；(c) 抛物线；(d) 双曲线；(e) 直线

3.3.4 数字实例

有 8 个训练样本，分属 2 类，如图 3-5 所示，训练样本集为

$$\mathscr{X}_1 = \{(1\quad 0\quad 1)^{\mathrm{T}},\ (0\quad 0\quad 0)^{\mathrm{T}},\ (1\quad 0\quad 0)^{\mathrm{T}},\ (1\quad 1\quad 0)^{\mathrm{T}}\}$$

$$\mathscr{X}_2 = \{(0\quad 0\quad 1)^{\mathrm{T}},\ (0\quad 1\quad 1)^{\mathrm{T}},\ (1\quad 1\quad 1)^{\mathrm{T}},\ (0\quad 1\quad 0)^{\mathrm{T}}\}$$

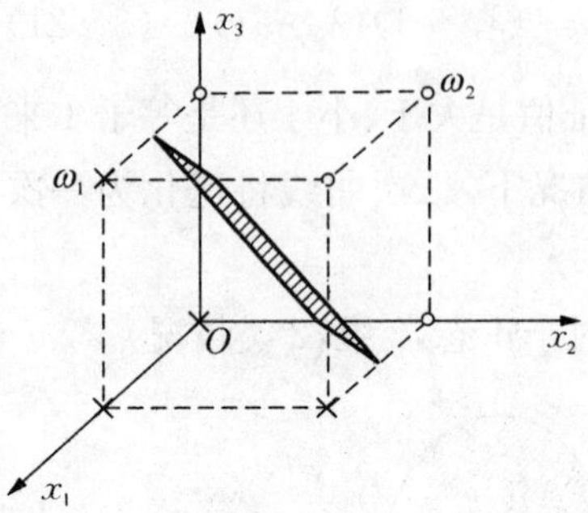

图 3-5

设二类密度函数服从正态分布，二类的先验概率相等：

$$P(\omega_1) = P(\omega_2) = 0.5。$$

求最小错误率贝叶斯分类器的决策函数、分类边界面，并验证用这种分类器能否对训练样本正确分类。

解：

第一步是要从训练样本集估计二类的密度函数，可以用样本平均向量作为期望向量的估计，用样本协方差阵作为对真实协方差阵的估计。即有公式：

$$\hat{\boldsymbol{\mu}} = \frac{1}{N_i}\sum_{j=1}^{N_j}\boldsymbol{x}_{ij}$$

$$\hat{\boldsymbol{\Sigma}}_i = \frac{1}{N_i}\sum_{j=1}^{N_i}\boldsymbol{x}_{ij}\boldsymbol{x}_{ij}^{\mathrm{T}} - \boldsymbol{\mu}_i\boldsymbol{\mu}_i^{\mathrm{T}}$$

式中：N_i 为第 i 类训练样本数，现 $N_1 = N_2 = 4$；

$\boldsymbol{x}_{ij}$ 是第 i 类训练样本集中的第 j 个训练样本。在本例情况下 $\boldsymbol{x}_{11} = (1\quad 0\quad 1)^{\mathrm{T}}$，$\boldsymbol{x}_{12} = (0\quad 0\quad 0)^{\mathrm{T}}\cdots$

$\hat{\boldsymbol{\mu}}_i$ 是对第 i 类期望矢量的估计；

$\hat{\boldsymbol{\Sigma}}_i$ 是对第 i 类协方差阵的估计。

以本例具体数值代入，即得

$$\hat{\boldsymbol{\mu}}_1 = \frac{1}{4}[(1\quad 0\quad 1)^{\mathrm{T}} + (0\quad 0\quad 0)^{\mathrm{T}} + (1\quad 0\quad 0)^{\mathrm{T}} + (1\quad 1\quad 0)^{\mathrm{T}}] = \frac{1}{4}(3\quad 1\quad 1)^{\mathrm{T}}$$

$$\hat{\boldsymbol{\mu}}_2 = \frac{1}{4}(1\quad 3\quad 3)^{\mathrm{T}}$$

$$\hat{\boldsymbol{\Sigma}}_1 = \frac{1}{4}\left\{\begin{pmatrix}1\\0\\1\end{pmatrix}(1\ 0\ 1) + \begin{pmatrix}0\\0\\0\end{pmatrix}(0\ 0\ 0) + \begin{pmatrix}1\\0\\0\end{pmatrix}(1\ 0\ 0) + \begin{pmatrix}1\\1\\0\end{pmatrix}(1\ 1\ 0)\right\} - \frac{1}{16}\begin{pmatrix}3\\1\\1\end{pmatrix}(3\ 1\ 1)$$

$$= \frac{1}{16}\begin{pmatrix}3 & 1 & 1\\ 1 & 3 & -1\\ 1 & -1 & 3\end{pmatrix}$$

$\hat{\boldsymbol{\Sigma}}_2 = \hat{\boldsymbol{\Sigma}}_1$，这相当于二类等协方差阵情况。

令 $\boldsymbol{\Sigma} = \hat{\boldsymbol{\Sigma}}_1 = \hat{\boldsymbol{\Sigma}}_2 = \frac{1}{16}\begin{pmatrix} 3 & 1 & 1 \\ 1 & 3 & -1 \\ 1 & -1 & 3 \end{pmatrix}$，则有

$$\boldsymbol{\Sigma}^{-1} = 4\begin{pmatrix} 2 & -1 & -1 \\ -1 & 2 & 1 \\ -1 & 1 & 2 \end{pmatrix}$$

解题的第二步就是用式(3-16)计算决策函数。

将上面估计得到的 $\hat{\boldsymbol{\mu}}_1$，$\hat{\boldsymbol{\mu}}_2$，$\boldsymbol{\Sigma}^{-1}$ 代入式(3-16)，并略去 $\ln P(\omega_i)$ 项，可算得

$$d_1(\boldsymbol{x}) = 4x_1 - \frac{3}{2}$$

$$d_2(\boldsymbol{x}) = -4x_1 + 8x_2 + 8x_3 - \frac{11}{2}$$

由 $d_1(\boldsymbol{x}) = d_2(\boldsymbol{x})$ 得分界面方程为

$8x_1 - 8x_2 - 8x_3 + 4 = 0$，或 $x_1 - x_2 - x_3 + \frac{1}{2} = 0$ 如图 3-5 中阴影部分所示，为过两类样本中心的超平面。显然，此分界面将所有训练样本正确分类。

最后做两点说明。首先，本例对每类只提供 4 个训练样本，要想据此对各类统计特性进行估计显然是远远不够的。本例只是为了计算的方便才把训练样本点数取得那么少。其次，在本例中，所求得的分界面将所有的训练样本都正确分类了，在实际情况中，有时一个好的分界面也会把个别训练样本分错，这是允许的，对此问题，在下一节中还将专门讨论。

3.4　纽曼-皮尔逊(Neyman-Pearson, NP)决策规则

对二类决策问题，可能犯两类错误。

第一类错误——实际为 ω_1 而错判为 ω_2。现以 ε_1 记这种错误的错误率。

第二类错误——将 ω_2 错判为 ω_1，错误率记为 ε_2。

上面第一小节所述之最小错误率贝叶斯决策规则是要使平均错误率 $\varepsilon = P(\omega_1)\varepsilon_1 + P(\omega_2)\varepsilon_2$ 为最小。而纽曼-皮尔逊决策规则是：在 ε_2 等于某常数(例如 ε_0)的条件下，使 ε_1 最小。

这是一个在 $\varepsilon_2 = \varepsilon_0$ 这个等式约束条件下，求 ε_1 为极小的极值问题，可用拉格朗日乘子法化为无约束的极值问题。定义一个准则函数

$$\gamma = \varepsilon_1 + \lambda(\varepsilon_2 - \varepsilon_0) \tag{3-22}$$

式中：λ 为拉格朗日乘子，也是一个需要在求解过程中求出的数。一个二类分类问题可以看成是将模式空间 Γ 划分成两个互不相交的子空间 Γ_1 和 Γ_2。现在问题成为怎样划分模式空间，使得 γ 为最小。由 ε_1 和 ε_2 的含义，我们有 $\varepsilon_1=\int_{\Gamma_2} p(\boldsymbol{x} \mid \omega_1)\mathrm{d}\boldsymbol{x}$，此即实际上属 ω_1 而观察矢量 $\boldsymbol{x}$ 落入 Γ_2，因而被错判为 ω_2 的概率。同理，$\varepsilon_2=\int_{\Gamma_1} p(\boldsymbol{x} \mid \omega_2)\mathrm{d}\boldsymbol{x}$。由于 Γ_1 和 Γ_2 互不交叠，而又占满了整个模式空间。故有

$$\varepsilon_1=\int_{\Gamma_2} p(\boldsymbol{x} \mid \omega_1)\mathrm{d}\boldsymbol{x}=1-\int_{\Gamma_1} p(\boldsymbol{x} \mid \omega_1)\mathrm{d}\boldsymbol{x}。$$

将 ε_1，ε_2 的这些表达式代入式(3-24)，有

$$\begin{aligned}\gamma &= \varepsilon_1+\lambda(\varepsilon_2-\varepsilon_0)\\ &= 1-\int_{\Gamma_1} p(\boldsymbol{x} \mid \omega_1)\mathrm{d}\boldsymbol{x}+\lambda\int_{\Gamma_1} p(\boldsymbol{x} \mid \omega_2)\mathrm{d}\boldsymbol{x}-\lambda\varepsilon_0\\ &= (1-\lambda\varepsilon_0)+\int_{\Gamma_1}[\lambda p(\boldsymbol{x} \mid \omega_2)-p(\boldsymbol{x} \mid \omega_1)]\mathrm{d}\boldsymbol{x}\end{aligned} \tag{3-23}$$

现在问题归结为选择 Γ_1 使 γ 最小。通过把使得 $\lambda p(\boldsymbol{x} \mid \omega_2)-p(\boldsymbol{x} \mid \omega_1)$ 为负的所有 $\boldsymbol{x}$ 都归入 Γ_1，而使它为正的都归入 Γ_2，可以做到使 γ 最小。因此纽曼-皮尔逊决策规则就是按 $\lambda p(\boldsymbol{x} \mid \omega_2)-p(\boldsymbol{x} \mid \omega_1)$ 的正负作决策，大于零的判为属于 ω_2，小于零判为属于 ω_1，即

若
$$\frac{p(\boldsymbol{x} \mid \omega_1)}{p(\boldsymbol{x} \mid \omega_2)} \gtrless \lambda，则\ \boldsymbol{X} \in \begin{cases}\omega_1\\ \omega_2\end{cases} \tag{3-24}$$

形式上，它和式(3-4)十分相像。即纽曼-皮尔逊决策也是把似然比与某个门限值比较大小，依此作出决策，只是门限值和式(3-4)不同，不是 $\dfrac{P(\omega_2)}{P(\omega_1)}$ 而是拉格朗日乘子 λ。λ 的大小对两种错误率 ε_1 和 ε_2 都有影响，应选择使 $\varepsilon_2=\varepsilon_0$ 的 λ_0 值。

事实上，随着 λ 变大，要使似然比 $l_{12}(\boldsymbol{x})=\dfrac{p(\boldsymbol{x} \mid \omega_1)}{p(\boldsymbol{x} \mid \omega_2)}>\lambda$ 变得更困难。即 λ 变大，使做出判决 $\boldsymbol{X}\in\omega_1$ 的机会减小，因而使犯第二类错误的可能性减小，故 ε_2 是 λ 的单调递减函数。

$$\varepsilon_2=\int_{\lambda}^{\infty} p(l_{12} \mid \omega_2)\mathrm{d}l_{12} \tag{3-25}$$

即实际来自 ω_2 的似然比 l_{12} 大于 λ 的概率。注意到 $p(l_{12}|\omega_2)$ 非负，ε_2 将随 λ 的增加而减小是显然的。但是，为了求解使 $\varepsilon_2=\varepsilon_0$ 的 λ_0 值较困难，难以得到解析解，一般可用数值解，即尝试几个 λ 值，得到 ε_2-λ 曲线(见图3-6)，然后用内插方法估计 λ_0

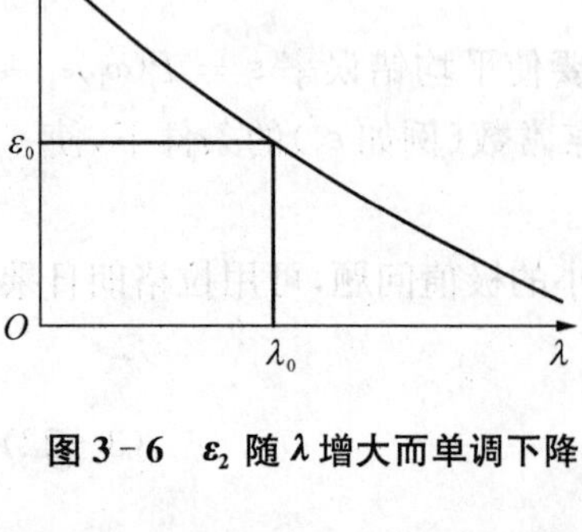

图3-6　ε_2 随 λ 增大而单调下降

总之，纽曼-皮尔逊决策是在使 ε_2 为某常数的条件

下使 ε_1 尽量小的决策方法。具体做法也是把似然比与某个门限值相比,它不要求知道各类的先验概率。事实上,门限值 λ 与 $P(\omega_1)$, $P(\omega_2)$值没有关系。但是求门限 λ_0 的过程较麻烦,一般要用数值方法去尝试,难以得到门限值的闭式解。

例:

考虑二维二类正态分布情况。$\boldsymbol{\mu}_1=\begin{pmatrix}-1\\0\end{pmatrix}$, $\boldsymbol{\mu}_2=\begin{pmatrix}1\\0\end{pmatrix}$, $\boldsymbol{\Sigma}_1=\boldsymbol{\Sigma}_2=\boldsymbol{I}$。求出用纽曼-皮尔逊决策规则进行分类时的分类边界。

解:

先求似然比 $l_{12}(\boldsymbol{x})$的表达式。为了方便,直接求似然比表达式的对数。因为 $\boldsymbol{\Sigma}_1=\boldsymbol{\Sigma}_2=\boldsymbol{I}$, $\boldsymbol{\Sigma}_1^{-1}=\boldsymbol{\Sigma}_2^{-1}=\boldsymbol{I}$。计算较方便。

$$
\begin{aligned}
u &= \ln\left\{\frac{p(\boldsymbol{x}\mid\omega_1)}{p(\boldsymbol{x}\mid\omega_2)}\right\}\\
&=-\frac{1}{2}\{(\boldsymbol{x}-\boldsymbol{\mu}_1)^{\mathrm{T}}(\boldsymbol{x}-\boldsymbol{\mu}_1)-(\boldsymbol{x}-\boldsymbol{\mu}_2)^{\mathrm{T}}(\boldsymbol{x}-\boldsymbol{\mu}_2)\}\\
&=\boldsymbol{x}^{\mathrm{T}}(\boldsymbol{\mu}_1-\boldsymbol{\mu}_2)-\frac{1}{2}(\boldsymbol{\mu}_1^{\mathrm{T}}\boldsymbol{\mu}_1-\boldsymbol{\mu}_2^{\mathrm{T}}\boldsymbol{\mu}_2)\\
&=(x_1\quad x_2)\begin{pmatrix}-2\\0\end{pmatrix}-\frac{1}{2}(1\quad -1)\\
&=-2x_1
\end{aligned}
$$

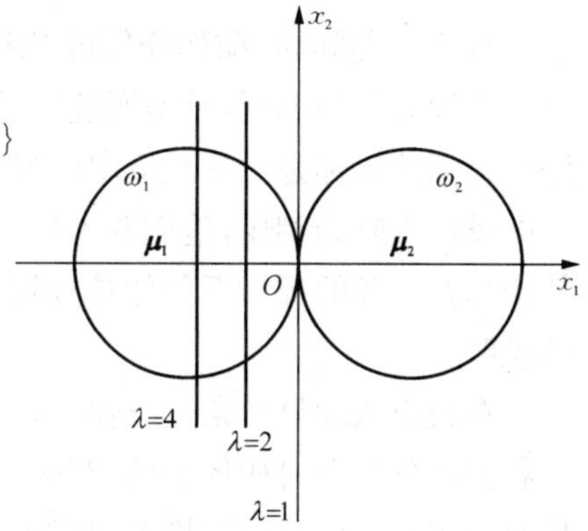

图 3-7 纽曼-皮尔逊决策边界

则分类边界为 $-2x_1=\ln\lambda$。这是一条垂直于 x_1 轴的直线,如图 3-7 所示。由图 3-7 可见,λ 值取得愈大分界线愈往左移,因而愈容易把第一类的样本错分成第二类,即 λ 大则 ε_2 小而 ε_1 大。

下面具体求 ε_2 与 λ 的关系,以便找出使 $\varepsilon_2=\varepsilon_0$ 的 λ_0,由于用的是对数似然比,应将式(3-27)修正为

$$
\varepsilon_2=\int_{\ln\lambda}^{\infty}p(u\mid\omega_2)\mathrm{d}u
$$

现在 $u=-2x_1$,相当于对随机矢量 $\boldsymbol{X}$ 做线性变换 $\boldsymbol{A}=(-2\quad 0)$ 而得到 u。$u=\boldsymbol{AX}=(-2\quad 0)\begin{pmatrix}x_1\\x_2\end{pmatrix}=-2x_1$。由于 $\boldsymbol{X}\sim N(\boldsymbol{\mu}_2,\boldsymbol{\Sigma}_2)$,它的线性变换仍服从正态分布,故 $u\sim N(\boldsymbol{A\mu}_2,\boldsymbol{A\Sigma}_2\boldsymbol{A}^{\mathrm{T}})$。现在 $\boldsymbol{A\mu}_2=(-2\quad 0)\begin{pmatrix}1\\0\end{pmatrix}=-2$, $\boldsymbol{A\Sigma}_2\boldsymbol{A}^{\mathrm{T}}=(-2\quad 0)\begin{pmatrix}-2\\0\end{pmatrix}=4$,

故 $u\sim N(-2,4)$。为了以后查表的方便,再作变换 $y=\dfrac{u}{2}+1$,则

$$
\varepsilon_2=\int_{\frac{\ln\lambda}{2}+1}^{\infty}\frac{1}{\sqrt{2\pi}}\exp\left(-\frac{y^2}{2}\right)\mathrm{d}y
$$

查拉普拉斯表即可得到 $\frac{\ln\lambda}{2}+1$ 与 ε_2 的关系，从而得到 $\varepsilon_2-\lambda$ 关系表（见表 3-2）。利用表 3-2 并作适当内插，可以方便地求得门限值 λ。

表 3-2 $\varepsilon_2-\lambda$ 关系表

λ	4	2	1	0.5	0.25
ε_2	0.04	0.09	0.16	0.25	0.38

3.5 最小最大决策

对于二类问题，前面介绍的几种决策规则都可归结为将似然比与某个门限值比较大小。决策规则的不同，只是所选用的门限不同。本小节介绍另一种选门限的方法，本节方法所追求的目标是对先验概率的各种变化，使最大风险最小。其思想方法与一些老成持重的设计师颇为相像，他们并不片面追求某些指标的最优，而着力于提高产品的适应性，使产品在最坏的环境下仍然具有较好的性能。下面对最小最大决策的思想方法作进一步的说明。

在最小风险贝叶斯分类器中，门限值与先验概率 $P(\omega_i)$ 有关。如果待识别数据的情况和设计分类器时所依据的 $P(\omega_i)$ 不一致，则贝叶斯分类器的性能将急剧变差。而最小最大决策则是要解决怎样取门限可以使分类器的性能在 $P(\omega_i)$ 变化时仍然较好。先来分析当分类器已经确定（即门限值已经固定下来）的情况下，$P(\omega_i)$ 的变化对期望风险的影响。

由期望风险的表达式

$$R=\int_{\Gamma_1}[L_{11}p(\boldsymbol{x}\mid\omega_1)P(\omega_1)+L_{21}p(\boldsymbol{x}\mid\omega_2)P(\omega_2)]\mathrm{d}\boldsymbol{x}+\int_{\Gamma_2}[L_{12}p(\boldsymbol{x}\mid\omega_1)P(\omega_1)+L_{22}p(\boldsymbol{x}\mid\omega_2)P(\omega_2)]\mathrm{d}\boldsymbol{x} \tag{3-26}$$

考虑到

$$P(\omega_1)+P(\omega_2)=1 \tag{3-27}$$

及

$$\int_{\Gamma_2}p(\boldsymbol{x}\mid\omega_i)\mathrm{d}\boldsymbol{x}=1-\int_{\Gamma_1}p(\boldsymbol{x}\mid\omega_i)\mathrm{d}\boldsymbol{x} \tag{3-28}$$

经过一些运算，可得

$$\begin{aligned}R=&\left[L_{22}+(L_{21}-L_{22})\int_{\Gamma_1}p(\boldsymbol{x}\mid\omega_2)\mathrm{d}\boldsymbol{x}\right]+\left[(L_{11}-L_{22})+\right.\\&\left.(L_{12}-L_{11})\int_{\Gamma_2}p(\boldsymbol{x}\mid\omega_1)\mathrm{d}\boldsymbol{x}-(L_{21}-L_{22})\int_{\Gamma_1}p(\boldsymbol{x}\mid\omega_2)\mathrm{d}\boldsymbol{x}\right]P(\omega_1)\\=&a+bP(\omega_1)\end{aligned} \tag{3-29}$$

由式(3－29)可知，当分类器确定以后，$P(\omega_1)$的变化引起的期望风险值之改变呈线性关系。

在图 3－8(a)中，直线表示按照预先给定的先验概率 $P^*(\omega_1)$设计分类器以后，不再调整门限的情况下，期望风险 R 与 $P(\omega_1)$之间的关系[见式(3－29)]。而曲线则表示在 $P(\omega_1)$变化时，不断按式(3－10)式调整门限所能达到的最小期望风险。两线只是在设计分类器时所取的 $P^*(\omega_1)$这一点上相交。当实际 $P(\omega_1)$与设计贝叶斯分类器时所用的 $P^*(\omega_1)$相差较大时(例如图 3－8(a)中 A 点)，分类器性能不好，期望风险 R_A 比可能达到的最小期望风险 R'_A大得多。但是，若在设计分类器时是按照图[3－8(b)]中所示的 $P^0(\omega_1)$来进行的，则不管 $P(\omega_1)$怎样变，分类器的性能不会再变坏了。因此，若把分类器确定以后，因 $P(\omega_1)$的变化所造成的最大期望风险作为准则，则图 3－8(b)所示的设计方法是最优的。因为它使最大期望风险最小化，按图 3－8(b)的方法设计分类器就是按式(3－29)中 $b=0$ 来选门限，即

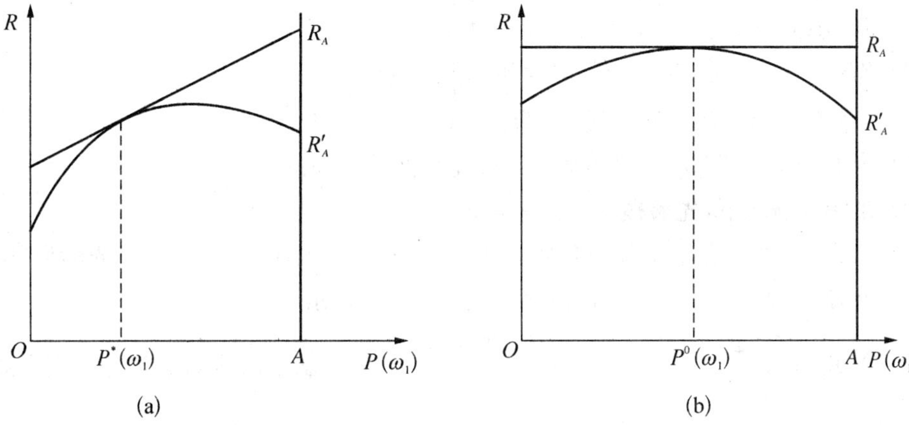

图 3－8　最小最大决策

$$L_{11}-L_{22}+(L_{12}-L_{11})\int_{\Gamma_2}p(\boldsymbol{x}\mid\omega_1)\mathrm{d}\boldsymbol{x}-(L_{21}-L_{22})\int_{\Gamma_1}p(\boldsymbol{x}\mid\omega_2)\mathrm{d}\boldsymbol{x}=0 \quad (3-30)$$

若令 $L_{11}=L_{22}=0$，$L_{12}=L_{21}=1$，并记 $\varepsilon_1=\int_{\Gamma_2}p(\boldsymbol{x}\mid\omega_1)\mathrm{d}\boldsymbol{x}$，$\varepsilon_2=\int_{\Gamma_1}p(\boldsymbol{x}\mid\omega_2)\mathrm{d}\boldsymbol{x}$，则由式(3－30)，即得 $\varepsilon_1=\varepsilon_2$。这就是说，按最小最大决策规则设计分类器时应把门限取得使两种错误率相等。

从概念上看，得到上述结果是很合理的。对于贝叶斯分类器，若 $P^*(\omega_1)$较接近于 1，即在设计时认为待分类模式中属第一类的比第二类的要多得多。则由式(3－4)，门限是较小的，从而使属第一类的模式错分成第二类的概率减小了。即按贝叶斯决策规则，应是 $\varepsilon_1<\varepsilon_2$。若实际情况确是如此当然很好。但当 $P(\omega_2)\gg P(\omega_1)$ 时，总平均错误率 $\varepsilon=P(\omega_1)\varepsilon_1+P(\omega_2)\varepsilon_2$ 将随 $P(\omega_2)$增大而急剧增大。但如果按最小最大决策规则来设计分类器就没有这种问题。因为 $\varepsilon_1=\varepsilon_2$，故 $\varepsilon=P(\omega_1)\varepsilon_1+P(\omega_2)\varepsilon_2=\varepsilon_1=\varepsilon_2$，它与 $P(\omega_1)$无关。

当不知道先验概率，或对 $P(\omega_1)$ 的估计很不可信，或数据的 $P(\omega_1)$ 变化较大的时候，就可以采用这种决策规则。

习 题

3.1 $\boldsymbol{X}, \boldsymbol{Y}$ 为正态随机向量，证明：$\boldsymbol{X}-\boldsymbol{\Sigma}_{xy}\boldsymbol{\Sigma}_y^{-1}\boldsymbol{Y}$ 与 $\boldsymbol{Y}$ 独立。

3.2 已知二类均为正态，且有

$P(\omega_1)=P(\omega_2)=1/2,\ L_{11}=L_{22}=0,\ 2L_{21}=L_{12},\ \boldsymbol{\mu}_1=\begin{pmatrix}1\\0\end{pmatrix},\ \boldsymbol{\mu}_2=\begin{pmatrix}-1\\0\end{pmatrix},\ \boldsymbol{\Sigma}_1=\boldsymbol{\Sigma}_2=\begin{pmatrix}1 & 0.5\\0.5 & 1\end{pmatrix}$。求：

(1) 最小错误率贝叶斯决策规则的分类边界。

(2) 最小风险贝叶斯决策规则的分类边界。

(3) 若要求 $\varepsilon_2=0.05$，求 N-P 决策的分类边界。

3.3 对 $\boldsymbol{\Sigma}_i=\sigma^2\boldsymbol{I}$ 的特殊情况，证明：

(1) 若 $P(\omega_i)\neq P(\omega_j)$，则超平面靠近先验概率较小的类。

(2) 在什么情况下，先验概率对超平面的位置影响不大。

3.4 假设 2 维二类正态分布参数为 $\boldsymbol{\mu}_1=(-1,\ 0)^{\mathrm{T}}$，$\boldsymbol{\mu}_2=(1,\ 0)^{\mathrm{T}}$，先验概率相等。

(1) 令 $\boldsymbol{\Sigma}_1=\boldsymbol{\Sigma}_2=\boldsymbol{I}$，试给出负对数似然比判决规则。

(2) 令 $\boldsymbol{\Sigma}_1=\begin{pmatrix}1 & 1/2\\1/2 & 1\end{pmatrix}$，$\boldsymbol{\Sigma}_2=\begin{pmatrix}1 & -1/2\\-1/2 & 1\end{pmatrix}$，试给出负对数似然比判决规则。

3.5 一个 2 类一维的问题，$p(x|\omega_1)$ 服从 $N(\mu,\ \sigma^2)$，并且是 a 和 b 之间的均匀分布。证明贝叶斯最小错误率受限于 $G\left(\dfrac{b-u}{\sigma}\right)-G\left(\dfrac{a-u}{\sigma}\right)$，其中 $G(x)=P(y\leqslant x)$，并且 y 服从 $N(0,\ 1)$。

第 4 章　错误率以及密度函数的估计

4.1　错 误 率

错误率是分类器的一项重要指标，它的大小反映了分类器性能的好坏。在对不同的设计方法进行比较时，它是一项重要指标。错误率的计算公式为

$$\varepsilon = P(\omega_1)\varepsilon_1 + P(\omega_2)\varepsilon_2 = P(\omega_1)\int_{\Gamma_2} p(\boldsymbol{x} \mid \omega_1)\mathrm{d}\boldsymbol{x} + P(\omega_2)\int_{\Gamma_1} p(\boldsymbol{x} \mid \omega_2)\mathrm{d}\boldsymbol{x} \quad (4-1)$$

直接计算必须做多重积分，要求得解析解较困难，仅对一些较简单的特殊情况可求得解析解。在无法求得解析解时可以采用：求错误率的某种上界或用实验估计。本节对这三方面问题分别作简要的介绍。

4.1.1　正态、等协方差情况下贝叶斯分类器错误率公式

由第 3 章第 1 节的式(3 - 4)，决策规则应为

$$l_{12}(\boldsymbol{x}) \begin{matrix} > P(\omega_2) \\ < P(\omega_1) \end{matrix}，则 \boldsymbol{X} \in \begin{cases} \omega_1 \\ \omega_2 \end{cases}$$

记对数似然比 $u_{12} = \ln l_{12}(\boldsymbol{x})$，门限 $\alpha = \ln \dfrac{P(\omega_2)}{P(\omega_1)}$，代入多元正态密度函数公式，并注意 $\boldsymbol{\Sigma}_1 = \boldsymbol{\Sigma}_2 = \boldsymbol{\Sigma}$，则得

$$\begin{aligned} u_{12} &= -\frac{1}{2}\{(\boldsymbol{x}-\boldsymbol{\mu}_1)^{\mathrm{T}}\boldsymbol{\Sigma}^{-1}(\boldsymbol{x}-\boldsymbol{\mu}_1) - (\boldsymbol{x}-\boldsymbol{\mu}_2)^{\mathrm{T}}\boldsymbol{\Sigma}^{-1}(\boldsymbol{x}-\boldsymbol{\mu}_2)\} \\ &= \boldsymbol{x}^{\mathrm{T}}\boldsymbol{\Sigma}^{-1}(\boldsymbol{\mu}_1-\boldsymbol{\mu}_2) - \frac{1}{2}(\boldsymbol{\mu}_1+\boldsymbol{\mu}_2)^{\mathrm{T}}\boldsymbol{\Sigma}^{-1}(\boldsymbol{\mu}_1-\boldsymbol{\mu}_2) \end{aligned} \quad (4-2)$$

现将 $\boldsymbol{x}$ 视为服从 $\boldsymbol{X}$ 之分布的随机向量，则 u_{12} 是一维随机变量，式(4 - 1)可改写为下列形式：

$$\varepsilon = P(\omega_1)P(u_{12} < \alpha \mid \omega_1) + P(\omega_2)P(u_{12} > \alpha \mid \omega_2) \quad (4-3)$$

由式(4 - 2)，u_{12} 是随机向量 $\boldsymbol{x}$ 的线性组合。现 $\boldsymbol{X}$ 服从正态分布，可见对数似然函数比应

服从一元正态分布。故只要找出 u_{12} 的期望和方差的表达式即可。

先看第一类模式的对数似然比。其期望

$$E_{\omega_1}\{u_{12}\}=E_1\left\{\boldsymbol{x}^{\mathrm{T}}\boldsymbol{\Sigma}^{-1}(\boldsymbol{\mu}_1-\boldsymbol{\mu}_2)-\frac{1}{2}(\boldsymbol{\mu}_1+\boldsymbol{\mu}_2)^{\mathrm{T}}\boldsymbol{\Sigma}^{-1}(\boldsymbol{\mu}_1-\boldsymbol{\mu}_2)\right\}$$

$$=\boldsymbol{\mu}_1^{\mathrm{T}}\boldsymbol{\Sigma}^{-1}(\boldsymbol{\mu}_1-\boldsymbol{\mu}_2)-\frac{1}{2}(\boldsymbol{\mu}_1+\boldsymbol{\mu}_2)^{\mathrm{T}}\boldsymbol{\Sigma}^{-1}(\boldsymbol{\mu}_1-\boldsymbol{\mu}_2)$$

$$=\frac{1}{2}(\boldsymbol{\mu}_1-\boldsymbol{\mu}_2)^{\mathrm{T}}\boldsymbol{\Sigma}^{-1}(\boldsymbol{\mu}_1-\boldsymbol{\mu}_2)=\frac{1}{2}r_{12} \tag{4-4}$$

式中：$r_{12}=(\boldsymbol{\mu}_1-\boldsymbol{\mu}_2)^{\mathrm{T}}\boldsymbol{\Sigma}^{-1}(\boldsymbol{\mu}_1-\boldsymbol{\mu}_2)$，即二类中心之间的马氏距离（Mahalanobis Distance）。它是对两类统计特性差异的一种度量，r_{12} 大说明 1，2 两类统计特性差别较大，一个好的分类器若能将两类正确地分开，错误率 ε 将较小，从下面的式(4-11)我们可以看到这一点。现在来看 u_{12} 的第一类方差 $\delta^2_{u_{12}|\omega_1}$：由于式(4-2)是 $u_{12}=\boldsymbol{A}\boldsymbol{x}+d$ 形式的，这里 $\boldsymbol{A}=(\boldsymbol{\mu}_1-\boldsymbol{\mu}_2)^{\mathrm{T}}\boldsymbol{\Sigma}^{-1}$。故

$$\delta^2_{u_{12}|\omega_1}=\boldsymbol{A}\boldsymbol{\Sigma}\boldsymbol{A}^{\mathrm{T}}=(\boldsymbol{\mu}_1-\boldsymbol{\mu}_2)^{\mathrm{T}}\boldsymbol{\Sigma}^{-1}\boldsymbol{\Sigma}\boldsymbol{\Sigma}^{-1}(\boldsymbol{\mu}_1-\boldsymbol{\mu}_2)$$

$$=(\boldsymbol{\mu}_1-\boldsymbol{\mu}_2)^{\mathrm{T}}\boldsymbol{\Sigma}^{-1}(\boldsymbol{\mu}_1-\boldsymbol{\mu}_2)=r_{12} \tag{4-5}$$

由式(4-4)和式(4-5)

$$u_{12}\mid\omega_1\sim N\left(\frac{r_{12}}{2},\ r_{12}\right) \tag{4-6}$$

同样可得

$$u_{12}\mid\omega_2\sim N\left(-\frac{r_{12}}{2},\ r_{12}\right) \tag{4-7}$$

将式(4-6)，式(4-7)代入式(4-3)得正态等协方差时，贝叶斯分类器错误率表达式为

$$\varepsilon=P(\omega_1)P(u_{12}<\alpha\mid\omega_1)+P(\omega_2)P(u_{12}>\alpha\mid\omega_2)$$

$$=P(\omega_1)\int_{-\infty}^{\alpha}\frac{1}{\sqrt{2\pi r_{12}}}\exp\left[-\frac{1}{2}\frac{\left(u_{12}-\frac{1}{2}r_{12}\right)^2}{r_{12}}\right]\mathrm{d}u_{12}+$$

$$P(\omega_2)\int_{\alpha}^{\infty}\frac{1}{\sqrt{2\pi r_{12}}}\exp\left[-\frac{1}{2}\frac{\left(u_{12}+\frac{1}{2}r_{12}\right)^2}{r_{12}}\right]\mathrm{d}u_{12} \tag{4-8}$$

若令

$$\Phi(\zeta)=\int_{-\infty}^{\zeta}\frac{1}{\sqrt{2\pi}}\exp\cdot\left(-\frac{y^2}{2}\right)\mathrm{d}y \tag{4-9}$$

则式(4-8)可简化为

$$\varepsilon=P(\omega_1)\Phi\left(\frac{\alpha-\frac{1}{2}r_{12}}{\sqrt{r_{12}}}\right)+P(\omega_2)\left[1-\Phi\left(\frac{\alpha+\frac{1}{2}r_{12}}{\sqrt{r_{12}}}\right)\right] \tag{4-10}$$

当 $P(\omega_1)=P(\omega_2)=\dfrac{1}{2}$ 时，$\alpha=\ln\dfrac{P(\omega_2)}{P(\omega_1)}=0$，还可将式(4-10)进一步化简成为

$$\varepsilon=\frac{1}{2}\Phi\left(\frac{-\frac{1}{2}r_{12}}{\sqrt{r_{12}}}\right)+\frac{1}{2}\left[1-\Phi\left(\frac{\frac{1}{2}r_{12}}{\sqrt{r_{12}}}\right)\right]=\int_{\frac{\sqrt{r_{12}}}{2}}^{\infty}\frac{1}{\sqrt{2\pi}}\exp\left(-\frac{y^2}{2}\right)\mathrm{d}y \quad (4-11)$$

由式(4-11)查拉普拉斯表容易求得 $\varepsilon-\lambda_{12}$ 关系曲线，如图 4-1 所示，二类中心间的马氏距离 r_{12} 愈大，则错误率 ε 愈小。当 $r_{12}=11$ 时，由式(4-11)算得 $\varepsilon<50\%$。由上所述，在等协方差阵情况下，二类中心间的马氏距离可以用来衡量两个类别之间可分离性之大小。类别可分离性是模式识别中的一个重要概念，今后在有关章节我们还将继续讨论它。

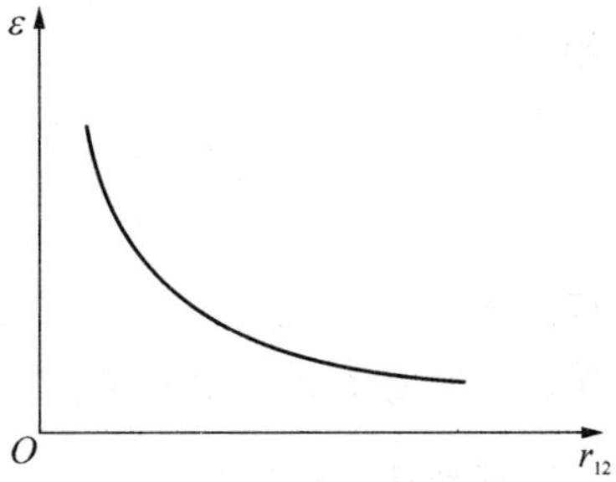

图 4-1　$\varepsilon-r_{12}$ 曲线

4.1.2　错误率的上界

由于求错误率的解析解相当困难，有时可改为找错误率的某种上界。本小节介绍切洪诺夫(Chernoff)上界和巴塔卡拉(Bhattacharyya)距离。巴氏距离可以作为两个类别间可分离性的一种度量。上小节曾提到在正态等协方差阵情况下二类中心间的马氏距离 r_{12} 可以作为类别可分离性的一种度量，而在协方差阵不相等时，则应该用巴氏距离。它虽然不像等协方差阵时的 r_{12} 那样和错误率有严格的一一对应关系，但它和错误率的某种上限(切洪诺夫上界)相联系，即可确信若巴氏距离大于多少，则贝叶斯分类器的错误率必小于某个值。虽然这部分内容从概念上说较重要，但公式的推导较繁。初学者可以略去本小节中公式推导部分，只记结论，这不会影响对今后课程的理解。

1) 切洪诺夫上界

考虑二类问题，设决策是把负对数似然比 $h(\boldsymbol{x})=-\ln l_{12}(\boldsymbol{x})=-\ln\dfrac{p(\boldsymbol{x}\mid\omega_1)}{p(\boldsymbol{x}\mid\omega_2)}$ 和门限 t 比较，这里 $t=-\ln\dfrac{P(\omega_2)}{P(\omega_1)}$。切洪诺夫上界的推导可分下列 5 步。

步骤 1——引出函数 $u(s)$。$\boldsymbol{X}$ 是个随机向量，故 $h(\boldsymbol{x})$ 是个一维随机变量。对来自 ω_1 的 $\boldsymbol{X}$，它的负对数似然比的密度函数可记为 $p(h|\omega_1)$，$h(\boldsymbol{x})$ 的特征函数记为

$$\varphi_1(\omega)=E\{\mathrm{e}^{\mathrm{j}\omega h}\}=\int_{-\infty}^{\infty}\mathrm{e}^{\mathrm{j}\omega h}p(h\mid\omega_1)\mathrm{d}h \quad (4-12)$$

若以 s 代替式(4-12)中之 $\mathrm{j}\omega$ 则得 $h(\boldsymbol{x})$ 的矩生成函数为

$$\varphi_1(s)=\int_{-\infty}^{\infty}\mathrm{e}^{sh}p(h\mid\omega_1)\mathrm{d}h \quad (4-13)$$

s 的取值范围在 0 到 1 之间，把 $\varphi_1(s)$ 的负对数记为 $u(s)$，则有

$$u(s) = -\ln\varphi_1(s) = -\ln\int_{-\infty}^{\infty} e^{sh} p(h \mid \omega_1)\mathrm{d}h \tag{4-14}$$

这样，我们定义了两个函数 $\varphi_1(s)$和 $u(s)$。

$u(s)$是 $\boldsymbol{X}$ 的负对数似然比 $h(\boldsymbol{x})$的矩生成函数 $\varphi_1(s)$的负对数。s 可在 0 到 1 之间变化(是个实数)。

步骤 2——把第一类错误率 ε_1 和上面定义的函数 $u(s)$联系起来。为此再引入一个函数

$$p_g(g = h \mid \omega_1) = \frac{e^{sh} p(h \mid \omega_1)}{\varphi_1(s)} \tag{4-15}$$

可以看出 p_g 不过是将式(4-13)中的被积函数归一化而得到的。由于 s，h 为实数，$p(h \mid \omega_1) \geqslant 0$，故有理由把式(4-13)中的被积函数看成是某个随机变量的密度函数。但作为密度函数还应满足 $\int p\mathrm{d}X = 1$ 的条件，而由式(4-13)，此积分不为 1 而是 $\varphi_1(s)$，因此若以 $\varphi_1(s)$去归一化，把 $\dfrac{e^{sh} p(h \mid \omega_1)}{\varphi_1(s)}$ 看成是 g 的密度函数就完全是合理的。在这里不必对随机变量 g 的性质作深入探讨，事实上在今后推导中要用到的仅仅是 $\int_{-\infty}^{\infty} p_g(g = h \mid \omega_1)\mathrm{d}h = 1$ 而已。由式(4-15)，用 $p_g(g = h \mid \omega_1)$ 来表示 $p(h|\omega_1)$，则有

$$p(h \mid \omega_1) = \varphi_1(s)e^{-sh} p_g(g = h \mid \omega_1) = \exp[-u(s) - sh]p_g(g = h \mid \omega_1) \tag{4-16}$$

于是可求得

$$\begin{aligned}\varepsilon_1 &= \int_t^{\infty} p(h \mid \omega_1)\mathrm{d}h = \int_t^{\infty} \exp[-u(s) - sh]p_g(g = h \mid \omega_1)\mathrm{d}h \\ &= \exp[-u(s)]\int_t^{\infty} \exp[-sh]p_g(g = h \mid \omega_1)\mathrm{d}h\end{aligned} \tag{4-17}$$

步骤 3——求 ε_1，ε_2 的上界

当 s 在 0 到 1 之间变化时，对于 $h > t$，有

$$\exp(-sh) \leqslant \exp(-st) \tag{4-18}$$

结合式(4-17)，式(4-18)，有

$$\varepsilon_1 \leqslant \exp[-u(s) - st]\int_t^{\infty} p_g(g = h \mid \omega_1)\mathrm{d}h \leqslant \exp[-u(s) - st] \tag{4-19}$$

用类似的方法可证明

$$\varepsilon_2 \leqslant \exp[-u(s) + (1-s)t]\int_{-\infty}^{t} p_g(g = h \mid \omega_1)\mathrm{d}h \leqslant \exp[-u(s) + (1-s)t] \tag{4-20}$$

步骤 4——求 ε 的上界

由式(4 - 19)，式(4 - 20)容易求得 ε 的上界，为此，应注意现在门限 $t=-\ln\dfrac{P(\omega_2)}{P(\omega_1)}$。故有

$$\exp(-st)=\left[\frac{P(\omega_2)}{P(\omega_1)}\right]^s=P(\omega_2)^sP(\omega_1)^{-s} \tag{4-21}$$

$$\exp[(1-s)t]=\frac{P(\omega_1)}{P(\omega_2)}\left[\frac{P(\omega_2)}{P(\omega_1)}\right]^s=P(\omega_2)^{s-1}P(\omega_1)^{1-s} \tag{4-22}$$

由式(4 - 19)，式(4 - 20)，式(4 - 21)，式(4 - 22)得

$$\begin{aligned}\varepsilon=P(\omega_1)\varepsilon_1+P(\omega_2)\varepsilon_2&\leqslant\exp[-u(s)]P(\omega_2)^sP(\omega_1)^{1-s}\int_t^{\infty}p_g(g=h\mid\omega_1)\mathrm{d}h+\\&\quad\exp[-u(s)]P(\omega_2)^sP(\omega_1)^{1-s}\int_{-\infty}^{t}p_g(g=h\mid\omega_1)\mathrm{d}h\\&=P(\omega_1)^{1-s}P(\omega_2)^s\exp[-u(s)]\end{aligned} \tag{4-23}$$

所以 $\varepsilon\leqslant P(\omega_1)^{1-s}P(\omega_2)^s\exp[-u(s)]$

式(4 - 19)，式(4 - 20)，式(4 - 23)给出了 ε_1，ε_2，ε 错误率上界的表达式。不等式右边是 s 的函数，错误率上界随 s 的变化曲线如图 4 - 2 所示。当然希望找到的上界值小一些，即找到不等式右边的最小值。为此，将它对 s 求导并令导数为 0，解出 S_{opt} 及相应的上界最小值。

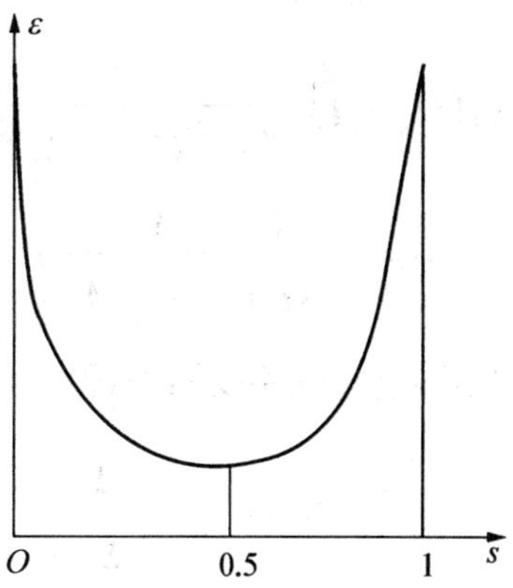

图 4 - 2　ε 上界- s 曲线

以 M 表示式(4 - 23)右边，则 $M=P(\omega_1)\exp[-st-u(s)]$。

解 $\dfrac{\partial M}{\partial s}=0$，即解

$$-t-\frac{\mathrm{d}u(s)}{\mathrm{d}s}=0\text{，即解}\frac{\mathrm{d}u(s)}{\mathrm{d}s}=-t \tag{4-24}$$

从而可得 S_{opt} 及 M_{min}。对某个具体问题，$u(s)$的表达式已经够复杂的了(甚至很难求得)。再解式(4 - 24)更困难。好在 $M\sim S$ 曲线的凹谷较平坦，有时即以 $u\left(\frac{1}{2}\right)$代入式(4 - 23)右边。

2) 巴氏距离(Bhattacharyya Distance)

当两个类是正态分布的时候，$u(s)$的表达式可以求出来。推导的过程较麻烦，需要同时对角化，即先将原坐标系转到新坐标系，在新坐标系中两个协方差阵都是对角阵，化简及求积分较方便，化简后再变回原坐标系(初学时也可略去这段推导)。推导也是从 $h\to\varphi_1(s)\to u(s)$ 一步步具体化。所用符号如下：

在原坐标系中：随机向量 $\boldsymbol{X}$，期望为 $\boldsymbol{\mu}_{1X}$，$\boldsymbol{\mu}_{2X}$，协方差阵为 $\boldsymbol{\Sigma}_1$，$\boldsymbol{\Sigma}_2$。

同时对角化后：随机向量 $\boldsymbol{Y}$，期望为 $\boldsymbol{\mu}_{1Y}$，$\boldsymbol{\mu}_{2Y}$，协方差阵为单位矩阵 $\boldsymbol{I}$ 和对角矩阵 $\boldsymbol{\Lambda}$。

$$h = -\ln \frac{p(\boldsymbol{x} \mid \omega_1)}{p(\boldsymbol{x} \mid \omega_2)}$$

$$\begin{aligned}
\varphi_1(s) &= E\{e^{sh}\} = \int_\Gamma \exp\left[-s\ln\frac{p(\boldsymbol{x} \mid \omega_1)}{p(\boldsymbol{x} \mid \omega_2)}\right] p(\boldsymbol{x} \mid \omega_1)\mathrm{d}\boldsymbol{x} \\
&= \int_\Gamma p(\boldsymbol{x} \mid \omega_1)^{1-s} p(\boldsymbol{x} \mid \omega_2)^s \mathrm{d}\boldsymbol{x} = \int_\Gamma p(\boldsymbol{y} \mid \omega_1)^{1-s} p(\boldsymbol{y} \mid \omega_2)^s \mathrm{d}\boldsymbol{y} \\
&= \int_\Gamma \frac{1}{(2\pi)^{\frac{n}{2}} \mid \boldsymbol{I} \mid^{\frac{(1-s)}{2}} \mid \boldsymbol{\Lambda} \mid^{\frac{s}{2}}} \exp\left\{ \begin{array}{l} -\dfrac{1}{2}[(1-s)(\boldsymbol{y}-\boldsymbol{\mu}_{1Y})^{\mathrm{T}} - (\boldsymbol{y}-\boldsymbol{\mu}_{1Y}) + \\ s(\boldsymbol{y}-\boldsymbol{\mu}_{2Y})^{\mathrm{T}}\boldsymbol{\Lambda}^{-1}(\boldsymbol{y}-\boldsymbol{\mu}_{2Y})] \end{array} \right\} \mathrm{d}\boldsymbol{y} \\
&= \prod_{l=1}^{n} \int_{-\infty}^{\infty} \frac{1}{\sqrt{2\pi\lambda_l^{\frac{s}{2}}}} \exp\left\{-\frac{1}{2}\left[(1-s)(y_l - \boldsymbol{\mu}_{1Y_l})^2 + \frac{s}{\lambda_1}(y_l - \boldsymbol{\mu}_{2Y_l})^2\right]\right\} \mathrm{d}\boldsymbol{y}_l
\end{aligned}$$

式中：$\boldsymbol{\mu}_{1Y_l}$ 为 $\boldsymbol{\mu}_{1Y}$ 的第 l 个分量，λ_l 为 $\boldsymbol{\Sigma}_2$ 变换而成对角阵 $\boldsymbol{\Lambda}$ 的 l 行 l 列的元素。经过一些中间运算步骤得

$$\begin{aligned}
\varphi_1(s) &= \prod_{l=1}^{n} \frac{\lambda_l^{\frac{(1-s)}{2}}}{[s+(1-s)\lambda_1]^{\frac{1}{2}}} \exp\left[-\frac{s(1-s)}{2} \frac{(\boldsymbol{\mu}_{2Y_l} - \boldsymbol{\mu}_{1Y_l})}{s+(1-s)\lambda_l}\right] \\
&= \frac{\mid \boldsymbol{I} \mid^{\frac{s}{2}} \mid \boldsymbol{\Lambda} \mid^{\frac{(1-s)}{2}}}{\mid s\boldsymbol{I} + (1-s)\boldsymbol{\Lambda} \mid^{\frac{1}{2}}} \exp\left[-\frac{s(1-s)}{2}(\boldsymbol{\mu}_{2Y} - \boldsymbol{\mu}_{1Y})^{\mathrm{T}}(s\boldsymbol{I} + (1-S)\boldsymbol{\Lambda})^{-1}(\boldsymbol{\mu}_{2Y} - \boldsymbol{\mu}_{1Y})\right]
\end{aligned}$$

最后，将坐标系变回去，得

$$\begin{aligned}
\varphi_1(s) = &\frac{\mid \boldsymbol{\Sigma}_1 \mid^{\frac{s}{2}} \mid \boldsymbol{\Sigma}_2 \mid^{\frac{(1-s)}{2}}}{\mid s\boldsymbol{\Sigma}_1 + (1-s)\boldsymbol{\Sigma}_2 \mid^{\frac{1}{2}}} \\
&\exp\left[-\frac{s(1-s)}{2}(\boldsymbol{\mu}_{2X} - \boldsymbol{\mu}_{1X})(s\boldsymbol{\Sigma}_1 + (1-s)\boldsymbol{\Sigma}_2)^{-1}(\boldsymbol{\mu}_{2X} - \boldsymbol{\mu}_{1X})\right]
\end{aligned}$$

$$\begin{aligned}
u(s) = -\ln\varphi_1(s) = &\frac{s(1-s)}{2}(\boldsymbol{\mu}_{2X} - \boldsymbol{\mu}_{1X})^{\mathrm{T}}[s\boldsymbol{\Sigma}_1 + (1-s)\boldsymbol{\Sigma}_2]^{-1} \\
&(\boldsymbol{\mu}_{2X} + \boldsymbol{\mu}_{1X}) + \frac{1}{2}\ln\frac{\mid s\boldsymbol{\Sigma}_1 + (1-s)\boldsymbol{\Sigma}_2 \mid}{\mid \boldsymbol{\Sigma}_1 \mid^{s} \mid \boldsymbol{\Sigma}_2 \mid^{1-s}}
\end{aligned}$$

如果坚持要解 $\dfrac{\mathrm{d}u(s)}{\mathrm{d}s} = -t$ 来求 s_{opt} 及最小的 $u(s)$，仍难求出闭式解。一般就以 $u\left(\dfrac{1}{2}\right)$ 来代替 $u(s_{\mathrm{opt}})$，由此得巴氏距离表达式为

$$u\left(\frac{1}{2}\right) = \frac{1}{8}(\boldsymbol{\mu}_2 - \boldsymbol{\mu}_1)^{\mathrm{T}}\left(\frac{\boldsymbol{\Sigma}_1 + \boldsymbol{\Sigma}_2}{2}\right)^{-1}(\boldsymbol{\mu}_2 - \boldsymbol{\mu}_1) + \frac{1}{2}\ln\frac{\left|\dfrac{\boldsymbol{\Sigma}_1 + \boldsymbol{\Sigma}_2}{2}\right|}{\mid \boldsymbol{\Sigma}_1 \mid^{\frac{1}{2}} \mid \boldsymbol{\Sigma}_2 \mid^{\frac{1}{2}}} \tag{4-25}$$

将式(4-25)代入式(4-19),式(4-20),式(4-23)得

$$\varepsilon_1 \leqslant [P(\omega_2)/P(\omega_1)]^{\frac{1}{2}}\exp\left[-u\left(\frac{1}{2}\right)\right]$$

$$\varepsilon_2 \leqslant [P(\omega_1)/P(\omega_2)]^{\frac{1}{2}}\exp\left[-u\left(\frac{1}{2}\right)\right]$$

$$\varepsilon \leqslant [P(\omega_1)P(\omega_2)]^{\frac{1}{2}}\exp\left[-u\left(\frac{1}{2}\right)\right]$$

可见当巴氏距离 $u\left(\frac{1}{2}\right)$ 增加时,错误率的上界变小。巴氏距离可以作为衡量两个类别间可分离性的一种度量。上一小节谈到在 $\boldsymbol{\Sigma}_1=\boldsymbol{\Sigma}_2$ 时二类中心间马氏距离 r_{12} 与错误率之间的关系,而本小节则解决了在二类不等协方差阵时的情况,与错误率上界有确定的关系是巴氏距离的一大优点。仔细分析巴氏距离式(4-25)可以看到,若 $\boldsymbol{\Sigma}_1=\boldsymbol{\Sigma}_2$ 则后项为 0,此时的巴氏距离和两个中心间的马氏距离只差系数 $\frac{1}{8}$。可以认为式(4-25)的第一项是因二类期望矢量之差异所造成的,而后项则是由二类协方差阵之不同所造成的。若 $\boldsymbol{\mu}_1=\boldsymbol{\mu}_2$, $\boldsymbol{\Sigma}_1=\boldsymbol{\Sigma}_2$, 则 $u\left(\frac{1}{2}\right)=0$, 表明两类的统计特性无差异。

4.1.3　错误率的实验估计

由于错误率的理论计算较难,在解决实际问题时常常用实验的方法来估计分类器的错误率。让分类器对一批已知其类别的实验样本进行分类,以实测误分类样本数的百分率作为对分类器错误率的估计。按实际问题的性质,可分成两类情况:

第一类情况——分类器已设计好了,只需简单地估计错误率;

第二类情况——分类器还未设计好,这时一般需将已知类别的样本分成两部分,设计样本集及检验样本集。用设计集设计分类器,再用检验集检验所设计分类器的错误率。现分别介绍如下。

4.1.3.1　已经设计好分类器时错误率的估计

介绍两种做法:随机抽样和选择性抽样。

1) 先验概率未知情况——随机抽样

这时随机地抽取 N 个样本,而不管这 N 个样本中有几个属第一类,几个属第二类。这种方法称为随机抽样。用一设计好的分类器对它分类,设有 K 个样本被分错,则以 $\frac{K}{N}$ 作为错误率 ε 的估计量。下面分析这样做的合理性以及测得结果的可靠程度。若重复做上述试验,每次试验得到的错分样本数 K 不一定相同。K 是个离散性随机变量,它服从二项分布。若分类器的真实错误率为 ε,则

$$P(K)=C_N^K\varepsilon^K(1-\varepsilon)^{N-K} \tag{4-26}$$

现在的问题是从观察到的 K 值来估计错误率 ε，若用最大似然估计，应该求解 $\dfrac{\partial P(K)}{\partial\varepsilon}=0$。因对数函数是单调函数，求解 $\dfrac{\partial \ln P(K)}{\partial\varepsilon}=0$ 也可以。将式(4-26)对 ε 求导，即得

$$\frac{\partial \ln P(K)}{\partial\varepsilon}=\frac{\partial}{\partial\varepsilon}\{\ln C_N^K+K\ln\varepsilon+(N-K)\ln(1-\varepsilon)\}$$

$$=\frac{K}{\varepsilon}-\frac{N-K}{1-\varepsilon}=0$$

从而解得

$$\hat{\varepsilon}=\frac{K}{N} \tag{4-27}$$

式(4-27)表明，可以用试验得到的错分百分比作为错误率的估计量，这个结论很直观。下面对所得估计量的性质再作一些简要的说明。因为 K 服从二项分布，$E\{K\}=N\varepsilon$，$\mathrm{var}\{K\}=N\varepsilon(1-\varepsilon)$，由式(4-27)，可得 ε 的期望和方差。

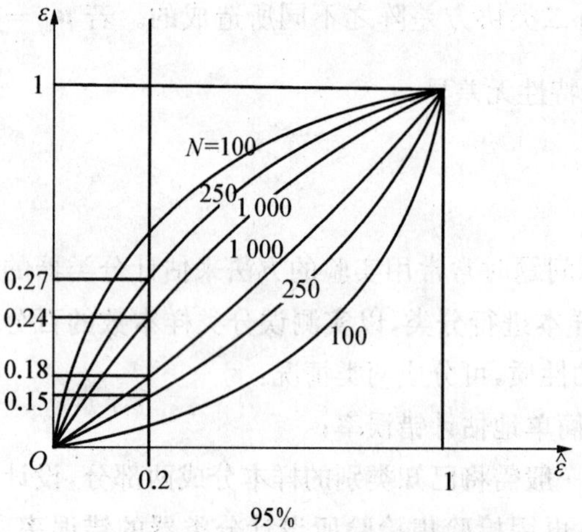

图 4-3 对于95%的置信区间

$E\{\hat{\varepsilon}\}=E\left\{\dfrac{K}{N}\right\}=\dfrac{N\varepsilon}{N}=\varepsilon$，可见这是个无偏估计量。

$\mathrm{var}\{\hat{\varepsilon}\}=\mathrm{var}\left\{\dfrac{K}{N}\right\}=\dfrac{N\varepsilon(1-\varepsilon)}{N^2}=\dfrac{\varepsilon(1-\varepsilon)}{N}$，可见检验样本集愈大，即 N 值愈大，估计得愈可靠。图 4-3 示出相应 95%的置信区间。现举一简例说明其含义和用法。

例： 对随机抽取的 250 个样本分类，分错 50 个，即

$$\hat{\varepsilon}=\frac{K}{N}=\frac{50}{250}=20\%$$

能否简单地说该分类器的错误率就正好是 20%呢？不能。一个合理的说法应是说分类器错误率在 20%左右的概率很大。若要说得精确一些，可以查图 4-3 中与 $N=250$，$\hat{\varepsilon}=20\%$ 相对应的部分，它相当于 ε 的一个区间 0.15～0.27。应该说从这次试验的结果来看，分类器的真实错误率在 15%～27%之间的概率为 95%。

若不是依据 250 个样本而是根据 1 000 个检验样本来估计，对于 $\hat{\varepsilon}=0.2$，置信区间缩小为 0.18～0.24。

2) 先验概率已知情况——选择性抽样

在已知 $P(\omega_1)$，$P(\omega_2)$时，可在估计错误率时利用这种信息以提高估计的可靠性。具

体做法如下：

对检验样本中类别比例进行控制，使之符合先验概率知识。即在第 N 个检验样本中应有 $N_1 = P(\omega_1)N$ 个第一类样本，$N_2 = P(\omega_2)N$ 个第二类样本。这种方法称为选择性抽样。若分类结果 N_1 个第一类样本中有 K_1 个被分错，N_2 个中有 K_2 个被分错。因 K_1 和 K_2 独立，故

$$P(K_1,\ K_2) = \prod_{i=1}^{2} C_{N_i}^{K_i} \varepsilon_i^{K_i} (1-\varepsilon_i)^{N_i-K_i} \tag{4-28}$$

式中：ε_i 为第 i 类真实错误率，用式(4－27)来估计 $\hat{\varepsilon} = \dfrac{K_i}{N_i}$，总错误率为

$$\hat{\varepsilon} = P(\omega_1)\,\hat{\varepsilon}_1 + P(\omega_2)\,\hat{\varepsilon}_2 = \frac{K_1 + K_2}{N} \tag{4-29}$$

由于在选择样本时利用了类别分配比例的先验知识，这种方法性能比随机抽样时来得好。本方法不难推广到多类情况。

4.1.3.2　未设计好分类器的情况

这是指一共只有 N 个已知类别的样本，既要用它设计分类器，又要用它检验分类器性能。一般来说要把它们划分成设计集和检验集。设计集用于估计各类密度函数或决定分类器参数。在分类器确定后，用所设计的分类器对检验样本进行分类，看分错了多少。按这两个样本集的划分方法之不同可分为 C 方法和 U 方法。

1) C 方法

用全部 N 个样本进行设计，设计以后仍用同样的 N 个样本来检验分类器的性能(测错误率)。由于 N 个样本既用于设计又用于检验，这样测得的错误率偏于乐观。即这是一个有偏的估计，总是估得偏小。

2) U 方法

把设计集和检验集取得不同。这里还分为两种：样本划分法和留一法。

(1) 样本划分法。

把一部分样本用作设计集，另一部分用作检验集。当可提供的已知某类别的样本数较多时，这种做法可以得到好的效果。但当 N 较小时，设计和检验之间有较大矛盾。若设计集大些，则对各类密度函数的设计较有把握，但因检验样本太少，对测得的错误率把握不大。反之，设计得可能不够好，解决这种矛盾的办法是多次分组。先把某些样本作设计集，另一些做检验集，设计分类器并估计错误率，然后改变分组情况，重复地做几次，取各次测得错误率的平均值，这是一种以计算工作量换取可靠性的方案。

(2) 留一法。

是上述多次分组法的极端情况。做法是用 $N-1$ 个样本设计分类器，只留下一个做检验样本。然后留另一个样本做检验样本，重复上述步骤。这样共设计、检验 N 次。则对每个样本都检验过了，而且对它检验的分类器的设计与被检验样本无关。当然这样做花费的计算工作量是很大的。

对U方法性能的详细分析表明U方法也是一种有偏的估计，是偏于悲观的。在解决具体问题时究竟选用什么方法求错误率应根据实际情况决定。

4.2 密度函数估计——参数法

本节及下节介绍怎样从有限个数的训练样本中估计各类的密度函数。估计密度函数的方法分两大类：参数法和非参数法。参数法是假定待估计的密度函数形状已知，要估计的只是几个参数，估得了这些参数，密度函数也就知道了。而非参数法事先并不假定密度函数的形状，通过训练样本对密度函数的形状位置大小做估计。这两种方法各自适用于不同的情况。当有理由对密度函数形状做某种假设时，应该用参数法，但是若对密度函数形状做了不符合实际情况的假设会使下面的所有步骤变得没有意义。对于非参数法要求对密度函数的形状作估计，所需样本数 N 往往很大，尤其在高维时更是如此，这是非参数法的一个特点，也是它的主要缺点。本节介绍参数法。

参数估计是统计学的经典问题。有不少解决问题的办法，只是对多维情况，公式的推导较复杂，要求有较多的技巧。本节只介绍两种参数估计方法：最大似然估计和逐次贝叶斯估计。略去了一些过分繁复的公式推导。

4.2.1 最大似然估计

最大似然估计是一种常用的参数估计方法。在最大似然估计中，把待估参数看成是确定的，但其值未知。求解时是以使观察到训练样本集的概率(即似然函数)为最大的参数值作为待估参数的估计值。为了叙述的方便，引出几个符号。待估参数记为 $\boldsymbol{\theta}$，$\boldsymbol{\theta}$ 一般可看成是一个确定性的向量(协方差阵可以接长，成为一个长向量)。训练样本集记为 $\mathscr{X}=\{\boldsymbol{X}_1, \boldsymbol{X}_2, \cdots, \boldsymbol{X}_K, \cdots, \boldsymbol{X}_N\}$，其中 $\boldsymbol{X}_K$ 表示第 K 个训练样本向量，共有 N 个训练样本。似然函数记为 $\ell(\boldsymbol{\theta})=p(\boldsymbol{x}\mid\boldsymbol{\theta})$。由于各训练样本是独立抽取的。故有

$$\ell(\boldsymbol{\theta})=p(\boldsymbol{x}\mid\boldsymbol{\theta})=p(\boldsymbol{x}_1, \boldsymbol{x}_2, \boldsymbol{x}_K, \cdots, \boldsymbol{x}_N\mid\boldsymbol{\theta})=\prod_{K=1}^{N}p(\boldsymbol{x}_K\mid\boldsymbol{\theta}) \tag{4-30}$$

按最大似然估计的思想，应该求解 $\dfrac{\mathrm{d}\ell(\boldsymbol{\theta})}{\mathrm{d}\boldsymbol{\theta}}=0$。或令对数似然函数 $H(\boldsymbol{\theta})=\ln\ell(\boldsymbol{\theta})$ 的导数为0，即求解 $\dfrac{\mathrm{d}H(\boldsymbol{\theta})}{\mathrm{d}\boldsymbol{\theta}}=0$。把解向量记作 $\hat{\boldsymbol{\theta}}$，这就是真实参数 $\boldsymbol{\theta}$ 的最大似然估计值。当 N 较大时，最大似然估计值有较好的性质，它计算又较方便，因此用得较多。

下面来推导正态分布期望矢量和协方差阵的最大似然估计公式。给出一维正态情况下参数估计公式。

$$\hat{\boldsymbol{\mu}}=\frac{1}{N}\sum_{K=1}^{N}\boldsymbol{X}_K=\bar{\boldsymbol{X}} \tag{4-31}$$

$$\hat{\sigma}^2 = \frac{1}{N}\sum_{K=1}^{N}(\boldsymbol{X}_K - \hat{\boldsymbol{\mu}})^2 = \frac{\boldsymbol{S}}{N} \tag{4-32}$$

式中：
$$\boldsymbol{S} = \sum_{K=1}^{N}(\boldsymbol{X}_K - \hat{\boldsymbol{\mu}})^2; \tag{4-33}$$

式(4-31)是正态期望值$\hat{\boldsymbol{\mu}}$的无偏估计。式(4-32)是正态协方差$\hat{\sigma}^2$的有偏估计值，总是偏小。若不用上述的最大似然估计而改用$\sigma^2 = \dfrac{S}{N-1}$则成为无偏估计。对$n$维正态情况，最大似然估计的公式形状与式(4-31)，式(4-32)差不多。

$$\hat{\boldsymbol{\mu}} = \bar{\boldsymbol{X}} = \frac{1}{N}\sum_{K=1}^{N}\boldsymbol{X}_K \tag{4-34}$$

$$\hat{\boldsymbol{\Sigma}} = \frac{1}{N}\sum_{K=1}^{N}(\boldsymbol{X}_K - \hat{\boldsymbol{\mu}})(\boldsymbol{X}_K - \hat{\boldsymbol{\mu}})^{\mathrm{T}} = \frac{\boldsymbol{S}}{N} = \frac{1}{N}\sum_{K=1}^{N}\boldsymbol{X}_K\boldsymbol{X}_K^{\mathrm{T}} - \hat{\boldsymbol{\mu}}\hat{\boldsymbol{\mu}}^{\mathrm{T}} \tag{4-35}$$

证：

为了证明式(4-34)，式(4-35)是$\boldsymbol{\theta}$的最大似然估计，要证明当参数取式(4-34)、式(4-35)所示之$\hat{\boldsymbol{\mu}}$，$\hat{\boldsymbol{\Sigma}}$时$H(\boldsymbol{\theta})$确是达到最大，$\hat{\boldsymbol{\mu}}$、$\hat{\boldsymbol{\Sigma}}$是估计的数学期望和协方差矩阵。为此，先引出两个式子：

$$\sum_{K=1}^{N}(\boldsymbol{X}_K - \boldsymbol{\mu})(\boldsymbol{X}_K - \boldsymbol{\mu})^{\mathrm{T}} = \boldsymbol{S} + N(\hat{\boldsymbol{\mu}} - \boldsymbol{\mu})(\hat{\boldsymbol{\mu}} - \boldsymbol{\mu})^{\mathrm{T}} \tag{4-36}$$

式中：
$$\boldsymbol{S} = \sum_{K=1}^{N}(\boldsymbol{X}_K - \hat{\boldsymbol{\mu}})(\boldsymbol{X}_K - \hat{\boldsymbol{\mu}})^{\mathrm{T}} \tag{4-37}$$

式(4-36)的正确性容易验证，只要注意$\boldsymbol{X}_K - \boldsymbol{\mu} = \boldsymbol{X}_K - \hat{\boldsymbol{\mu}} + \hat{\boldsymbol{\mu}} - \boldsymbol{\mu}$即可。

另一个式子是，若$\boldsymbol{B}$为$n \times n$非负定阵，则

$$\ln|\boldsymbol{B}| - \mathrm{tr}\boldsymbol{B} \leqslant -n \tag{4-38}$$

为验证式(4-38)之正确性，只需注意

$$\ln|\boldsymbol{B}| = \sum_{K=1}^{n}\ln\lambda_k = \sum_{K=1}^{n}\ln(1 + \lambda_k - 1) \leqslant \sum_{K=1}^{n}(\lambda_k - 1) = \mathrm{tr}\boldsymbol{B} - n$$

现在来证明式(4-34)，式(4-35)。因各训练样本是独立的，服从$N(\boldsymbol{\mu}, \boldsymbol{\Sigma})$，$\boldsymbol{\mu}$、$\boldsymbol{\Sigma}$是真实的数学期望和协方差矩阵。$\boldsymbol{X}_K$是第$K$个训练样本，则对数似然函数为

$$\begin{aligned} H(\boldsymbol{\theta}) &= \ln\ell(\boldsymbol{\theta}) = \ln p(\boldsymbol{x} \mid \boldsymbol{\theta}) = \ln\Big[\prod_{K=1}^{N}p(\boldsymbol{x}_K \mid \boldsymbol{\theta})\Big] = \sum_{K=1}^{N}\ln p(\boldsymbol{x}_K \mid \boldsymbol{\theta}) \\ &= -\frac{Nn}{2}\ln 2\pi - \frac{N}{2}\ln|\boldsymbol{\Sigma}| - \frac{1}{2}\sum_{K=1}^{N}(\boldsymbol{x}_K - \boldsymbol{\mu})^{\mathrm{T}}\boldsymbol{\Sigma}^{-1}(\boldsymbol{x}_K - \boldsymbol{\mu}) \end{aligned} \tag{4-39}$$

而其第三项的和式：

$$d^2 = \sum_{K=1}^{N}(\boldsymbol{x}_K-\boldsymbol{\mu})^{\mathrm{T}}\boldsymbol{\Sigma}^{-1}(\boldsymbol{x}_K-\boldsymbol{\mu}) = \sum_{K=1}^{N}\mathrm{tr}[\boldsymbol{\Sigma}^{-1}(\boldsymbol{x}_K-\boldsymbol{\mu})(\boldsymbol{x}_K-\boldsymbol{\mu})^{\mathrm{T}}]$$
$$= \mathrm{tr}\left[\boldsymbol{\Sigma}^{-1}\sum_{K=1}^{N}(\boldsymbol{x}_K-\boldsymbol{\mu})(\boldsymbol{x}_K-\boldsymbol{\mu})^{\mathrm{T}}\right]$$

再由式(4－36)，得

$$d^2 = \mathrm{tr}(\boldsymbol{\Sigma}^{-1}\boldsymbol{S}) + N\,\mathrm{tr}[\boldsymbol{\Sigma}^{-1}(\hat{\boldsymbol{\mu}}-\boldsymbol{\mu})(\hat{\boldsymbol{\mu}}-\boldsymbol{\mu})] \geqslant \mathrm{tr}(\boldsymbol{\Sigma}^{-1}\boldsymbol{S}) \tag{4-40}$$

将式(4－40)代入式(4－39)得

$$H(\boldsymbol{\theta}) \leqslant -\frac{Nn}{2}\ln 2\pi - \frac{N}{2}\ln|\boldsymbol{\Sigma}| - \frac{1}{2}\mathrm{tr}(\boldsymbol{\Sigma}^{-1}\boldsymbol{S})$$
$$= -\frac{Nn}{2}\ln 2\pi - \frac{N}{2}\ln\left|\frac{\boldsymbol{S}}{N}\right| + \frac{N}{2}\ln\left|\boldsymbol{\Sigma}^{-1}\frac{\boldsymbol{S}}{N}\right| - \frac{N}{2}\mathrm{tr}\left|\boldsymbol{\Sigma}^{-1}\frac{\boldsymbol{S}}{N}\right| \tag{4-41}$$

将式(4－38)应用于式(4－41)最后两项，得

$$H(\theta) \leqslant -\frac{Nn}{2}\ln 2\pi - \frac{N}{2}\ln\left|\frac{\boldsymbol{S}}{N}\right| - \frac{Nn}{2} \tag{4-42}$$

容易验证，若将式(4－34)，式(4－35)所算得之$\hat{\boldsymbol{\mu}}$，$\hat{\boldsymbol{\Sigma}}$代入式(4－39)的对数似然比中，则有

$$H(\theta) = -\frac{Nn}{2}\ln 2\pi - \frac{N}{2}\ln\left|\frac{\boldsymbol{S}}{N}\right| - \frac{Nn}{2}$$

可见式(4－34)，式(4－35)确是能使似然比为最大，即它们是最大似然估计量。

与一维情况类似，由 $\hat{\boldsymbol{\mu}} = \bar{\boldsymbol{X}}$，即以样本平均向量作为期望向量的估计，这个估计量是无偏的。事实上它是最小方差无偏估计量

$$\bar{\boldsymbol{X}} \sim N\left(\boldsymbol{\mu}, \frac{\boldsymbol{S}}{N}\right) \tag{4-43}$$

由式(4－43)可知，样本愈多，估计量的协方差阵愈小，即愈可靠。而由式(4－35)所得之协方差阵的最大似然估计 $\hat{\boldsymbol{\Sigma}} = \dfrac{\boldsymbol{S}}{N}$ 是有偏的。即以样本协方差阵作为真实协方差阵的估计是有偏的。若改用 $\hat{\boldsymbol{\Sigma}} = \dfrac{\boldsymbol{S}}{N-1}$ 则它成为无偏的了。在实际应用中 $\hat{\boldsymbol{\Sigma}} = \dfrac{\boldsymbol{S}}{N}$ 及 $\hat{\boldsymbol{\Sigma}} = \dfrac{\boldsymbol{S}}{N-1}$ 两种估计方法都很常见，当 N 较大时(一般都是如此)，两者结果十分接近。

最后介绍正态分布时$\hat{\boldsymbol{\mu}}$，$\hat{\boldsymbol{\Sigma}}$的递推公式。若已依据 N 个训练样本估计了$\hat{\boldsymbol{\mu}}(N)$，$\hat{\boldsymbol{\Sigma}}(N)$，而又得到一个新的训练样本 X_{N+1}(与以前 N 个样本相独立)，怎样把这个样本中所包含的有关 μ 及 Σ 的信息补充到原来的估计中去呢？这就需要有一个由$\hat{\boldsymbol{\mu}}(N)$，$\hat{\boldsymbol{\Sigma}}(N)$，$\boldsymbol{X}_{N+1}$求$\hat{\boldsymbol{\mu}}(N+1)$，$\hat{\boldsymbol{\Sigma}}(N+1)$的递推公式。由式(4－34)，式(4－35)不难得到递推

公式如下：

$$\hat{\boldsymbol{\mu}}(N+1)=\frac{1}{N+1}\sum_{K=1}^{N+1}\boldsymbol{X}_K=\frac{1}{N+1}[N\hat{\boldsymbol{\mu}}(N)+\boldsymbol{X}_{N+1}] \tag{4-44}$$

$$\begin{aligned}\hat{\boldsymbol{\Sigma}}(N+1)&=\frac{1}{N+1}\sum_{K=1}^{N+1}\boldsymbol{X}_K\boldsymbol{X}_K^{\mathrm{T}}-\hat{\boldsymbol{\mu}}(N+1)\,\hat{\boldsymbol{\mu}}(N+1)^{\mathrm{T}}\\&=\frac{1}{N+1}[N\hat{\boldsymbol{\Sigma}}(N)+N\hat{\boldsymbol{\mu}}(N)\,\hat{\boldsymbol{\mu}}(N)^{\mathrm{T}}+\boldsymbol{X}_{N+1}\boldsymbol{X}_{N+1}^{\mathrm{T}}]-\\&\quad\frac{1}{(N+1)^2}[N\hat{\boldsymbol{\mu}}(N)+\boldsymbol{X}_{N+1}][N\hat{\boldsymbol{\mu}}(N)+\boldsymbol{X}_{N+1}]^{\mathrm{T}}\end{aligned} \tag{4-45}$$

从式(4-44)和式(4-45)可以得到下列启发：参数估计不一定一次完成，而可以分批进行，或逐个考虑训练样本，从中吸取有关待估计参数的信息来修正原先对参数的估计。一个合理的逐次估计方法应符合这样的原则，若原来对已估参数较相信(在式(4-44)，式(4-45)中以 N 大反映出来)，则加进的信息 X_{N+1} 的修正作用应较小；反之，修正作用应较大。

4.2.2　逐次的贝叶斯估计和贝叶斯学习

本小节先介绍贝叶斯估计和贝叶斯学习的基本思想和做法，然后对正态情况下逐次贝叶斯学习作较详细的介绍。在最大似然估计中，把待估参数看成是确定性的未知向量，而在贝叶斯估计中，则把它看成是随机向量。可以从统计决策的观点来看参数估计问题，即把参数估计看成是这样的统计决策问题：从观察到的训练样本集 $\mathscr{X}$ 作出决策——待估参数 $\boldsymbol{\theta}$。现以 $L(\boldsymbol{\theta},\hat{\theta})$ 表示真实参数为 $\boldsymbol{\theta}$ 而作出估计为 $\hat{\theta}$ 时的损失。现在 $\boldsymbol{\theta}$ 是随机向量，所以由某个 $\boldsymbol{X}$ 作出决策 $\hat{\theta}$ 造成的风险为

$$R(\hat{\theta}\mid\mathscr{X})=\int_{\Theta}L(\boldsymbol{\theta},\hat{\theta})p(\boldsymbol{\theta}\mid\mathscr{X})\mathrm{d}\boldsymbol{\theta} \tag{4-46}$$

常把 $R(\hat{\theta}|\mathscr{X})$ 称为条件风险，由于从同一总体独立抽取 N 个样本所构成的训练样本集 $\mathscr{X}$ 随抽取次数的不同而不同，也是随机的，总平均风险 R 是把式(4-46)再对 $\mathscr{X}$ 作统计平均，即

$$R=\int_X\int_{\Theta}L(\boldsymbol{\theta},\hat{\theta})p(\boldsymbol{\theta}\mid\mathscr{X})p(\mathscr{X})\mathrm{d}\boldsymbol{\theta}\mathrm{d}\mathscr{X} \tag{4-47}$$

使总平均风险 R 为最小的估计量 $\hat{\theta}$ 称为贝叶斯估计量。若作出的估计 $\hat{\theta}$ 对每个训练样本集 $\mathscr{X}$ 都使条件风险 $R(\hat{\theta}|\mathscr{X})$ 最小，则它也必然使 R 最小。因此下面的推导常常按照使 $R(\hat{\theta}|\mathscr{X})$ 最小来进行。为了使式(4-46)最小化，首先要求 $p(\boldsymbol{\theta}|\mathscr{X})$。

在详细介绍之前，先以一维期望值的逐次贝叶斯估计中 $p(\boldsymbol{\theta}|\mathscr{X})$ 的求取过程为例，说明求 $p(\boldsymbol{\theta}|\mathscr{X})$ 的大致过程。图 4-4 示出求 $p(\boldsymbol{\theta}|\mathscr{X})$ 的大致过程。在未考虑训练样本集 $\mathscr{X}$ 之前，对期望值 $\boldsymbol{\theta}$ 应有个大致的估计，但这个估计是相当没有把握的。这由图中 $\boldsymbol{\theta}$ 的先验

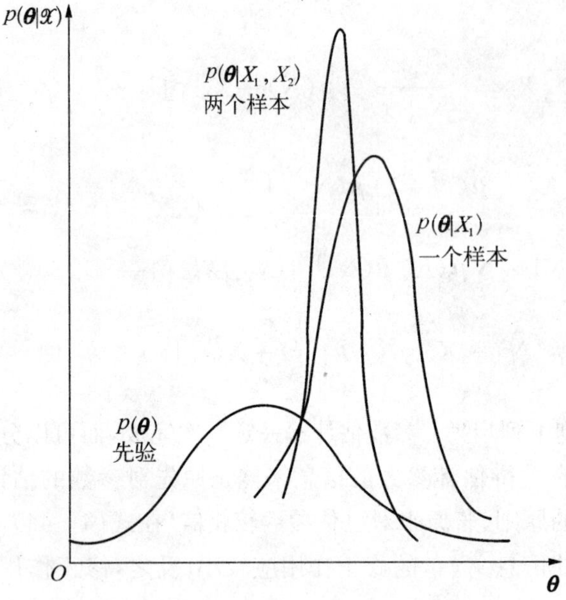

图 4-4　一维期望值的贝叶斯估计过程

密度相当平坦反映出来。以后，逐个（或逐批）考虑训练样本，每多考虑一个样本，对 $\boldsymbol{\theta}$ 的知识掌握得愈多，因而随着所考虑样本数的增多，对 $\boldsymbol{\theta}$ 的估计愈来愈有把握。在图中则表现为后验密度变得越来越狭。而把先验知识和样本信息组合起来的过程可以由贝叶斯公式

$$p(\boldsymbol{\theta} \mid \mathscr{X}) = \frac{p(\mathscr{X} \mid \boldsymbol{\theta})\, p(\boldsymbol{\theta})}{p(\mathscr{X})} \tag{4-48}$$

来完成。式中的 $p(\mathscr{X})$ 与 $\boldsymbol{\theta}$ 无关。只是个归一化系数，而分子中的两项分别反映了先验知识和样本信息。

可以把贝叶斯估计的步骤归纳成以下三步：

步骤 1——确定 $\boldsymbol{\theta}$ 的先验密度 $p(\theta)$；

步骤 2——由式(4-48)求得在考虑了训练样本集后 θ 的后验密度。由于各样本相互独立，式(4-48)右边分子中的

$$p(\mathscr{X} \mid \boldsymbol{\theta}) = \prod_{k=1}^{N} p(\boldsymbol{x}_k \mid \boldsymbol{\theta})$$

步骤 3——求出参数的贝叶斯估计

$$\hat{\theta} = \int_{\Theta} \boldsymbol{\theta}\, p(\boldsymbol{\theta} \mid \mathscr{X})\, \mathrm{d}\boldsymbol{\theta} \tag{4-49}$$

下面我们来证明对于二次损失函数，由式(4-49)得到的$\hat{\theta}$是贝叶斯估计量。

证：

设 $L(\boldsymbol{\theta}, \hat{\theta}) = (\boldsymbol{\theta} - \hat{\theta})^{\mathrm{T}}(\boldsymbol{\theta} - \hat{\theta})$ 这样的损失函数有均方误差的含义。由上面的讨论可知，贝叶斯估计量应该使式(4-46)的 $R(\hat{\theta}|\mathscr{X})$ 为最小。对二次损失函数，有

$$\begin{aligned}
R(\hat{\theta} \mid \mathscr{X}) &= \int_{\Theta} (\boldsymbol{\theta} - \hat{\theta})^{\mathrm{T}} (\boldsymbol{\theta} - \hat{\theta})\, p(\boldsymbol{\theta} \mid \mathscr{X})\, \mathrm{d}\boldsymbol{\theta} \\
&= \int_{\Theta} [\boldsymbol{\theta} - E(\boldsymbol{\theta} \mid \mathscr{X}) + E(\boldsymbol{\theta} \mid \mathscr{X}) -]^{\mathrm{T}} [\boldsymbol{\theta} - E(\boldsymbol{\theta} \mid \mathscr{X}) + E(\boldsymbol{\theta} \mid \mathscr{X}) - \hat{\theta}]\, p(\boldsymbol{\theta} \mid \mathscr{X})\, \mathrm{d}\boldsymbol{\theta} \\
&= \int_{\Theta} [\boldsymbol{\theta} - E(\boldsymbol{\theta} \mid \mathscr{X})]^{\mathrm{T}} [\boldsymbol{\theta} - E(\boldsymbol{\theta} \mid \mathscr{X})]\, p(\boldsymbol{\theta} \mid \mathscr{X})\, \mathrm{d}\boldsymbol{\theta} + \\
&\quad \int_{\Theta} [E(\boldsymbol{\theta} \mid \mathscr{X}) - \hat{\boldsymbol{\theta}}]^{\mathrm{T}} [E(\boldsymbol{\theta} \mid \mathscr{X}) - \hat{\boldsymbol{\theta}}]\, p(\boldsymbol{\theta} \mid \mathscr{X})\, \mathrm{d}\boldsymbol{\theta} +
\end{aligned}$$

$$2\int_{\Theta}[\boldsymbol{\theta}-E(\boldsymbol{\theta}\mid\mathscr{X})]^{\mathrm{T}}[E(\boldsymbol{\theta}\mid\mathscr{X})-\hat{\theta}]p(\theta\mid\mathscr{X})\mathrm{d}\boldsymbol{\theta} \tag{4-50}$$

上式中第三项为 0，第一项与$\hat{\theta}$无关，第二项总是大于或等于 0。为了使 $R(\hat{\theta},\mathscr{X})$最小，必须取$\hat{\theta}$使第二项为 0。即 $\hat{\theta}=E(\boldsymbol{\theta}\mid\mathscr{X})$ 是贝叶斯估计量，而这正是要求证的式(4-49)。

从上述贝叶斯估计三步骤可以看出贝叶斯估计与先验密度 $p(\boldsymbol{\theta})$有关系，因此应假设合理的 $p(\boldsymbol{\theta})$。在没有或基本上没有关于参数 θ 的先验知识时，可以把它的曲线假设成很平坦的形状。反之，若对先验知识有较大把握，应把 $p(\boldsymbol{\theta})$设得较尖锐。但是，当样本数 N 很大时，先验密度对估计结果的影响很小。图 4-4 形象地说明了这一点。

贝叶斯学习的步骤和贝叶斯估计相类似，也要先设定 $p(\boldsymbol{\theta})$，然后求 $p(\boldsymbol{\theta}|\mathscr{X})$。但在求得 $p(\theta|\mathscr{X})$以后不是求平均，而是直接由 $p(\boldsymbol{\theta}|\mathscr{X})$估计各类的条件密度函数

$$p(\boldsymbol{x}\mid\mathscr{X})=\int_{\Theta}p(\boldsymbol{x},\boldsymbol{\theta}\mid\mathscr{X})\mathrm{d}\boldsymbol{\theta}=\int_{\Theta}p(\boldsymbol{x}\mid\boldsymbol{\theta})p(\boldsymbol{\theta}\mid\mathscr{X})\mathrm{d}\boldsymbol{\theta} \tag{4-51}$$

在做参数估计时总是设 $p(\boldsymbol{x}|\boldsymbol{\theta})$的形状已知。因此在估得 $p(\boldsymbol{\theta}|\mathscr{X})$以后不难由式(4-51)求得 $p(\boldsymbol{x}|\mathscr{X})$。总之，在贝叶斯估计和贝叶斯学习中，求后验密度 $p(\theta|\mathscr{X})$是具体实现时的关键，针对某些分布求解时，主要工作花在得到求 $p(\theta|\mathscr{X})$的递推公式上。下面以正态分布为例详细讨论整个过程。

正态分布期望向量的逐次贝叶斯学习：

设第 i 类密度函数 $p(\boldsymbol{x}|\omega_i)$服从正态分布，其协方差矩阵 $\boldsymbol{\Sigma}$ 为已知。要求用逐次贝叶斯学习方法根据训练样本集 $\mathscr{X}=\{\boldsymbol{X}_1,\cdots,\boldsymbol{X}_N\}$ 来估计期望向量 $\boldsymbol{\mu}$。这可分为三步来做。首先，设待估向量 $\boldsymbol{\mu}$ 的先验分布为正态分布。这样假设是合理的，因为由期望向量的定义 $\boldsymbol{\mu}=\int_X \boldsymbol{x}p(\boldsymbol{x})\mathrm{d}\boldsymbol{x}$，它是若干随机变量之和，由正态分布性质，$\boldsymbol{\mu}$ 也应服从正态。为了符号的前后一致性，仍以 $\boldsymbol{\theta}$ 记待估向量，而不用 $\boldsymbol{\mu}$。则可以设先验密度为

$$\boldsymbol{\theta}\sim N(\boldsymbol{\mu}_0,\boldsymbol{K}_0)$$

式中：$\boldsymbol{\mu}_0$ 为对期望向量的初始猜测，$\boldsymbol{K}_0$ 为 $n\times n$ 正定阵，它反映了对 $\boldsymbol{\mu}_0$ 这个初始猜测的信赖程度，$\boldsymbol{K}_0$ 的分量愈大说明对初始猜测 $\boldsymbol{\mu}_0$ 愈不可信。

第二步就是逐个考虑训练样本，求后验密度。

在考虑了第一个样本后，有

$$p(\boldsymbol{\theta}\mid\boldsymbol{x}_1)=\frac{p(\boldsymbol{x}_1\mid\boldsymbol{\theta})p(\boldsymbol{\theta})}{p(\boldsymbol{x}_1)}$$

上式中分母与 $\boldsymbol{\theta}$ 无关相当于一个常数。分子中的两项都服从正态，都是指数形式，相乘后仍为指数形式，因此 $p(\boldsymbol{\theta}|\boldsymbol{x}_1)$也服从正态分布。讲具体一些，为

$$p(\boldsymbol{\theta})=\alpha\exp\left\{-\frac{1}{2}(\boldsymbol{\theta}-\boldsymbol{\mu}_0)^{\mathrm{T}}\boldsymbol{K}_0^{-1}(\boldsymbol{\theta}-\boldsymbol{\mu}_0)\right\}=\alpha\exp\left\{-\frac{1}{2}d_1^2\right\} \tag{4-52}$$

$$p(\boldsymbol{x}_1 \mid \boldsymbol{\theta}) = \beta \exp\left\{-\frac{1}{2}(\boldsymbol{x}_1 - \boldsymbol{\theta})^{\mathrm{T}} \boldsymbol{\Sigma}^{-1} (\boldsymbol{x}_1 - \boldsymbol{\theta})\right\} = \beta \exp\left\{-\frac{1}{2} d_2^2\right\} \tag{4-53}$$

所以
$$p(\theta \mid \mathscr{X}_1) = \frac{\alpha\beta}{p(\boldsymbol{x}_1)} \exp\left\{-\frac{1}{2} d^2\right\}, \quad 其中\ d^2 = d_1^2 + d_2^2 \tag{4-54}$$

可见 $\theta \mid \mathscr{X}_1 \sim N(\boldsymbol{\mu}_1, \boldsymbol{K}_1)$。关于由 $\boldsymbol{\mu}_0$, $\boldsymbol{K}_0$ 求 $\boldsymbol{\mu}_1$, $\boldsymbol{K}_1$ 的递推公式下面将会涉及,这里主要强调正态分布有再生性。即从 $p(\theta)$的正态假设出发,考虑了一个样本后的后验密度仍为正态,只是参数受到修正,从 $\boldsymbol{\mu}_0$, $\boldsymbol{K}_0$ 变为 $\boldsymbol{\mu}_1$, $\boldsymbol{K}_1$,由于再生性,大大方便了整个求 $p(\theta \mid \mathscr{X})$的过程。每多考虑一个样本只需将 $\boldsymbol{\mu}_i$, $\boldsymbol{K}_i$ 修正为 $\boldsymbol{\mu}_{i+1}$, $\boldsymbol{K}_{i+1}$,而不必重算后验密度的形状。这样,直到最后得到 $\theta \mid \mathscr{X} \sim N(\boldsymbol{\mu}_N, \boldsymbol{K}_N)$。

下面来推导求 $p(\theta \mid \mathscr{X})$中的递推公式,从 $\boldsymbol{\mu}_0$, $\boldsymbol{K}_0$ 到 μ_1, K_1 的公式为

$$\boldsymbol{K}_1 = \boldsymbol{K}_0(\boldsymbol{K}_0 + \boldsymbol{\Sigma})^{-1}\boldsymbol{\Sigma} = \boldsymbol{\Sigma}(\boldsymbol{K}_0 + \boldsymbol{\Sigma})^{-1}\boldsymbol{K}_0 \tag{4-55}$$

$$\boldsymbol{\mu}_1 = \boldsymbol{K}_0(\boldsymbol{K}_0 + \boldsymbol{\Sigma})^{-1}\boldsymbol{X}_1 + \boldsymbol{\Sigma}(\boldsymbol{K}_0 + \boldsymbol{\Sigma})^{-1}\boldsymbol{\mu}_0 \tag{4-56}$$

式(4-55),式(4-56)的证明并不困难。将式(4-54)改写为

$$p(\boldsymbol{\theta} \mid \boldsymbol{x}_1) = \gamma \exp\left\{-\frac{1}{2}(\boldsymbol{\theta} - \boldsymbol{\mu}_1)^{\mathrm{T}} \boldsymbol{K}_1^{-1} (\boldsymbol{\theta} - \boldsymbol{\mu}_1)\right\}$$

令式(4-52),式(4-53),式(4-54)中的 θ 的二次项相等,得

$$\boldsymbol{\theta}^{\mathrm{T}} \boldsymbol{K}_0^{-1} \boldsymbol{\theta} + \boldsymbol{\theta}^{\mathrm{T}} \boldsymbol{\Sigma}^{-1} \boldsymbol{\theta} = \boldsymbol{\theta}^{\mathrm{T}} \boldsymbol{K}_1^{-1} \boldsymbol{\theta}$$

故 $\boldsymbol{K}_1^{-1} = \boldsymbol{K}_0^{-1} + \boldsymbol{\Sigma}^{-1}$,容易化成式(4-55)。

而由 θ 的一次项相等,即

$$\boldsymbol{\theta}^{\mathrm{T}} \boldsymbol{K}_0^{-1} \boldsymbol{\mu}_0 + \boldsymbol{\theta}^{\mathrm{T}} \boldsymbol{\Sigma}^{-1} \boldsymbol{X}_1 = \boldsymbol{\theta}^{\mathrm{T}} \boldsymbol{K}_1^{-1} \boldsymbol{\mu}_1$$

得
$$\begin{aligned}\boldsymbol{\mu}_1 &= \boldsymbol{K}_1(\boldsymbol{K}_0^{-1}\boldsymbol{\mu}_0 + \boldsymbol{\Sigma}^{-1}\boldsymbol{X}_1) = \boldsymbol{\Sigma}(\boldsymbol{K}_0 + \boldsymbol{\Sigma})^{-1}\boldsymbol{K}_0 \cdot \boldsymbol{K}_0^{-1}\boldsymbol{\mu}_0 + \\ &\boldsymbol{K}_0(\boldsymbol{K}_0 + \boldsymbol{\Sigma})^{-1}\boldsymbol{\Sigma}\boldsymbol{\Sigma}^{-1}\boldsymbol{X}_1 = \boldsymbol{\Sigma}(\boldsymbol{K}_0 + \boldsymbol{\Sigma})^{-1}\boldsymbol{\mu}_0 + \boldsymbol{K}_0(\boldsymbol{K}_0 + \boldsymbol{\Sigma})^{-1}\boldsymbol{X}_1\end{aligned}$$

于是式(4-56)得证。用同样的方法可从 $\boldsymbol{\mu}_1$, $\boldsymbol{K}_1$ 推求 $\boldsymbol{\mu}_2$, $\boldsymbol{K}_2$,得

$$\boldsymbol{K}_2 = \boldsymbol{K}_1(\boldsymbol{K}_1 + \boldsymbol{\Sigma})^{-1}\boldsymbol{\Sigma} = \boldsymbol{K}_0(2\boldsymbol{K}_0 + \boldsymbol{\Sigma})^{-1}\boldsymbol{\Sigma}$$

$$\boldsymbol{\mu}_2 = \boldsymbol{K}_2(\boldsymbol{K}_1^{-1}\boldsymbol{\mu}_1 + \boldsymbol{\Sigma}^{-1}\boldsymbol{X}_2) = 2\boldsymbol{K}_0(2\boldsymbol{K}_0 + \boldsymbol{\Sigma})^{-1}\frac{\boldsymbol{X}_1 + \boldsymbol{X}_2}{2} + \boldsymbol{\Sigma}(2\boldsymbol{K}_0 + \boldsymbol{\Sigma})^{-1}\boldsymbol{\mu}_0$$

逐个样本地考虑下去,直到最后有

$$\boldsymbol{K}_N = \boldsymbol{K}_0(N\boldsymbol{K}_0 + \boldsymbol{\Sigma})^{-1}\boldsymbol{\Sigma} \tag{4-57}$$

$$\boldsymbol{\mu}_N = N\boldsymbol{K}_0(N\boldsymbol{K}_0 + \boldsymbol{\Sigma})^{-1}\hat{\boldsymbol{\mu}} + \boldsymbol{\Sigma}(N\boldsymbol{K}_0 + \boldsymbol{\Sigma})^{-1}\boldsymbol{\mu}_0 \tag{4-58}$$

式中:$\hat{\boldsymbol{\mu}} = \dfrac{1}{N}\sum_{k=1}^{N}\boldsymbol{X}_k$ 即样本平均值向量。

于是，后验分布为 $\boldsymbol{\theta} \mid \mathscr{X} \sim N(\boldsymbol{\mu}_N, \boldsymbol{K}_N)$。贝叶斯学习的第三步就是从已估得的 θ 的后验密度求 X 的条件密度。现在设 $\boldsymbol{x} \mid \theta \sim N(\boldsymbol{\theta}, \boldsymbol{\Sigma})$，而 $\boldsymbol{\theta} \mid \mathscr{X} \sim N(\boldsymbol{\mu}_N, \boldsymbol{K}_N)$，则可把 X 看成是由两个独立的随机向量 $\boldsymbol{\theta}$ 和 $\boldsymbol{Z}$ 相加而得，其中 $\boldsymbol{\theta} \sim N(\boldsymbol{\mu}_N, \boldsymbol{K}_N)$，$\boldsymbol{Z} \sim N(0, \boldsymbol{\Sigma})$。它们的和应服从 $N(\boldsymbol{\mu}_N, \boldsymbol{K}_N + \boldsymbol{\Sigma})$。

简例：已知样本集 $\mathscr{X}$ 是从方差为 $\boldsymbol{\Sigma} = \sigma^2$ 的一维正态总体中抽取的。要求用逐次贝叶斯方法估计其数学期望 $\boldsymbol{\mu}$。设期望值的先验密度为 $N(\boldsymbol{\mu}_0, \boldsymbol{K}_0)$。其中 $\boldsymbol{K}_0 = \alpha\boldsymbol{\Sigma}$。则由式(4-57)、式(4-58)得

$$\boldsymbol{K}_N = \boldsymbol{K}_0(N\boldsymbol{K}_0 + \boldsymbol{\Sigma})^{-1}\boldsymbol{\Sigma} = \frac{1}{1+N\alpha}K_0 \tag{4-59}$$

$$\mu_N = NK_0(NK_0 + \boldsymbol{\Sigma})^{-1}\hat{\mu} + \Sigma(NK_0 + \Sigma)^{-1}\mu_0 = \frac{N}{1+N\alpha}\hat{\mu} + \frac{1}{1+N\alpha}\mu_0 \tag{4-60}$$

由式(4-59)可见 K_N 总是比 K_0 小，且随 N 增加 K_N 减小，即在计入样本信息后对参数的估计更确切了。由式(4-60)，μ_N 由两项构成，这两项对 μ_N 的影响之大小由 α 及 N 确定，即由对先验信息的信任程度及样本之多少而定。α 大(即 K_0 大)即对 μ_0 很不信任，则式(4-60)中前项所占比例大，即估计主要靠基本信息；反之，样本信息所起之作用将减弱。控制 K_0(现在是 α)可以控制两方面的信息对估计所起作用之大小。可以适当组合这两方面的信息是贝叶斯估计的一个优点。

习　题

4.1　若二类服从正态分布，

$$\boldsymbol{\mu}_1 = \begin{pmatrix}1\\0\end{pmatrix},\ \boldsymbol{\mu}_2 = \begin{pmatrix}-1\\0\end{pmatrix},\ \boldsymbol{\Sigma}_1 = \begin{pmatrix}1 & 0.5\\0.5 & 1\end{pmatrix},\ \boldsymbol{\Sigma}_2 = \begin{pmatrix}1 & -0.5\\-0.5 & 1\end{pmatrix}，求：$$

(1) 最小错误率贝叶斯分类器的分类边界并作图 $P(\omega_i) = 0.5$。

(2) 二类间的巴氏距离。

4.2　若二类服从正态分布，$\boldsymbol{\mu}_1 = \begin{pmatrix}1\\0\end{pmatrix}$，$\boldsymbol{\mu}_2 = \begin{pmatrix}-1\\0\end{pmatrix}$，$\boldsymbol{\Sigma}_1 = \begin{pmatrix}1 & 0\\0 & 2\end{pmatrix}$，$\boldsymbol{\Sigma}_2 = \begin{pmatrix}2 & 0\\0 & 1\end{pmatrix}$，求：

(1) 不用求决策函数及分界面表达式，指出分界面性质并作草图。

(2) 计算二类间的巴氏距离。

(3) 若 $P(\omega_1) = 0.4$，求最小错误率贝叶斯分类器的错误率上界。

4.3　考虑 2 维二类问题，其中 $p(\boldsymbol{x} \mid \omega_1) \sim N\left(\begin{pmatrix}0\\0\end{pmatrix}, \boldsymbol{I}\right)$，$p(\boldsymbol{x} \mid \omega_2) \sim N\left(\begin{pmatrix}1\\1\end{pmatrix}, \boldsymbol{I}\right)$，且 $P(\omega_1) = P(\omega_2) = 1/2$。

(1) 计算 Bayes 判决边界。

(2) 计算误判概率界。

4.4 在第 3.4 题的情况下，若考虑损失函数 $L_{11}=L_{22}=0$，$L_{12}=L_{21}$，画出似然比阈值与错误率之间的关系。

(1) 求出 $\varepsilon=0.05$ 时完成 N－P 决策时总的错误率。

(2) 求出最小最大决策的阈值和总的错误率。

4.5 已知两类一维样本服从正态分布，两类的均值分别为 $\mu_1=0$ 和 $\mu_2=2$，方差分别为 $\sigma_1^2=4$ 和 $\sigma_2^2=9$，使用 0－1 损失函数，两类的先验概率相等，按照 Bayes 判决规则训练分类器，求分类错误率。

4.6 已知两类样本：

$$\omega_1: (0,\ 0)^{\mathrm{T}},\ (2,\ 0)^{\mathrm{T}},\ (2,\ 2)^{\mathrm{T}},\ (0,\ 2)^{\mathrm{T}}$$

$$\omega_2: (4,\ 4)^{\mathrm{T}},\ (6,\ 4)^{\mathrm{T}},\ (6,\ 6)^{\mathrm{T}},\ (4,\ 6)^{\mathrm{T}}$$

类概率密度函数是正态的，按照 Bayes 判决规则训练分类器，试求分类错误率。

4.7 设总体分布密度为 $N(\mu,\ \sigma^2)$，并设独立地采自这个总体的样本集 $\mathscr{X}=\{x_1,\ x_2,\ \cdots,x_N\}$，运用最大似然方法求总体的均值和方差的估计 $\hat{\mu}$，$\hat{\sigma}^2$。

4.8 证明对正态分布总体的期望 μ 和方差 σ^2 的最大似然估计 $\hat{\mu}$ 是无偏的，而 $\hat{\sigma}^2$ 是有偏的。

4.9 运用 Bayes 学习的性质，说明当样本数 N 趋向于无穷大时，最大似然估计将等价于 Bayes 估计。

4.10 设 $\boldsymbol{X}$ 为 n 维二值向量(即分量取值为 0 或 1)，服从伯努利分布

$$p(\boldsymbol{x}\mid\theta)=\prod_{i=1}^{n}p_i^{x_i}(1-p_i)^{1-x_i}$$

式中：$\boldsymbol{\theta}=(\theta_1,\ \cdots,\ \theta_n)^{\mathrm{T}}$ 是一个未知的参数向量，而 p_i 为 $x_i=1$ 的概率。证明，对于 θ 的极大似然估计为 $\hat{\theta}=\dfrac{1}{N}\sum\limits_{k=1}^{N}\boldsymbol{x}_k$

4.11 设 $p(x)\sim N(u,\ \sigma^2)$，窗函数 $\varphi(x)\sim N(0,\ 1)$，证明 Parzen 窗估计

$$\hat{p}_N(x)=\frac{1}{Nh_N}\sum_{i=1}^{N}\varphi\left(\frac{x-x_i}{h_N}\right)$$

对于较小的 h_N，有如下的性质：

(1) $E[\hat{p}_N(x)]\sim N(\mu,\ \sigma^2+h_N^2)$；

(2) $\mathrm{var}[\hat{p}_N(x)]\approx\dfrac{1}{Nh_N2\sqrt{\pi}}p(x)$。

4.12 对于多元正态分布 $p(\boldsymbol{x})\sim N(\boldsymbol{\mu},\ \boldsymbol{\Sigma})$，若 $\boldsymbol{\Sigma}$ 为已知，通过样本集 $\mathscr{X}=\{X_1,\ X_2,\ \cdots,\ X_N\}$，求 $\boldsymbol{\mu}$ 的最大似然估计量 $\hat{\boldsymbol{\mu}}$。

第 5 章 近邻分类法

在实际问题中，按距离的远近进行分类直观、简单，而且对某些问题相当有效，受到不少人的重视。本章介绍最小距离分类法，重点是最近邻分类法。

5.1 单中心点情况

设共有 M 类，每类内部的样本间统计特性相当接近，可以用一个中心点 $\boldsymbol{z}_i$ 来代表 ω_i 类模式的特性，这就是单中心点情况，M 类共有 M 个中心点 $\boldsymbol{z}_1,\ \boldsymbol{z}_2,\ \cdots,\ \boldsymbol{z}_M$。为了将未知类别的向量 $\boldsymbol{X}$ 分类，则应计算 $\boldsymbol{X}$ 离各类中心点间的距离，$\boldsymbol{X}$ 离哪个中心点近就认为它属于这一类，即若

$$D_i < D_j,\quad j \neq i,\quad 则\ \boldsymbol{X} \in \omega_i \tag{5-1}$$

现在暂把距离理解为欧氏距离，若改用其他距离的定义也可以，这在下一节再介绍。

$$D_i^2 = \| \boldsymbol{x} - \boldsymbol{z}_i \|^2 = \boldsymbol{x}^{\mathrm{T}}\boldsymbol{x} - 2\left(\boldsymbol{x}^{\mathrm{T}}\boldsymbol{z}_i - \frac{1}{2}\boldsymbol{z}_i^{\mathrm{T}}\boldsymbol{z}_i\right)$$

略去与 i 无关的 $\boldsymbol{x}^{\mathrm{T}}\boldsymbol{x}$，可把决策函数写为

$$d_i = \boldsymbol{x}^{\mathrm{T}}\boldsymbol{z}_i - \frac{1}{2}\boldsymbol{z}_i^{\mathrm{T}}\boldsymbol{z}_i,\qquad i = 1,\ 2,\ \cdots,\ M \tag{5-2}$$

按 d_i 最大来分类。式(5-2)中 $\boldsymbol{x}$ 为 n 维矢量，若增广一维，成为 $n+1$ 维矢量为 $\boldsymbol{x} = (\boldsymbol{x}_1,\ \boldsymbol{x}_2,\ \cdots,\ \boldsymbol{x}_n,\ 1)^{\mathrm{T}}$，又令 $\boldsymbol{W}_i = \left(\boldsymbol{z}_{i1},\ \boldsymbol{z}_{i2},\ \cdots,\ \boldsymbol{z}_{in},\ -\frac{1}{2}\boldsymbol{z}_i^{\mathrm{T}}\boldsymbol{z}_i\right)^{\mathrm{T}}$，则可把式(5-2)写为

$$d_i(\boldsymbol{x}) = \boldsymbol{W}_i^{\mathrm{T}}\boldsymbol{x} \tag{5-3}$$

这里的 $\boldsymbol{z}_{i1}$ 是第 i 类中心点 $\boldsymbol{z}_i$ 的第一个分量，等等。

对二类问题，单中心情况下，用最小距离法分类的决策函数是线性函数，分界面是超平面。事实上分界面为两个中心 $\boldsymbol{z}_i,\ \boldsymbol{z}_j$ 连线的垂直平分线，属于线性分类边界的情况。

5.2 多中心点情况

当每个类不能简单地用单个中心点来代表时，可用几个中心点来代表。如图 5-1 所示。图 5-1 是每类两个中心点的情况，这时分类边界是分段线性的。事实上用分段线性分类边界可解决复杂分类边界的情况（非线性可分情况）。设共有 M 类，第 i 类有 N_i 个中心点，记为 $\boldsymbol{z}_i^1,\ \boldsymbol{z}_i^2,\ \cdots,\ \boldsymbol{z}_i^{N_i}$。把未知类别矢量 $\boldsymbol{X}$ 和第 i 类之间的距离定义为

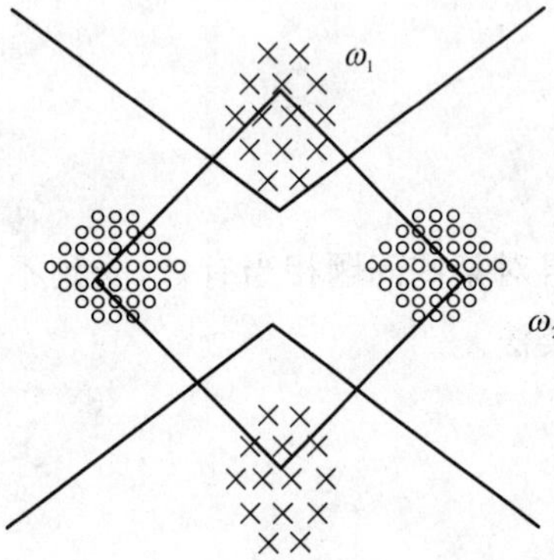

图 5-1 多中心点情况
最小距离分类法

$$D_i = \min_l \| \boldsymbol{x} - \boldsymbol{z}_i^l \|,\quad l = 1,\ 2,\ \cdots,\ N_i \quad (5-4)$$

即以离它最近的第 i 类中心点和 $\boldsymbol{X}$ 之间的距离作为 $\boldsymbol{X}$ 与第 i 类之间的距离。求出 $\boldsymbol{X}$ 和 M 类之间的距离，把 $\boldsymbol{X}$ 归入距离最近的那个类。和式(5-2)类似，可把决策函数写为

$$d_i(\boldsymbol{x}) = \max_l \left\{ \boldsymbol{x}^{\mathrm{T}} \boldsymbol{z}_i^l - \frac{1}{2} (\boldsymbol{z}_i^l)^{\mathrm{T}} \boldsymbol{z}_i^l \right\},\quad l = 1,\ 2,\ \cdots,\ N_i \quad (5-5)$$

把 $\boldsymbol{X}$ 归入使 $d_i(\boldsymbol{x})$ 最大的那个类中去。

5.3 最近邻法

最近邻法是一种较常见的非参数分类方法。它是上述多中心点的极端情况，即把各类各个训练样本点都作为该类的中心点。图 5-2 示出一个 2 维二类的例子。要对未知类别的模式 $\boldsymbol{X}$ 进行分类就要计算它和所有训练样本间的距离，取最小的，把 $\boldsymbol{X}$ 归入最近样本所在的类。分界面是分段线性的，如图 5-2 所示，可以是相当复杂的。之所以把这种方法称为非参数法是因为：若按第 3 章所介绍的方法分类，要分两步，先估计密度函数，而估计密度函数又分为参数法和非参数法。当 $p(\boldsymbol{x})$ 形状复杂时不能随便地对 $p(\boldsymbol{x})$ 形状做假设，只能估计几个参数，而应该用非参数法直接估计密度函数，然后根据 $\hat{p}(\boldsymbol{x})$ 进行分类。而近邻法就是从非参数的思想推广而来的，它并不事先假设密度函数的形状。只是在近邻法中把统计密度函数和决策密度函数这两步合并起来了。

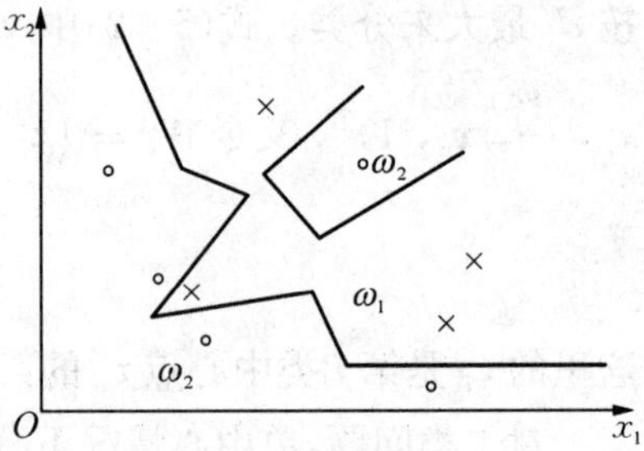

图 5-2 最近邻法

最近邻法的思想很直观，本小节则要通过对错误率公式的推导从理论上证明这种很直观的方法性能确实很好（当训练样本数 N 很大时）。这个推导过程较长，在写公式以前我们先从概念上说明为什么当样本数 N 很大时近邻法的性能比较好，并为下面的推导做一些准备。首先，要说明的是当训练样本数很多（即 $N\rightarrow\infty$）时，$\boldsymbol{X}$ 的最近邻 $\boldsymbol{X}'_N$ 将和 $\boldsymbol{X}$ 点相当接近。或说成当 $N\rightarrow+\infty$ 时 $p(\boldsymbol{x}'_N \mid \boldsymbol{x}) \rightarrow \delta(\boldsymbol{x}'_N-\boldsymbol{x})$，即 $N\rightarrow+\infty$ 时 $\boldsymbol{X}$ 的最近邻的密度在 $\boldsymbol{X}$ 点有个很高的峰值。样本数很大时，最近邻点离 $\boldsymbol{X}$ 很远的概率接近于 0。为了用式子来证明这一点，设密度函数 $p(\boldsymbol{x}'_N \mid \boldsymbol{x})$ 是个连续函数且不为 0，一个训练样本落在以 $\boldsymbol{X}$ 为中心的小超球 S 里的概率 $P_S=\int_{X'\in s} p(x')\mathrm{d}\boldsymbol{x}'>0$，这个训练样本落在 S 外的概率为 $1-P_S$。N 个独立样本落在 S 外的概率为 $(1-P_S)^N$。因为 $P_S>0$，故当 $N\rightarrow+\infty$ 时，则 $(1-P_S)^N\rightarrow 0$，本式含义即 N 个样本中总有一些点落在邻域 S 内，只要训练样本点数足够多。从最近邻点位置的观点来看问题，上述结论等于是说当 $N\rightarrow+\infty$ 时，最近邻点以概率 1 落在 $\boldsymbol{x}$ 点的小邻域 S 内。当小超球变得愈来愈小时，只要 N 足够大 $\boldsymbol{X}'_N\rightarrow\boldsymbol{X}$，或 $\lim\limits_{N\rightarrow+\infty} p(\boldsymbol{X}'_N \mid \boldsymbol{X})=\delta(\boldsymbol{X}'_N-\boldsymbol{X})$。最近邻点 $\boldsymbol{X}'_N$ 所属类别是个离散性随机变量，可能的取值范围在 ω_1 到 ω_M 之间。把最近邻点 X'_N 属 i 类的概率记为 $P(\omega_i \mid \boldsymbol{X}'_N)$，按最近邻法分类规则，相当于按 $P(\omega_i \mid \boldsymbol{X}'_N)$ 对 $\boldsymbol{X}$ 点进行分类。而 N 充分大时 $\boldsymbol{X}'_N$ 接近于 $\boldsymbol{X}$ 点，可见最近邻法是近似的按 $P(\omega_i \mid \boldsymbol{X})$ 来分类的，这当然很好。

上面只是粗略地从概念上介绍，下面我们来证明最近邻法平均错误率 P 和最小错误率贝叶斯分类器的平均错误率 P^* 之间有关系式（当 $N\rightarrow+\infty$ 时）

$$P^* \leqslant P \leqslant P^*\left(2-\frac{M}{M-1}P^*\right) \tag{5-6}$$

粗略地说，当 $N\rightarrow+\infty$ 时，最近邻法错误率比最小错误率贝叶斯分类器的错误率 P^* 略大，但不会大于 $2P^*$。由于贝叶斯分类器是所有分类器中错误率最小的，用最近邻法能得到接近贝叶斯分类器的性能应该说是不错的。现在来证明式(5-6)。式(5-6)中 $P^*=\int_{\boldsymbol{x}} P^*(e \mid \boldsymbol{X})p(\boldsymbol{x})\mathrm{d}\boldsymbol{x}$ 即对不同 $\boldsymbol{X}$ 的错误率求统计平均。对某个给定的 $\boldsymbol{X}$，若用贝叶斯决策规则应把它分入 ω_b，即

$$P(\omega_b \mid \boldsymbol{X})=\max_i P(\omega_i \mid \boldsymbol{X}),\qquad i=1,\ 2,\ \cdots,\ M \tag{5-7}$$

对这个 $\boldsymbol{X}$ 而言，贝叶斯分类器分错的概率为

$$P^*(e \mid \boldsymbol{X})=1-P(\omega_b \mid \boldsymbol{X})$$

现在对同样的模式 $\boldsymbol{X}$，改用近邻法分类，以 $P_N(e \mid \boldsymbol{X})$ 记其错误率（对这个 $\boldsymbol{X}$），因近邻法的分类和样本取法有关，即错误率与 X'_N 有关，同样的 $\boldsymbol{X}$，对不同训练样本组有不同的 $\boldsymbol{X}'_N$，故 $P_N(e \mid \boldsymbol{X})$ 应是对不同的 $\boldsymbol{X}'_N$ 所求得的错误率的统计平均，即

$$P_N(e \mid \boldsymbol{X})=\int_{X'_N} P_N(e \mid \boldsymbol{X},\ \boldsymbol{X}'_N)p(\boldsymbol{x}'_N \mid \boldsymbol{x})\mathrm{d}\boldsymbol{x}'_N \tag{5-8}$$

式中：$P_N(e|\boldsymbol{X}, \boldsymbol{X}'_N)$是$\boldsymbol{X}$和它的最近邻$\boldsymbol{X}'_N$分属不同类别的概率。若以$\theta$表示$\boldsymbol{X}$所属的类别，$\theta'_N$表示$\boldsymbol{X}'_N$所属的类别，则因$\boldsymbol{X}$和$\boldsymbol{X}'_N$独立，故有$P(\theta, \theta'_N \mid \boldsymbol{X}, \boldsymbol{X}'_N) = P(\theta \mid \boldsymbol{X}) P(\theta'_N \mid \boldsymbol{X}'_N)$，而

$$P_N(e \mid \boldsymbol{X}, \boldsymbol{X}'_N) = 1 - \sum_{i=1}^{M} P(\theta = \omega_i, \theta'_N = \omega_i \mid \boldsymbol{X}, \boldsymbol{X}'_N)$$
$$= 1 - \sum_{i=1}^{M} P(\omega_i \mid \boldsymbol{X}) P(\omega_i \mid \boldsymbol{X}'_N) \tag{5-9}$$

当$N \to +\infty$时，由前面的分析知$\boldsymbol{X}'_N$很靠近$\boldsymbol{X}$，即

$$p(\boldsymbol{x}'_N \mid \boldsymbol{x}) \approx \delta(\boldsymbol{x}'_N - \boldsymbol{x}) \tag{5-10}$$

由δ函数性质
$$\int \delta(\boldsymbol{x} - \boldsymbol{x}_b) f(\boldsymbol{x}) \mathrm{d}\boldsymbol{x} = f(\boldsymbol{x}_b) \tag{5-11}$$

由式(5-8)，式(5-9)，式(5-10)，式(5-11)，可得

$$\lim_{N \to +\infty} P_N(e \mid X) = \lim_{N \to +\infty} \int P_N(e \mid \boldsymbol{X}, \boldsymbol{X}'_N) p(\boldsymbol{x}'_N \mid \boldsymbol{x}) \mathrm{d}\boldsymbol{x}'_N$$
$$= \lim_{N \to +\infty} \int \left[1 - \sum_{i=1}^{M} P(\omega_i \mid \boldsymbol{X}) P(\omega_i \mid \boldsymbol{X}'_N)\right] p(\boldsymbol{x}'_N \mid \boldsymbol{x}) \mathrm{d}\boldsymbol{x}'_N$$
$$= 1 - \sum_{i=1}^{M} P^2(\omega_i \mid \boldsymbol{X}) \tag{5-12}$$

由式(5-12)可知，当$N \to +\infty$时，近邻法平均错误率为

$$P = \lim_{N \to +\infty} \int P_N(e \mid \boldsymbol{X}) p(x) \mathrm{d}\boldsymbol{X} = \int \lim_{N \to +\infty} P_N(e \mid \boldsymbol{X}) p(\boldsymbol{x}) \mathrm{d}\boldsymbol{X}$$
$$= \int \left[1 - \sum_{i=1}^{M} P^2(\omega_i \mid \boldsymbol{X}) p(\boldsymbol{x}) \mathrm{d}\boldsymbol{X}\right] \tag{5-13}$$

因$p(\boldsymbol{x})$表达式未知，难以进一步化简。但从式(5-13)已可找到近邻法错误率P的上、下界。

先看P的下界：因贝叶斯分类器是错误率最小的，故不可能有$P < P^*$。至于P能否达到等于P^*，可举出下列两例，在该两例情况下$P = P^*$。

(1) 当$P(\omega_b \mid \boldsymbol{X}) = 1$时，这时贝叶斯分类器错误率为

$$P^* = \int P^*(e \mid \boldsymbol{X}) p(\boldsymbol{x}) \mathrm{d}\boldsymbol{x} = \int [1 - P(\boldsymbol{\omega}_b \mid \boldsymbol{X})] p(\boldsymbol{x}) \mathrm{d}\boldsymbol{x} = 0$$

而最近邻法的平均错误率为

$$P = \int P_N(e \mid \boldsymbol{X}) P(\boldsymbol{x}) \mathrm{d}\boldsymbol{x} = \int \left[1 - \sum_{i=1}^{M} P^2(\omega_i \mid \boldsymbol{X})\right] p(\boldsymbol{x}) \mathrm{d}\boldsymbol{x} = 0$$

此时$P^* = P = 0$，即最近邻法错误率的下界能够到达。

(2) 当 $P(\omega_i \mid \boldsymbol{X}) = \dfrac{1}{M}$，即 $\boldsymbol{X}$ 属各类的后验概率相等，若胡乱猜测，猜对的概率仅 $\dfrac{1}{M}$，这时贝叶斯分类器错误率为

$$P^* = \int\left(1-\frac{1}{M}\right)p(\boldsymbol{x})\mathrm{d}\boldsymbol{x} = 1-\frac{1}{M}$$

最近邻法错误率为

$$P = \int\left[1-\sum_{i=1}^{M}\left(\frac{1}{M}\right)^2\right]p(\boldsymbol{x})\mathrm{d}\boldsymbol{x} = 1-\frac{1}{M}$$

两者也相等。除这两种情况外 P 总要比 P^* 略大一些。

下面看 P 的上界，这是要证的主要内容。求上界即求 $P = \int\left[1-\sum_{i=1}^{M}P^2(\omega_i \mid \boldsymbol{X})p(\boldsymbol{x})\mathrm{d}\boldsymbol{x}\right]$ 的最大值。为此，先分析在什么情况下 $\sum_{i=1}^{M}P^2(\omega_2 \mid \boldsymbol{X})$ 达最小值。把诸$P(\omega_i|\boldsymbol{X})$中最大的 $P(\omega_b|\boldsymbol{X})$分离出来，写成 $\sum_{i=1}^{M}P^2(\omega_i \mid \boldsymbol{X}) = \sum_{i\neq b}P^2(\omega_i \mid \boldsymbol{X}) + P^2(\omega_b \mid \boldsymbol{X})$。

对某个 $\boldsymbol{X}$，贝叶斯分类器错误率为

$$P^*(e \mid \boldsymbol{X}) = 1-P(\omega_b \mid \boldsymbol{X}) = \sum_{i\neq b}P(\omega_i \mid \boldsymbol{X}) \tag{5-14}$$

求 P 的极大值的问题即是在 $1-P(\omega_b|\boldsymbol{X})$为常数的条件下，求 $\sum_{i\neq b}P^2(\omega_i \mid \boldsymbol{X})$ 的极小值。用拉格朗日乘子法不难证明当所有其他类的后验概率都相等时，$\sum_{i\neq b}P^2(\omega_i \mid \boldsymbol{X})$ 为最小。这个推导过程就不详细说了，只要注意到所用准则函数是

$$J = \sum_{i\neq b}P^2(\omega_i \mid \boldsymbol{X}) - \lambda\left[\sum_{i\neq b}P(\omega_i \mid \boldsymbol{X}) - P^*(e \mid \boldsymbol{X})\right]$$

由 $\dfrac{\partial J}{\partial P(\omega_i \mid \boldsymbol{X})} = 0$ 可解得，当对于所有 $i \neq b$ 有

$$P(\omega_i \mid \boldsymbol{X}) = \frac{P^*(e \mid \boldsymbol{X})}{M-1} \tag{5-15}$$

时 $\sum_{i\neq b}P^2(\omega_i \mid \boldsymbol{X})$ 为最小，这是对最近邻分类器来说最恶劣的工作环境。在这种环境下，最小的是

$$\begin{aligned}\sum_{i=1}^{M}P^2(\omega_i \mid \boldsymbol{X}) &= P^2(\omega_b \mid \boldsymbol{X}) + \sum_{i\neq b}P^2(\omega_2 \mid \boldsymbol{X}) \leqslant [1-P^*(e \mid \boldsymbol{X})]^2 + \sum_{i\neq b}\frac{[P^*(e \mid \boldsymbol{X})]^2}{(M-1)^2}\\ &= 1-2P^*(e \mid \boldsymbol{X}) + \frac{M-1}{M-1}[P^*(e \mid \boldsymbol{X})]^2 + \frac{[P^*(e \mid \boldsymbol{X})]^2}{M-1}\end{aligned}$$

$$= 1 - 2P^*(e \mid \boldsymbol{X}) + \frac{M}{M-1}[P^*(e \mid \boldsymbol{X})]^2 \tag{5-16}$$

由式(5-16)可知，当 $N \to +\infty$ 时，对某个 X，近邻法错误率为

$$\lim_{N\to\infty} P_N(e \mid \boldsymbol{X}) = 1 - \sum_{i=1}^{M} P^2(\omega_i \mid \boldsymbol{X}) \leqslant 2P^*(e \mid \boldsymbol{X}) - \frac{M}{M-1}[P^*(e \mid \boldsymbol{X})]^2 \tag{5-17}$$

求最近邻法平均错误率的上界(当 $N \to +\infty$ 时)只需将式(5-17)对 $\boldsymbol{x}$ 积分

$$P = \int\left[1 - \sum_{i=1}^{M} P^2(\omega_i \mid \boldsymbol{X})\right]p(\boldsymbol{x})\mathrm{d}\boldsymbol{x} \leqslant \int\left[2P^*(e \mid \boldsymbol{X}) - \frac{M}{M-1}P^{2*}(e \mid \boldsymbol{X})\right]p(\boldsymbol{x})\mathrm{d}\boldsymbol{x}$$

$$= 2P^* - \frac{M}{M-1}\int[P^*(e \mid \boldsymbol{X})]^2 p(\boldsymbol{x})\mathrm{d}\boldsymbol{x} \tag{5-18}$$

因 $\mathrm{var}[P^*(e \mid \boldsymbol{X})] = \int P^{*2}(e \mid \boldsymbol{X})p(\boldsymbol{x})\mathrm{d}\boldsymbol{x} - P^{*2} \geqslant 0$

故式(5-18)右端的积分项 $\geqslant P^{*2}$，式(5-18)可写为

$$P \leqslant 2P^* - \frac{M}{M-1}P^{*2}$$

这就是式(5-6)的后一个不等式。

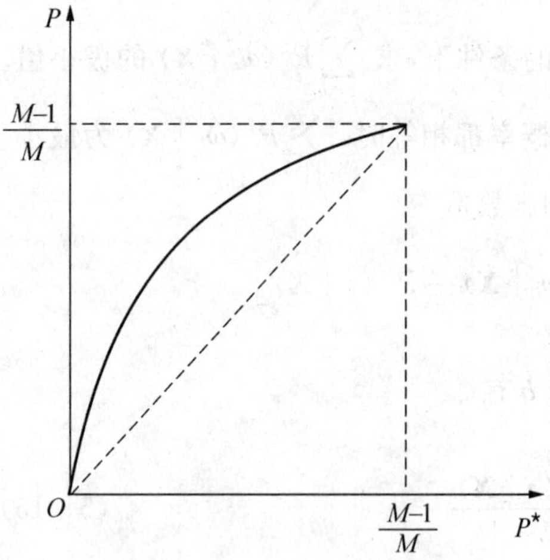

图 5-3 $N \to \infty$ 时近邻法性能

图 5-3 示出最近邻法错误率 P 与贝叶斯分类器错误率 P^* 间的关系。在 $P^* = 0$ 和 $P^* = \frac{M-1}{M}$ 这两个极端情况下 $P^* = P$，在一般情况下 P 略大于 P^*，P 有一个变化范围，它与 M 个类的相互构成情况有关。上面已经说过，当 M 个后验概率中有一个最大，其余 $M-1$ 个都相等时是最近邻法最容易出错的情况。即使在这种情况下，最近邻法性能也是不错的。所有的这些结论都是在 N 很大的条件下得到的，若 N 不够大，造成最近邻 $\boldsymbol{X}'_N$ 与 $\boldsymbol{X}$ 离得较远，不能指望这时会有好的分类性能。关于减少 N 的方法在 5.5 节中再讨论。

5.4 K 近邻法

K 近邻法是最近邻法的推广。其分类方法是在未知类别模式 $\boldsymbol{X}$ 周围找最接近于它

的 K 个样本点，这里 K 是个预先确定的正整数。若这 K 个邻点中属 ω_i 类的点最多，则作决策 $\boldsymbol{X} \in \omega_i$。从直观上，这样做所得分类器的性能应该比只根据单个最近邻点就做决策的最近邻法来得好。进一步分析的结果证明了这一点，前提是 $N \to \infty$，图 5-4 示出 $N \to \infty$ 时 K 近邻法错误率与贝叶斯分类器错误率之间的关系。从不同 K（包括 $K=1$）的 $P-P^*$ 曲线可以看出当 $N \to \infty$ 时的情况，K 愈大，K 近邻法的性能愈接近贝叶斯分类器。由此似乎应该得出结论：K 愈大愈好。但是要注意图 5-4 所示结果是在 $N \to \infty$ 时的情况。随着 K 变大，要想使 K 个最近邻点都落在 $\boldsymbol{X}$ 点附近所需的样本数 N 比最近邻法中所需的样本数多得多。实际上从所能提供的训练样本个数，从存储、计算工作量来看，都不允许 N 无限制地增大。因此尽管从 $N \to \infty$ 时的渐进性能来看 K 大些好，实际应用中还是最近邻法比 K 近邻法普遍。

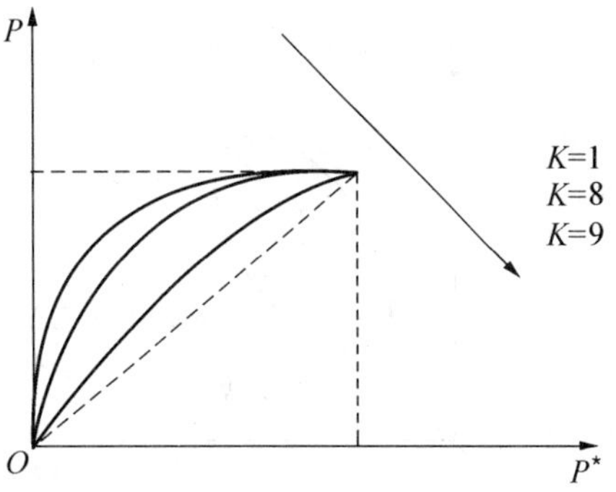

图 5-4 $N \to \infty$ 时近邻法与贝叶斯分类器性能的对比

5.5 最近邻法的缺点及改进方法

虽然最近邻法看上去相当简单，但是具体实现时要求的存储量、计算量相当大，即要存储 N 个样本点而不是经过估计得到的几个系数。为分类每一个点要计算 N 个距离，而且为了使分类性能好，N 值应该较大。因此，寻找一个能减少样本数 N 而又不使性能变差的改进方案是十分必要的。下面介绍两种方法：剪辑和凝聚。

5.5.1 剪辑近邻法

以 2 维两类情况为例说明剪辑近邻法的基本想法。如图 5-5(a)所示，设 ω_1 和 ω_2 都服从正态分布。若从两类各抽 $\frac{N}{2}$ 个训练样本，则绝大多数样本点在中心点 μ_1 和 μ_2 附近，但也有少数点落在较远的地方，个别点甚至落在另一类样本点密集的区域中。这些个别点显然不应用作为分类时的依据，否则在这些点附近的一个小区域里的 $\boldsymbol{X}$ 将会分错类。事实上，从这些样本点被另一类的样本点所包围的这一事实可以发现它是不合理的，应把它剪辑掉。先介绍一种剪辑算法，它分为四步。图 5-5(b)为该方法示意图。

步骤 1——把 N 个训练样本分成两个集：

$$\mathscr{X}^{\mathrm{N}} = \mathscr{X}^{\mathrm{NR}} \cup \mathscr{X}^{\mathrm{NT}}$$

式中 $\mathscr{X}^{\mathrm{NR}}$ 为参考集，$\mathscr{X}^{\mathrm{NT}}$ 为测试集。

步骤 2——先以参考集中的样本作依据对测试集中的样本进行最近邻法分类。可能

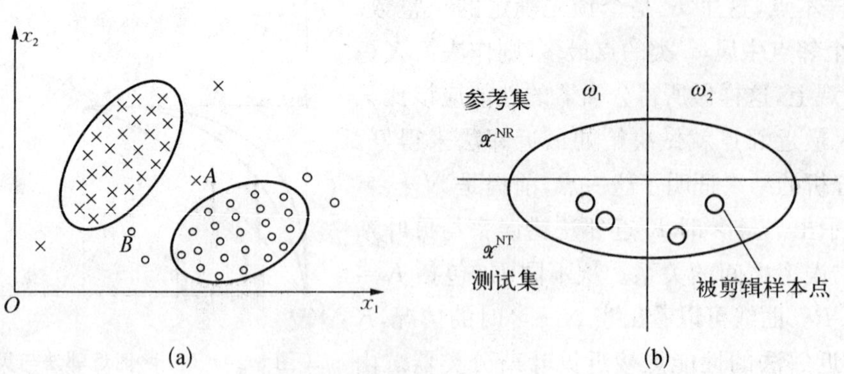

图 5-5　剪辑近邻法示意图

会有个别测试集中的样本被分错类，如图 5-5(a)中 A, B 点所示。

步骤 3——从 $\mathscr{X}^{NT}$ 中剪辑掉这些被分错类的点，得到经剪辑的测试样本集 $\mathscr{X}^{NTE}$。

步骤 4——在以后的实际分类中以经剪辑的测试集为依据，按最近邻法规则分类。

容易看出，经剪辑后样本数减少了，即 $\mathscr{X}^{NTE}$ 比 $\mathscr{X}^{N}$ 小，因而分类快了。同时，错误率反而可能更小，这是因为 $\mathscr{X}^{NTE}$ 更有代表性。在剪辑中去除的点可能有两种情况。一种是这些点的特征不典型，应被去掉。另一种则是因参考集 $\mathscr{X}^{NR}$ 不完美造成错分类而被去掉的，但是这些点的去除并不会明显地影响分类性能。

5.5.2　凝聚法

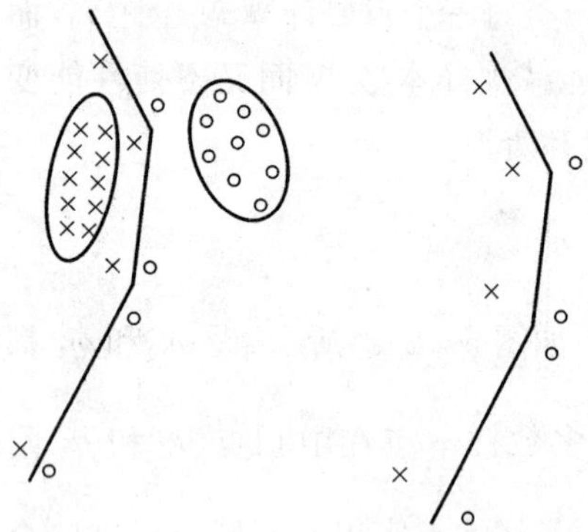

图 5-6　凝聚法示意图

把经过剪辑后的样本再进行凝聚还可大大减少样本数，从而进一步减少存储量和计算量。这里只介绍这种方法的基本想法。图 5-6(a)为该方法的示意图。仍以 2 维两类正态情况为例。这时贝叶斯分界面为二次曲线，经剪辑后的样本所构成的分段线性边界应和它大致接近。事实上为表示这条分类边界所需的点是不多的，如图 5-6(b)所示。而 $\mathscr{X}^{NTE}$ 中集中在两类中心附近的点对正确分类并没有什么帮助，完全可以把这些点去掉，只留边界附近的样本点而不影响分类性能，这就使计算量和存储量大大减少了。

习　题

5.1　二类问题，由大量训练样本得到的最近邻分类边界为 $x_1 = x_2$（$x_1 > x_2$ 属第一类）。今有下列检验样本：

$$D_1 = \left\{ \begin{pmatrix} 2 \\ 1 \end{pmatrix}, \begin{pmatrix} -1 \\ -2 \end{pmatrix}, \begin{pmatrix} 1.8 \\ 1.6 \end{pmatrix}, \begin{pmatrix} 0 \\ 0.1 \end{pmatrix}, \begin{pmatrix} 8 \\ 2 \end{pmatrix} \right\}$$

$$D_2 = \left\{ \begin{pmatrix} 2.1 \\ 1 \end{pmatrix}, \begin{pmatrix} -2 \\ -1 \end{pmatrix}, \begin{pmatrix} 1.6 \\ 1.8 \end{pmatrix}, \begin{pmatrix} -0.1 \\ 0 \end{pmatrix}, \begin{pmatrix} 2 \\ 8 \end{pmatrix} \right\}$$

求用检验样本估计，如果采用 Bayes 分类器其错误率的大致范围。

5.2　简述基本最近邻法的基本思想。

5.3　说明在什么情况下，最近邻法错误率 $P(e)$ 达到上界。

5.4　有 7 个二维模式：

$\boldsymbol{x}_1 = (1, 0)^T$, $\boldsymbol{x}_2 = (0, 1)^T$, $\boldsymbol{x}_3 = (0, -1)^T$, $\boldsymbol{x}_4 = (0, 0)^T$, $\boldsymbol{x}_5 = (0.2)^T$, $\boldsymbol{x}_6 = (0, -2)^T$, $\boldsymbol{x}_7 = (-2, 0)^T$,

假设前三个为 ω_1 类，后 4 个为 ω_2 类。

(1) 画出最近邻法决策面。

(2) 求样本均值 $\boldsymbol{\mu}_1$，$\boldsymbol{\mu}_2$。若按离样本均值距离的大小进行分类，试画出决策面。

5.5　请叙述剪辑最近邻法和剪辑 k - NN 法的基本思路。

5.6　试证明 k - NN 法的运算复杂度为 O(kN)。

第 6 章　聚类分析

到现在为止，所介绍的分类方法都需要训练样本集，训练样本的类别是事先知道的，计算机根据训练样本集所提供的有关各类统计特性的信息对未知类别的模式向量进行分类。但在实际应用中，常常会遇到因条件限制无法得到训练样本集的情况。这就需要发展一种算法，它不依靠训练样本集，而是按大量未知类别数据中内在的特性进行分类，把特性彼此接近的归入同一类，而把特性不相似的点分到不同的类中去。这种算法称为聚类算法，即按"物以类聚"的原则进行分类的方法。图 6-1 示出一个简例，一看数据的这种分布很自然会想到它应该由三类构成。对聚类分析的方法，人们从很早就开始研究，应用的范围极广，算法很多，各自适用于不同的应用场合，文献资料多。但是总的来看聚类分析的方法理论上还不完善。然而，只要用得恰当，它能解决问题。本章介绍聚类分析的基本思想和方法。

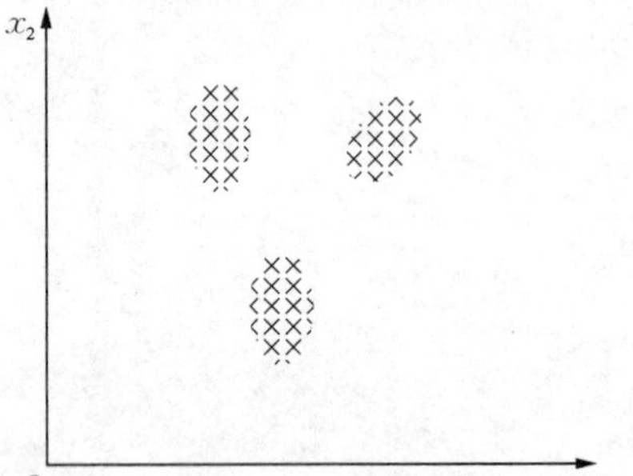

图 6-1　聚类简例

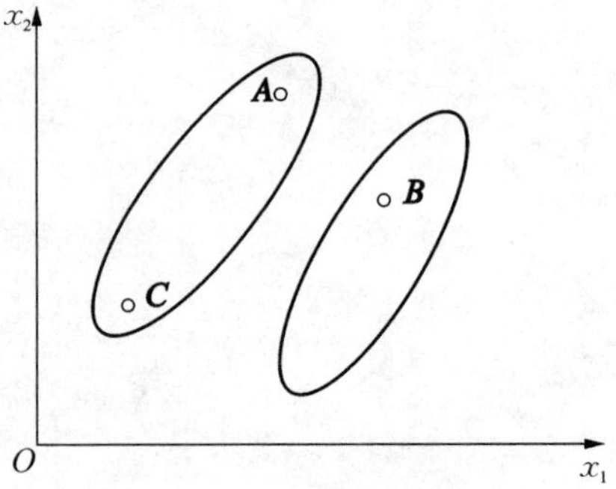

图 6-2　不同相似性度量

上面谈到聚类分析要把特征相似的点归入同一类，而把特征不相似的点分到不同的类中去。什么叫特征相似？从不同的角度看问题可以有不同的回答。例如在图 6-2 中，究竟是样本 $\boldsymbol{A}$ 和样本 $\boldsymbol{B}$ 更相似还是和样本 $\boldsymbol{C}$ 更相似？如果从欧氏距离来看，即把 $\boldsymbol{A}$，$\boldsymbol{B}$ 间的不相似性定义为 $d^2=(\boldsymbol{A}-\boldsymbol{B})^{\mathrm{T}}(\boldsymbol{A}-\boldsymbol{B})$，则 $\boldsymbol{A}$ 与 $\boldsymbol{B}$ 比 $\boldsymbol{A}$ 与 $\boldsymbol{C}$ 相似。但若用马氏距离 $d^2=(\boldsymbol{A}-\boldsymbol{B})^{\mathrm{T}}\boldsymbol{\Sigma}^{-1}(\boldsymbol{A}-\boldsymbol{B})$，则 $\boldsymbol{A}$，$\boldsymbol{C}$ 近，$\boldsymbol{A}$，$\boldsymbol{B}$ 远。从这个例子可看出对同样的情况，若选用不同的相似性(或不相似性)度量，会得出不同结果。此外，选用不同聚类算法也可能得到不同的结果，这方面例子在后面介绍聚类算法时再谈。这样，对同一数据集选用不同方

法，不同相似性度量可以得到不同的结果，即聚类结果在一定程度上带有主观因素，衡量聚类结果是否好主要应从它是否符合实际情况来看。

6.1　距离及相似性度量

希望用一个数来定量地反映两个点 $\boldsymbol{x}$,$\boldsymbol{z}$ 之间特性的相似性(或不相似性)。作为相似性的度量 $S(\boldsymbol{x}, \boldsymbol{z})$应是若 $\boldsymbol{x}$,$\boldsymbol{z}$ 愈相似，则 S 愈大。而不相似性的度量则正相反。

距离是不相似性的一种度量，有各种各样距离的定义。要把一个量称为距离它应满足三条性质(公理)：

$$\begin{aligned} &d_{xz} \geqslant 0, \text{若 } \boldsymbol{x} = \boldsymbol{z}, \text{则 } d_{xz} = 0 \quad \text{反身性} \\ &d_{xz} = d_{zx} \quad \text{对称性} \\ &d_{xz} \leqslant d_{xy} + d_{yz} \quad \text{三角不等式} \end{aligned} \tag{6-1}$$

欧氏距离 $d_{xz} = \left[\sum_{i=1}^{n}(\boldsymbol{x}_i - \boldsymbol{z}_i)^2\right]^{\frac{1}{2}}$ 当然满足式(6-1)所示的三条公理，马氏距离也满足这三条公理。

事实上欧氏距离是明考夫斯基距离在 $p = 2$ 时的特例。现定义

$$d_{xz} = \left[\sum_{i=1}^{n}(\boldsymbol{x}_i - \boldsymbol{z}_i)^p\right]^{\frac{1}{p}} \tag{6-2}$$

为明考夫斯基距离。除了 $p = 2$ 时它成为欧氏距离外，另两种较常见的特例是：

当 $p = 1$ 时，$d_{xz} = \sum_{i=1}^{n} |\boldsymbol{x}_i - \boldsymbol{z}_i|$ 称为绝对值距离。

当 $p \to \infty$时，$d_{xz} = \max |\boldsymbol{x}_i - \boldsymbol{z}_i|$ 称为契比雪夫距离。

此外，有一些量，它们不一定满足式(6-1)(主要是三角不等式)，但也可在广义的角度上称之为距离(也有用其他名称的)。此外，也有满足比式(6-1)更强的条件的量，例如极端距离，它把三角不等式加强为

$$d_{xz} \leqslant \max(d_{xy}, d_{yz}) \tag{6-3}$$

虽然明考夫斯基距离用得很广泛，它也有缺点：① 它与各变量的量纲有关，若对坐标系作尺度变换，明考夫斯基距离会改变，甚至出现在一个坐标系中 $\boldsymbol{A}$、$\boldsymbol{B}$ 间距离大于$\boldsymbol{C}$、$\boldsymbol{D}$，而在另一个坐标系中情况正好相反的情况。② 它没有考虑各分量间的相关性，而用马氏距离可克服上述两个缺点。上面所介绍的模式向量各分量都是实数，称为间隔尺度，也有各分量为其他性质的量的情况，例如：对青霉素的反应，以＋表示阳性，以－表示阴性。又如以 1 号方案 2 号方案表示行动计划，这里的 1,2 已失去数量的意义而成为符号。在这种情况下称各分量为名义尺度。对名义尺度的模式向量，也可定义各种距离。例如

定义

$$d_{xz}=\frac{m_2}{m_1+m_2} \tag{6-4}$$

为 $\boldsymbol{x}$ 和 $\boldsymbol{z}$ 之间的距离，这里的 $\boldsymbol{x}$ 和 $\boldsymbol{z}$ 的各分量是名义尺度，m_1 为不配合的分量数(符号不相同)，m_2 为配合的分量数。例如当 $x=(++--)$，$z=(+--+)z$ 时，$d_{xz}=\frac{2}{2+2}=0.5$。在下面的讨论主要讨论间隔尺度情况，但各方法的基本思想不难推广到名义尺度的情况。

除了可用距离作为不相似性的度量外，还可以另外定义相似系数(或其他不相似系数)。不仅在模式向量间要定义相似系数，有时在各分量之间也要定义相似系数。相关系数就是较常见的一种相似系数。

定义：第 i，j 分量间的相关系数为

$$r_{ij}=\frac{\sum_{k=1}^{N}(\boldsymbol{x}_{ki}-\overline{\boldsymbol{x}_i})(\boldsymbol{x}_{kj}-\overline{\boldsymbol{x}_j})}{\sqrt{\left[\sum_{k=1}^{N}(\boldsymbol{x}_{ki}-\overline{\boldsymbol{x}_i})^2\right]^{\frac{1}{2}}\left[\sum_{k=1}^{N}(\boldsymbol{x}_{kj}-\overline{\boldsymbol{x}_j})^2\right]^{\frac{1}{2}}}} \tag{6-5}$$

式中：N 为样本点数，$\overline{\boldsymbol{x}_i}$ 为第 i 分量的平均值，$\boldsymbol{x}_{ki}$ 为第 k 个样本的第 i 分量。有关距离，相似系数的定义很多，上面仅列出了很小的一部分。在下面的讨论中，为了集中注意力于算法，常以最直观的欧氏距离作为两点之间的距离。当采用其他距离或相似系数时，只要对算法做些修改即可。

在聚类分析中除了需要定义两点间的距离，还要对点和点集间距离及点集和点集之间的距离作出定义，也有好多种定义点集之间距离的方法，它们可能给出不同的聚类结果，要针对具体问题合理选用，在下一节讨论系统聚类法时再详细讨论各种类间距离的定义。

6.2 聚类准则

在定义了类间相似性或不相似性以后，就要具体考虑聚类算法。聚类算法很多，总的来说有两大类，一类算法称为启发性的，抓住了某个具体问题的主要特点进行分群，这些算法的思想直观易懂，又与具体问题关系较大，不在此列举。另一分类聚类法往往要定一个准则函数，此准则函数与样本的分法有关，于是聚类问题成为找一个最佳划分，使所定义的准则函数极小。下面介绍两个较常用的准则：离差平方和准则和离散度准则。

6.2.1 离差平方和准则

这是个简单而又常用的准则。设共有 N 个样本向量，分成 C 个群 $\mathscr{X}_1$，$\mathscr{X}_2$，…，$\mathscr{X}_C$，每

个群有 N_j 个样本，其中心为 $\boldsymbol{\mu}_j = \frac{1}{N_j}\sum_{x\in\mathscr{X}_j}\boldsymbol{x}$。则所有属于第 j 个群的样本点和该群中心点距离平方和为 $\sum_{x\in\mathscr{X}_j}\|\boldsymbol{x}-\boldsymbol{\mu}_j\|^2$，$C$ 个群的类内离差平方和为

$$J = \sum_{j=1}^{C}\sum_{x\in\mathscr{X}_j}\|\boldsymbol{x}-\boldsymbol{\mu}_j\|^2 \tag{6-6}$$

若类分得较合适，则同类点之间特性较相似，每类的类内离差平方和及总的类内离差平方和应当较小，即应以 J 最小作为准则来分群。依照这个准则，一般应把 X 分到离它最近的中心所代表的类中去，否则 J 将会变大。这在各类自然地聚成团，团里较紧密，团间距离较大的场合很合适。但在某些情况下，以 J 最小作准则就不很合适。图 6-3 即为一例，从该图看到，若以式(6-6)定义的 J 最小为准则分成两类，则图中阴影所示区域将被划入第 2 类，这显然是不合适的。可见有了准则可帮助我们解决问题，但不应死守准则。

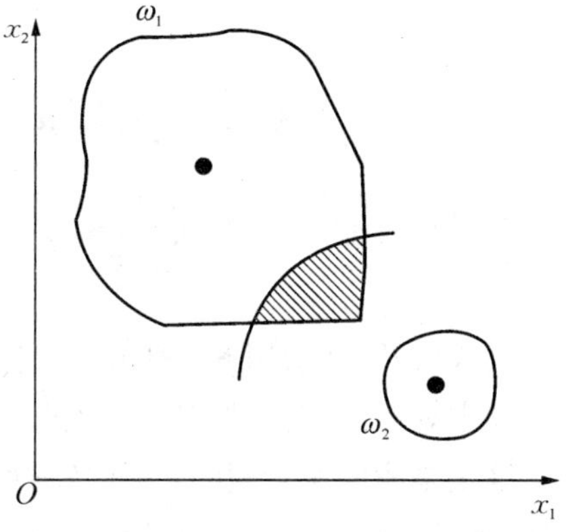

图 6-3 阴影部分被归错类

6.2.2 离散度准则

离散度准则是建立在离散度矩阵(Scatter Matrix)的基础上的。

定义 6.1 第 i 类类内离散度矩阵

$$\boldsymbol{S}_i = \sum_{x\in\mathscr{X}_i}(\boldsymbol{x}-\boldsymbol{\mu}_i)(\boldsymbol{x}-\boldsymbol{\mu}_i)^{\mathrm{T}} \tag{6-7}$$

式中：$\boldsymbol{\mu}_i = \frac{1}{N_i}\sum_{x\in\mathscr{X}_i}\boldsymbol{x}$ 为第 i 类中心。S_i 是由 N_i 个秩为 1 的 $n\times n$ 矩阵相加而成。

定义 6.2 总类内离散度矩阵

$$\boldsymbol{S}_{\mathrm{W}} = \sum_{i=1}^{C}\boldsymbol{S}_i = \sum_{i=1}^{C}\sum_{x\in\mathscr{X}_i}(\boldsymbol{x}-\boldsymbol{\mu}_i)(\boldsymbol{x}-\boldsymbol{\mu}_i)^{\mathrm{T}} \tag{6-8}$$

定义 6.3 类间离散度矩阵

$$\boldsymbol{S}_{\mathrm{B}} = \sum_{i=1}^{C}N_i(\boldsymbol{\mu}-\boldsymbol{\mu}_i)(\boldsymbol{\mu}-\boldsymbol{\mu}_i)^{\mathrm{T}} \tag{6-9}$$

式中：$\boldsymbol{\mu}_i$ 为第 i 类中心向量，$\boldsymbol{\mu}$ 为整个点集的平均向量：

$$\boldsymbol{\mu} = \frac{1}{N}\sum_{i=1}^{C}N_i\boldsymbol{\mu}_i$$

从 $\boldsymbol{S}_{\mathrm{B}}$ 的大小可看出各类间分开的程度。它是 C 个秩为 1 的 $n\times n$ 矩阵相加而成，常常是奇异阵。

定义 6.4 总离散度矩阵

$$\boldsymbol{S}_{\mathrm{T}} = \sum_{x\in\mathscr{X}}(\boldsymbol{x}-\boldsymbol{\mu})(\boldsymbol{x}-\boldsymbol{\mu})^{\mathrm{T}} \tag{6-10}$$

从 $\boldsymbol{S}_{\mathrm{T}}$ 的定义可以看出它和样本分法无关。下面我们来证明

$$\boldsymbol{S}_{\mathrm{T}} = \boldsymbol{S}_{\mathrm{B}} + \boldsymbol{S}_{\mathrm{W}} \tag{6-11}$$

$$\begin{aligned}\boldsymbol{S}_{\mathrm{T}} &= \sum_{x\in\mathscr{X}}(\boldsymbol{x}-\boldsymbol{\mu})(\boldsymbol{x}-\boldsymbol{\mu})^{\mathrm{T}} = \sum_{i=1}^{C}\sum_{x\in\mathscr{X}_i}(\boldsymbol{x}-\boldsymbol{\mu})(\boldsymbol{x}-\boldsymbol{\mu})^{\mathrm{T}} \\ &= \sum_{i=1}^{C}\sum_{x\in\mathscr{X}_i}[(\boldsymbol{x}-\boldsymbol{\mu}_i)+(\boldsymbol{\mu}_i-\boldsymbol{\mu})][(\boldsymbol{x}-\boldsymbol{\mu}_i)+(\boldsymbol{\mu}_i-\boldsymbol{\mu})]^{\mathrm{T}}\end{aligned}$$

将上式展开，并引用 $\boldsymbol{S}_{\mathrm{W}}$ 和 $\boldsymbol{S}_{\mathrm{B}}$ 的定义即可看到 $\boldsymbol{S}_{\mathrm{T}} = \boldsymbol{S}_{\mathrm{B}} + \boldsymbol{S}_{\mathrm{W}}$。由式(6-11)可见 $\boldsymbol{S}_{\mathrm{W}}$ 和 $\boldsymbol{S}_{\mathrm{B}}$ 与样本划分法有关，但其和与分法无关。若某种划分使 $\boldsymbol{S}_{\mathrm{W}}$ 变小则它也必然使 $\boldsymbol{S}_{\mathrm{B}}$ 变大。而这正是我们所希望的：类内特性接近，类间特性差别大。由于 $\boldsymbol{S}_{\mathrm{W}}$ 和 $\boldsymbol{S}_{\mathrm{B}}$ 都是 $n\times n$ 矩阵，下面的问题涉及矩阵比较大小的问题。下面介绍三种方法。

1) 迹准则

用迹来衡量离散度矩阵的大小，例如可以用 $\boldsymbol{J} = \mathrm{tr}\,\boldsymbol{S}_{\mathrm{W}}$ 最小为准则来分群，这和离差平方和准则一致。由迹的性质

$$\boldsymbol{J} = \mathrm{tr}\,\boldsymbol{S}_{\mathrm{W}} = \sum_{i=1}^{C}\mathrm{tr}\,\boldsymbol{S}_i = \sum_{i=1}^{C}\sum_{x\in\mathscr{X}_i}\mathrm{tr}[(\boldsymbol{x}-\boldsymbol{\mu}_i)(\boldsymbol{x}-\boldsymbol{\mu}_i)^{\mathrm{T}}] = \sum_{i=1}^{C}\sum_{x\in\mathscr{X}_i}\|\boldsymbol{x}-\boldsymbol{\mu}_i\|^2 \tag{6-12}$$

由于 $\boldsymbol{S}_{\mathrm{T}} = \boldsymbol{S}_{\mathrm{B}} + \boldsymbol{S}_{\mathrm{W}}$，且 $\boldsymbol{S}_{\mathrm{T}}$ 与样本分法无关。故

$$\mathrm{tr}\,\boldsymbol{S}_{\mathrm{T}} = \mathrm{tr}\,\boldsymbol{S}_{\mathrm{B}} + \mathrm{tr}\,\boldsymbol{S}_{\mathrm{W}} = 常数 \tag{6-13}$$

使 $\boldsymbol{J} = \mathrm{tr}\,\boldsymbol{S}_{\mathrm{W}}$ 最小即是使 $\mathrm{tr}\,\boldsymbol{S}_{\mathrm{B}}$ 最大。

2) 行列式准则

用行列式来衡量离散度矩阵的大小。于是可以用 $J = |\boldsymbol{S}_{\mathrm{W}}|$ 最小作准则来进行聚类，虽然也可以用 $J = |\boldsymbol{S}_{\mathrm{B}}|$ 最大作为准则，但由于 $\boldsymbol{S}_{\mathrm{B}}$ 常常是奇异阵，其行列式为 0，所以以用 $|\boldsymbol{S}_{\mathrm{W}}|$ 为宜。

3) 用 $J = \mathrm{tr}(\boldsymbol{S}_{\mathrm{W}}^{-1}\boldsymbol{S}_{\mathrm{B}})$ 作准则

因为一个合理的划分应使 $\boldsymbol{S}_{\mathrm{W}}$ 为最小，$\boldsymbol{S}_{\mathrm{B}}$ 为最大，则以式(6-13)为最大来进行划分同样是合理的。用式(6-13)作准则的优点是，它具有线性变换不变性。若对 $\boldsymbol{x}$ 作线性变换得 $\boldsymbol{y} = \boldsymbol{A}\boldsymbol{x}$，则

$$\boldsymbol{S}_{\mathrm{W}_y} = \boldsymbol{A}\boldsymbol{S}_{\mathrm{W}}\boldsymbol{A}^{\mathrm{T}} \tag{6-14}$$

$$S_{B_y} = AS_BA^T \tag{6-15}$$

故

$$\begin{aligned} J_y &= \mathrm{tr}(S_{W_y}^{-1} S_{B_y}) = \mathrm{tr}\{(AS_WA^T)^{-1}(AS_BA^T)\} \\ &= \mathrm{tr}\{(A^T)^{-1}S_W^{-1}S_BA^T\} = \mathrm{tr}\{S_W^{-1}S_BA^T(A^T)^{-1}\} = \mathrm{tr}\{S_W^{-1}S_B\} \end{aligned}$$

此外还有其他具有线性变换不变性的准则，不在此一一列举了。

在聚类问题中类别总数 C 的确定是一个较重要的问题，在有些数据构成情况下要确定 C 不是很容易。有些算法有自适应能力，能够自动合并或分裂以调整类别总数，有些聚类算法则没有这种能力。上面所说的几个离散度准则在 C 值确定以后能够反映不同分法的合理与否，但对于 C 值的确定没有什么帮助。例如：以 S_W 这个准则而言，类别数 C 愈大，每个类愈小，类内离散度愈小。若每个点自成一类，则 $S_W = 0$ 矩阵。由此看来若以 S_W 最小为准则来找 C 应为多少是没有意义的。若改变 C，看 S_W 随 C 的变化规律，有时能够对数据的自然类别数 C 应为多少有所启发。

6.3　系统聚类法

系统聚类法的基本思想是：先把 N 个样本各自看成一个类，规定某种点与点、点集与点集之间的距离(每个点集作为一个类，类间距离的定义下面将具体叙述)，把距离最近的两个类合并，每合并一次少一个类，直到最后所有点都归成一类。若给定一个门限 T，当类间距离大于 T 以后就不再合并，则有可能把 N 个点归并成若干类。根据归并的先后，以及每步合并前两类之间的距离，可作出聚类图，聚类图清楚地反映了数据的构成情况。图 6-4(a)为模式空间，数据分成 2 大类，每类有三个子类。图 6-4(b)是一个聚类图的示意图，横坐标为合并前 2 类间的距离。从聚类图同样清楚地看出数据分成 2 大类，每类分三个子类。若门限 T 取大一些，则最终归并成 2 类，而若门限 T 取消一些，归并为6 类。类与类之间的距离有许多定义的方法，不同的定义就产生了系统聚类的不同方法，本节介

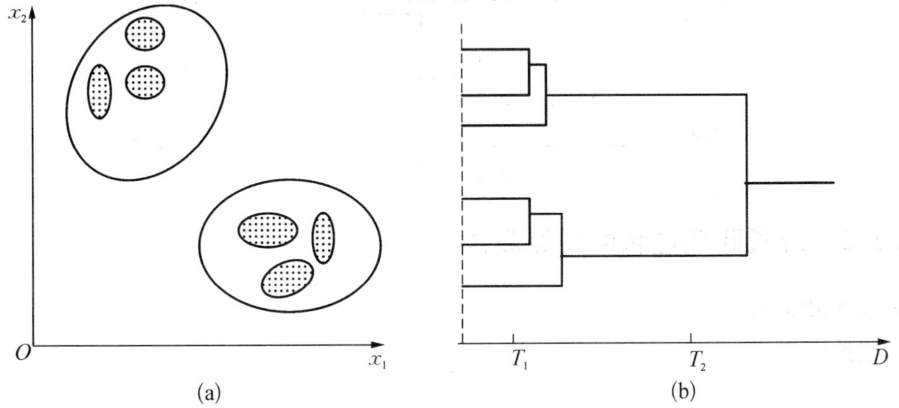

图 6-4　聚类示意图

绍常用的八种方法。这八种方法的聚类结果不尽相同，至于哪个方法更好些与实际问题有密切联系，难以做出绝对的结论，下面在谈到具体方法时再对此作进一步的说明。

6.3.1 最短距离法

在最短距离法中把类与类间的距离定义为 2 类中靠得最近的两个样本点之间的距离。若以 d_{ij} 表示 i 与 j 两个样本点之间的距离，以 D_{pq} 表示 p 类和 q 类之间的距离，则

$$D_{pq} = \min_{i\in\mathscr{X}_p,\, j\in\mathscr{X}_q} d_{ij} \tag{6-16}$$

用最短距离法进行聚类的步骤为：

步骤 1——规定样本点之间距离 d_{ij} 的含义（在本节下面的叙述若不另作说明，认为以欧氏距离作为 d_{ij}）。把各点看成 1 个类，则构成了 N 个单点类，这时类间距离即点与点间的距离。计算各类之间的距离，可得 $N\times N$ 对称阵 $\boldsymbol{D}(0)=(D_{pq})=(d_{pq})$。

步骤 2——在 $\boldsymbol{D}(0)$ 找最小元素，若 D_{pq} 为最小元素，则将 $\mathscr{X}_p$ 与 $\mathscr{X}_q$ 2 类合并成新类 $\mathscr{X}_r=\{\mathscr{X}_p,\ \mathscr{X}_q\}$。

步骤 3——计算新类与其他类间的距离。

$$D_{rk} = \min_{i\in\mathscr{X}_r,\, j\in\mathscr{X}_k} d_{ij} = \min\{\min_{i\in\mathscr{X}_p,\, j\in\mathscr{X}_k} d_{ij},\ \min_{i\in\mathscr{X}_q,\, j\in\mathscr{X}_k} d_{ij}\} = \min\{D_{pk},\ D_{qk}\} \tag{6-17}$$

将 $D(0)$ 中 p 行 q 行、p 列 q 列用式(6-17)合并成新行新列（r 行 r 列）。

步骤 4——重复第 2、3 步，直到所有元素都成为一类或达到设定的分类数。

这里，关键是距离的定义和距离递推公式的确定。

例：6 个样本 $\mathscr{X}_1$：1　$\mathscr{X}_2$：2　$\mathscr{X}_3$：5　$\mathscr{X}_4$：7　$\mathscr{X}_5$：9　$\mathscr{X}_6$：10，求：按最短距离法聚类并作聚类图。

解：

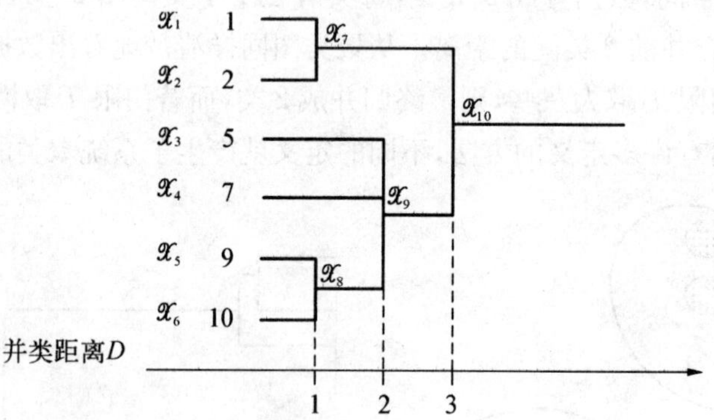

6.3.2 最长距离法和中间距离法

1）最长距离法

距离定义：

$$D_{pq} = \max_{\substack{i\in\mathscr{X}_p\\ i\in\mathscr{X}_q}} d_{ij} \tag{6-18}$$

距离修正：

$$D_{kr}=\max\{D_{kp}, D_{kq}\} \tag{6-19}$$

例：6个样本：$\mathscr{X}_1$：1　$\mathscr{X}_2$：2　$\mathscr{X}_3$：5　$\mathscr{X}_4$：7　$\mathscr{X}_5$：9　$\mathscr{X}_6$：10，求：按最长距离法聚类并作聚类图。

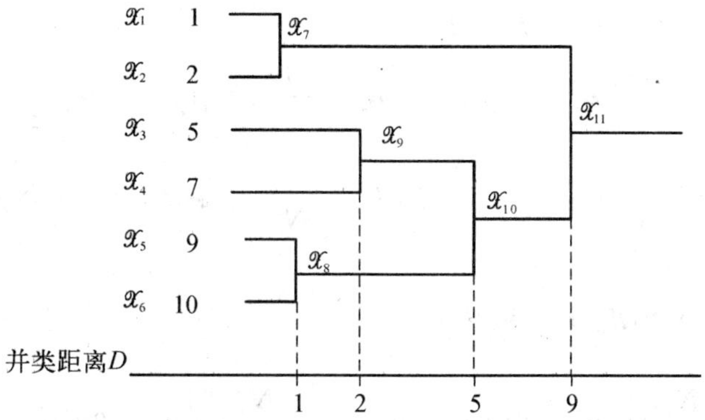

最长距离法求距离用的是最长距离，合并时还是选择靠得最近的两类合并。且最长距离法的结果不同于最短距离法的结果。

2）中间距离法

在聚类过程中存储距离平方比存储距离方便得多。

中间距离法还可推广为更一般的情形：

$$D_{kr}^2=\frac{1}{2}D_{kp}^2+\frac{1}{2}D_{kq}^2+\beta D_{pq}^2 \tag{6-20}$$

式中：$-\frac{1}{4}\leqslant\beta\leqslant 0$。

如果使式(6-20)中的前两项系数也依赖于β，可将该递推公式修正为

$$D_{kr}^2=\frac{1-\beta}{2}(D_{kp}^2+D_{kq}^2)+\beta D_{pq}^2 \tag{6-21}$$

式中：$\beta<1$。把这种方法称为可变法，其结果与β值的选取有较大关系。

6.3.3 重心法、类平均和可变类平均法

在重心法中，每个类以它的重心(样本均值μ_i)为代表，类间距离就定义为重心之间的距离为

$$D_{pq}=d_{\mu_p\mu_q}$$

重心法的距离递推公式为

$$D_{kr}^2=\frac{N_p}{N_r}D_{kp}^2+\frac{N_q}{N_r}D_{kq}^2-\frac{N_pN_q}{N_r^2}D_{pq}^2 \tag{6-22}$$

式中：N_p，N_q，N_r分别为p，q，r类内样本点数。因r类是由p，q 2类合成，故$N_r=$

N_p+N_q。

证： 把 p 和 q 类合并为 r 类以后，r 类重心为

$$\boldsymbol{\mu}_r=\frac{1}{N_r}(N_p\boldsymbol{\mu}_p+N_q\boldsymbol{\mu}_q) \tag{6-23}$$

$$\begin{aligned}D_{kr}^2&=d_{\boldsymbol{\mu}_k\boldsymbol{\mu}_r}^2=(\boldsymbol{\mu}_k-\boldsymbol{\mu}_r)^{\mathrm{T}}(\boldsymbol{\mu}_k-\boldsymbol{\mu}_r)\\&=\left[\boldsymbol{\mu}_k-\frac{1}{N_r}(N_p\boldsymbol{\mu}_p+N_q\boldsymbol{\mu}_q)\right]^{\mathrm{T}}\left[\boldsymbol{\mu}_k-\frac{1}{N_r}(N_p\boldsymbol{\mu}_p+N_q\boldsymbol{\mu}_q)\right]\\&=\boldsymbol{\mu}_k^{\mathrm{T}}\boldsymbol{\mu}_k-2\frac{N_p}{N_r}\boldsymbol{\mu}_k^{\mathrm{T}}\boldsymbol{\mu}_p-2\frac{N_q}{N_r}\boldsymbol{\mu}_k^{\mathrm{T}}\boldsymbol{\mu}_q+\frac{1}{N_r^2}[N_p^2\boldsymbol{\mu}_p^{\mathrm{T}}\boldsymbol{\mu}_p+2N_pN_q\boldsymbol{\mu}_p^{\mathrm{T}}\boldsymbol{\mu}_q+N_q^2\boldsymbol{\mu}_q^{\mathrm{T}}\boldsymbol{\mu}_q]\end{aligned}$$

利用 $\boldsymbol{\mu}_k^{\mathrm{T}}\boldsymbol{\mu}_k=\frac{1}{N_r}(N_p\boldsymbol{\mu}_k^{\mathrm{T}}\boldsymbol{\mu}_k+N_q\boldsymbol{\mu}_k^{\mathrm{T}}\boldsymbol{\mu}_k)$

则

$$\begin{aligned}D_{kr}^2&=\frac{N_p}{N_r}(\boldsymbol{\mu}_k^{\mathrm{T}}\boldsymbol{\mu}_k-2\boldsymbol{\mu}_k^{\mathrm{T}}\boldsymbol{\mu}_p+\boldsymbol{\mu}_p^{\mathrm{T}}\boldsymbol{\mu}_p)+\frac{N_q}{N_r}(\boldsymbol{\mu}_k^{\mathrm{T}}\boldsymbol{\mu}_k-2\boldsymbol{\mu}_k^{\mathrm{T}}\boldsymbol{\mu}_q+\boldsymbol{\mu}_q^{\mathrm{T}}\boldsymbol{\mu}_q)\\&\quad-\frac{N_pN_q}{N_r^2}(\boldsymbol{\mu}_p^{\mathrm{T}}\boldsymbol{\mu}_p-2\boldsymbol{\mu}_p^{\mathrm{T}}\boldsymbol{\mu}_q+\boldsymbol{\mu}_q^{\mathrm{T}}\boldsymbol{\mu}_q)=\frac{N_p}{N_r}D_{kp}^2+\frac{N_q}{N_r}D_{kq}^2-\frac{N_pN_q}{N_r^2}D_{pq}^2\end{aligned}$$

在类平均法中，把类间距离平方定义为这两类的元素两两之间的平均平方距离。即

$$D_{pq}^2=\frac{1}{N_pN_q}\sum_{\substack{i\in\mathscr{X}_p\\ j\in\mathscr{X}_q}}d_{ij}^2 \tag{6-24}$$

图 6-5(a)说明式(6-24)的含义，现 p，q 2 类各有 2 个样本点，D_{pq}^2 由四项相加而成。图 6-5(b)则示出 p，q 2 类合并为 r 类以后那类平均法求 r 与 k 类之间距离时的做法。图 6-5的含义清楚，不另作解释了。如图 6-5(b)所示，结合式(6-24)不难得出类平均法的距离递推公式。

$$D_{kr}^2=\frac{1}{N_kN_r}\sum_{\substack{i\in\mathscr{X}_k\\ j\in\mathscr{X}_r}}d_{ij}^2=\frac{1}{N_kN_r}\Big[\sum_{\substack{i\in\mathscr{X}_k\\ j\in\mathscr{X}_p}}d_{ij}^2+\sum_{\substack{i\in\mathscr{X}_k\\ j\in\mathscr{X}_q}}d_{ij}^2\Big]=\frac{N_p}{N_r}D_{kq}^2+\frac{N_q}{N_r}D_{kq}^2 \tag{6-25}$$

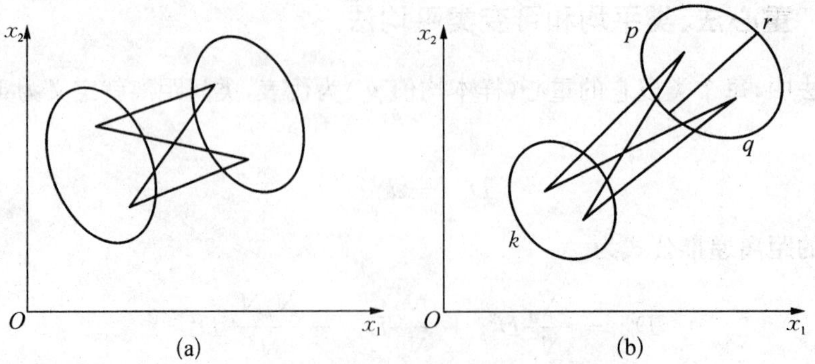

图 6-5 类平均法求类间距离示意图

有人认为类平均法是系统聚类法中较好的方法之一。从类平均法的距离递推公式中可看出，它没有反映出 D_{pq} 的大小。若要计入 D_{pq} 的影响，可以修改递推公式，成为

$$D_{kr}^2 = \frac{N_p}{N_r}(1-\beta)D_{kp}^2 + \frac{N_q}{N_r}(1-\beta)D_{kq}^2 + \beta D_{pq}^2 \tag{6-26}$$

式中：$\beta < 1$。此法称为可变类平均法，分类结果与 β 的关系很大，不很常用。

6.3.4 离差平方和法

离差平方和法的基本思想是：若类分得正确，类内离差平方和应当较小，而类间离差平方和应较大。回忆上一节聚类准则，由式(6-11)可知，由于类内离散度矩阵 $\boldsymbol{S}_\mathrm{W}$ 和类间离散度矩阵 $\boldsymbol{S}_\mathrm{B}$ 之和与分法无关，而离差平方和相当于对离散度矩阵用迹准则。因此，若某分类方法能使类内离差平方和最小，它一定能使类间离差平方和最大。下面就以类内离差平方和最小作准则，即用式(6-6)，得

$$J = \sum_{j=1}^{C} \mathrm{tr}\, S_j = \sum_{j=1}^{C} \sum_{x \in \mathscr{X}_j} \| \boldsymbol{x} - \boldsymbol{\mu}_j \|^2$$

虽然从理论上说总可以将 N 个样本分成 C 类的所有方法都列出来，对每种方法试算 C，从而找出使 J 最小的分法来。但是当 N 和 C 较大时，这种方法计算量太大，难以找出全局最优解。不得已改为求局部最优解，方法如下：

步骤 1——开始时把每点看成一个类，共 N 个类，类内离差平方和 $J=0$。

步骤 2——以后每次将适当的两类合并，使合并以后类内离差平方和增加得最少。

步骤 3——不断地进行两两合并，直到并成一类为止。

本方法和上述的七种系统聚算法相比，其不同点在于它不是按类间距离最小来合并，而是找使得合并后 J 的增量最小的两类来合并。但只要略微改变一下观点，把两类合并所增加的离差平方和看成是这两类之间距离的平方，则可以把本法和其他七种方法统一起来。可以证明离差平方和法的距离递推公式为

$$D_{kr}^2 = \frac{N_k + N_p}{N_r + N_k} D_{kp}^2 + \frac{N_k + N_q}{N_r + N_k} D_{kq}^2 - \frac{N_k}{N_r + N_k} D_{pq}^2 \tag{6-27}$$

式中：所有类间距离 D_{pq}^2 都理解为若把 p，q 合并，离差平方和 J 的增量。即

$$D_{pq}^2 = \mathrm{tr}\,\boldsymbol{S}_r - \mathrm{tr}\,\boldsymbol{S}_p - \mathrm{tr}\,\boldsymbol{S}_q \tag{6-28}$$

证：在式(6-28)中的 $\mathrm{tr}\,\boldsymbol{S}_p = \sum_{i=1}^{N_p} \boldsymbol{x}_{ip}^\mathrm{T} \boldsymbol{x}_{ip} - N_p \boldsymbol{\mu}_p^\mathrm{T} \boldsymbol{\mu}_p$，其中 $\boldsymbol{x}_{ip}$ 是 p 类中第 i 个样本向量。类似的有 $\mathrm{tr}\,S_q$，$\mathrm{tr}\,S_r$ 的表达式，代入式(6-28)得

$$D_{pq}^2 = \sum_{i=1}^{N_r} \boldsymbol{x}_{ir}^\mathrm{T} \boldsymbol{x}_{ir} - N_r \boldsymbol{\mu}_r^\mathrm{T} \boldsymbol{\mu}_r - \sum_{i=1}^{N_p} \boldsymbol{x}_{ip}^\mathrm{T} \boldsymbol{x}_{ip} + N_p \boldsymbol{\mu}_p^\mathrm{T} \boldsymbol{\mu}_p - \sum_{i=1}^{N_q} \boldsymbol{x}_{iq}^\mathrm{T} \boldsymbol{x}_{iq} + N_q \boldsymbol{\mu}_q^\mathrm{T} \boldsymbol{\mu}_q = N_p \boldsymbol{\mu}_p^\mathrm{T} \boldsymbol{\mu}_p + N_q \boldsymbol{\mu}_q^\mathrm{T} \boldsymbol{\mu}_q - N_r \boldsymbol{\mu}_r^\mathrm{T} \boldsymbol{\mu}_r$$

又由 $N_r\boldsymbol{\mu}_r = N_p\boldsymbol{\mu}_p + N_q\boldsymbol{\mu}_q$，对式子两边求模的平方得

$$N_r^2\boldsymbol{\mu}_r^{\mathrm{T}}\boldsymbol{\mu}_r = N_p^2\boldsymbol{\mu}_p^{\mathrm{T}}\boldsymbol{\mu}_p + N_q^2\boldsymbol{\mu}_q^{\mathrm{T}}\boldsymbol{\mu}_q + 2N_pN_q\boldsymbol{\mu}_p^{\mathrm{T}}\boldsymbol{\mu}_q$$

其中最末一项的

$$2\boldsymbol{\mu}_p^{\mathrm{T}}\boldsymbol{\mu}_q = \boldsymbol{\mu}_p^{\mathrm{T}}\boldsymbol{\mu}_p + \boldsymbol{\mu}_q^{\mathrm{T}}\boldsymbol{\mu}_q - (\boldsymbol{\mu}_p - \boldsymbol{\mu}_q)^{\mathrm{T}}(\boldsymbol{\mu}_p - \boldsymbol{\mu}_q)$$

故 $N_r^2\boldsymbol{\mu}_r^{\mathrm{T}}\boldsymbol{\mu}_r = N_p(N_p + N_q)\boldsymbol{\mu}_p^{\mathrm{T}}\boldsymbol{\mu}_p + N_q(N_p + N_q)\boldsymbol{\mu}_q^{\mathrm{T}}\boldsymbol{\mu}_q - N_pN_q(\boldsymbol{\mu}_p - \boldsymbol{\mu}_q)^{\mathrm{T}}(\boldsymbol{\mu}_p - \boldsymbol{\mu}_q)$

或 $N_r\boldsymbol{\mu}_r^{\mathrm{T}}\boldsymbol{\mu}_r = N_p\boldsymbol{\mu}_p^{\mathrm{T}}\boldsymbol{\mu}_p + N_q\boldsymbol{\mu}_q^{\mathrm{T}}\boldsymbol{\mu}_q - N_pN_q(\boldsymbol{\mu}_p - \boldsymbol{\mu}_q)^{\mathrm{T}}(\boldsymbol{\mu}_p - \boldsymbol{\mu}_q)/N_r$

代入 D_{pq}^2 式中，最后得

$$D_{pq}^2 = \frac{N_pN_q}{N_r}(\boldsymbol{\mu}_p - \boldsymbol{\mu}_q)^{\mathrm{T}}(\boldsymbol{\mu}_p - \boldsymbol{\mu}_q) \tag{6-29}$$

它和重心法中的类间距离定义很相似，只是相差一个因子 $\frac{N_pN_q}{N_r}$，于是把推导重心法距离递推公式的过程搬过来，容易得到式(6-27)，中间过程不再在此列出。为了便于对比，将重心法和离差平方和法中有关公式列于表6-1。

表6-1 有关公式

重心法	$D_{pq}^2 = (\boldsymbol{\mu}_p - \boldsymbol{\mu}_q)^{\mathrm{T}}(\boldsymbol{\mu}_p - \boldsymbol{\mu}_q)$
	$D_{kr}^2 = \frac{N_p}{N_r}D_{kp}^2 + \frac{N_q}{N_r}D_{kq}^2 - \frac{N_pN_q}{N_r^2}D_{pq}^2$
离差平方和法	$D_{pq}^2 = \frac{N_pN_q}{N_r}(\boldsymbol{\mu}_p - \boldsymbol{\mu}_q)^{\mathrm{T}}(\boldsymbol{\mu}_p - \boldsymbol{\mu}_q)$
	$D_{kr}^2 = \frac{N_k + N_p}{N_r + N_k}D_{kp}^2 + \frac{N_k + N_q}{N_r + N_k}D_{kq}^2 - \frac{N_k}{N_r + N_k}D_{pq}^2$

用离差平方和法重做6.3.1中的例题，所得结果示于表6-2和表6-3。在这个例子中用最短距离法和离差平方和法合并各类的次序是相同的。

表6-2 例题结果1

	1	2	3	4	5
2	0.5				
3	8.0	4.5			
4	18.0	12.5	2.0		
5	32.0	24.5	8.0	2.0	
6	40.5	32.0	12.5	4.5	0.5

表 6-3　例题结果 2

分类数目	类	J
6	{1}{2}{5}{7}{9}{10}	0
5	{1，2}{5}{7}{9}{10}	0.5
4	{1，2}{5}{7}{9，10}	1.0
3	{1，2}{5，7}{9，10}	3.0
2	{1，2}{5，7，9，10}	15.25
1	{1，2，5，7，9，10}	67.33

6.3.5　系统聚类法的性质

上面介绍的八种系统聚类法，并类的原则和步骤是完全一样的。不同的是类间距离的定义和递推公式，可以用下述公式将它们统一起来，这对编制程序带来了极大的方便。

$$D_{kr}^2 = \alpha_p D_{kp}^2 + \alpha_q D_{kq}^2 + \beta D_{pq}^2 + \gamma \mid (D_{kp}^2 - D_{kq}^2) \mid \tag{6-30}$$

与八种方法相应的参数 α_p，α_q，β，γ 的取值列于表 6-4。请读者自行验证表中各项的正确性。

表 6-4　各种方法相应的参数

方　法	α_p	α_q	β	γ
最短距离法	$\frac{1}{2}$	$\frac{1}{2}$	0	$-\frac{1}{2}$
最长距离法	$\frac{1}{2}$	$\frac{1}{2}$	0	$\frac{1}{2}$
中间距离法	$\frac{1}{2}$	$\frac{1}{2}$	$-\frac{1}{4} \leqslant \beta \leqslant 0$	0
重心法	$\frac{N_p}{N_r}$	$\frac{N_q}{N_r}$	$-\alpha_p \alpha_q$	0
类平均法	$\frac{N_p}{N_r}$	$\frac{N_q}{N_r}$	0	0
可变类平均法	$\frac{N_p}{N_r}(1-\beta)$	$\frac{N_q}{N_r}(1-\beta)$	<1	0
可变法	$\frac{1-\beta}{2}$	$\frac{1-\beta}{2}$	<1	0
离差平方和法	$\frac{N_k+N_p}{N_r+N_k}$	$\frac{N_k+N_q}{N_r+N_k}$	$-\frac{N_k}{N_r+N_k}$	0

现在来讨论并类距离单调性。先说明什么叫并类距离单调性。刚开始时，每个样本自成一体，然后逐次将距离最近的类合并，若第一次合并是把类间距离为 D_1 的两个类合并，第二次为 D_2 等等。若有

$$D_1 \leqslant D_2 \leqslant D_3 \leqslant \cdots \tag{6-31}$$

成立，则称这种系统聚类方法具有并类距离单调性。下面具体看八种方法中哪些具有并类距离单调性。最短距离法和最长距离法显然具有并类距离单调性。下面将证明离差平方和法和类平均法也有这个性质。

对于类平均法，因为 $\begin{matrix} D_{kp}^2 \geqslant D_{pq}^2 \\ D_{kp}^2 \geqslant D_{pq}^2 \end{matrix}$，所以有

$$D_{kr}^2 = \frac{N_p}{N_r} D_{kp}^2 + \frac{N_q}{N_r} D_{kq}^2 \geqslant \frac{N_p}{N_r} D_{pq}^2 + \frac{N_q}{N_r} D_{pq}^2 = D_{pq}^2$$

即类平均法确实有并类距离单调性。

对于离差平方和法，设在某一步将 p 和 q 合成为 r，下一步再合并有两种情况：若下步是将两个与 r 无关的类 s，t 合并，则由于上一次是按最小的 D_{pq}^2 合并，故 $D_{st}^2 \geqslant D_{pq}^2$。若下步是将 r 与某个类 s 合并，则由离差平方和的含义，类内增加了点总是使离差平方和增加，因此有 $D_{sr}^2 \geqslant D_{sq}^2$，而 $D_{sq}^2 \geqslant D_{pq}^2$，因此 $D_{sr}^2 \geqslant D_{pq}^2$，也有并类距离单调性。

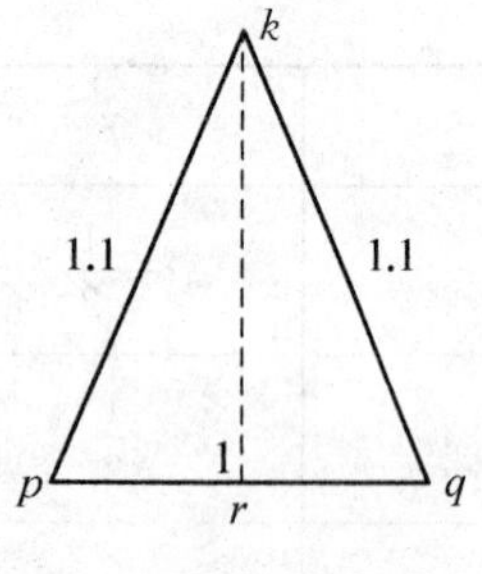

图 6-6　重心法不满足并类距离单调性

但是，并不是所有八种方法都有这个性质，重心法就不能保证 $D_{i-1} \geqslant D_i$。这只要举一个反例。图 6-6 示出 p，q，k 三类的重心，设 p，q 二类点数相等。第一次应合并 p，q 类成为 r，下次将 k 和 r 类合并时的距离 $D_{kr}^2 = 0.96$，它小于第一次合并时的 $D_{pq}^2 = 1$，这说明重心法不能保证并类距离的单调性。

对同一套数据用八种不同的方法进行聚类，其结果不尽相同。可能对大部分的样本点，所有八种方法所得结果一致，而对个别点，不同的方法将它们并入不同的类，这时或者根据样本点的物理含义将它们并入合理的类中去，或者是按少数服从多数原则并类。还可以把有争议的样本先放一放，先解决各方法意见一致的点的分类，然后将有争议的样本按最短距离法分入最近的类。还有一种情况是对某些数据，用不同的方法分类得到的结果截然不同。这时靠少数服从多数等简单办法不能解决问题，而应从数据的实际物理意义来选用合适的分类方法。下面举例说明。图 6-7(a)为原始数据。用最短距离法分成的两类呈线状，如图 6-7(b)所示。若用重心法分类：分类结果成团块状，如图 6-7(c)所示。两种方法所得结果截然不同，除了从含义上区分应选用哪种以外没有其他办法。这里要注意到最短距离法对于干扰较敏感，图 6-7(d)示出用最短距离法作聚类分析，当原始数据中有几个点的观察误差较大时的聚类分析结果，它和图 6-7(b)的结果有较大差别，而重心法对干扰并不敏感，因为重心本来就是类内大量数据的平均。

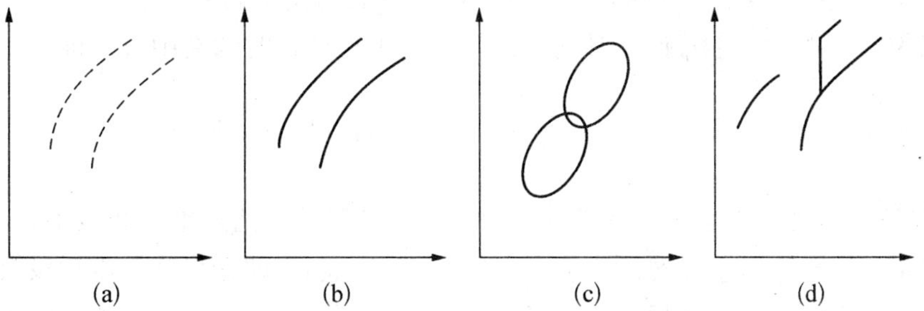

图 6-7 不同聚类方法的不同结果

上面所说全部是从每类一点逐次合并成一类的算法，也有自顶向下的算法，即开始时认为所有点合成一个类，然后一步步分割的。它不及逐次合并的方法用得多，此处不再赘述。

6.4 动态聚类法

用系统聚类法分类若在某一步将样本分错了类，则以后一直错下去，因为按照算法，它不再修正各点的类别情况，因此在系统聚类法中每步都要慎重。另外，系统聚类法要求计算 $N\times N$ 对称阵，并存储于内存，当 N 数目较大时就有问题。而动态聚类法是先对数据粗略地分一下类，然后根据一定的原则对初始分类进行迭代修正，希望经过多次迭代，修正收敛到一个合理的分类结果。其大致过程示于图 6-8。

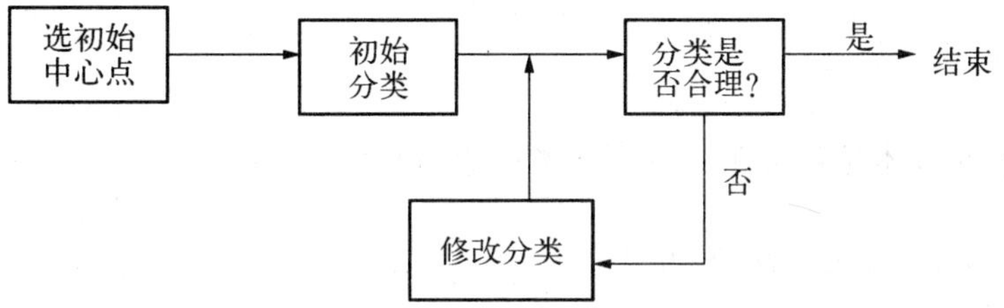

图 6-8 动态聚类方框图

本节主要介绍两种动态聚类算法：K-means 算法和 ISODATA 算法。

6.4.1 K-means 算法

K-means 算法的基本思想仍然是极小化离差平方和，但是在具体实现方法上，是采用逐次迭代修正的办法。先选定中心个数 K 并作初始分类，然后不断改变样本在 K 类中的划分及 K 个中心的位置，达到使离差平方和 J 为极小。具体方法分四步。

步骤 1——选定中心个数 K，并任意指定 K 个中心 λ_i，例如可以把最初考虑的 K 个样本指定为 K 个中心。

步骤 2——把样本划分到离它最近的中心所代表的类中去。

步骤 3——对每个类 $\mathscr{X}_i$ 计算其均值向量作为下次迭代时的新中心。即

$$\lambda_j^{n+1} = \frac{1}{N_j}\sum_{x \in \mathscr{X}_j} \boldsymbol{x}, \qquad j = 1, 2, \cdots, K \tag{6-32}$$

容易看出,这样求得的中心可以在迭代当时的分类情况下使离差平方和最小。

步骤 4——若 $\lambda_j^{n+1} = \lambda_j^n$ 对所有 $j = 1, 2, \cdots, K$ 成立,即迭代修正以后没有改变任何点的分类情况及中心位置,则称算法收敛了,可以结束。否则转第 2 步继续修正样本划分及 K 个中心点的位置。

例:

图 6-9 示出样本分布情况,它们是

$\begin{pmatrix}0\\0\end{pmatrix}, \begin{pmatrix}1\\0\end{pmatrix}, \begin{pmatrix}0\\1\end{pmatrix}, \begin{pmatrix}1\\1\end{pmatrix}, \begin{pmatrix}2\\1\end{pmatrix}, \begin{pmatrix}1\\2\end{pmatrix}, \begin{pmatrix}2\\2\end{pmatrix}, \begin{pmatrix}3\\2\end{pmatrix}$

$\begin{pmatrix}6\\6\end{pmatrix}, \begin{pmatrix}7\\6\end{pmatrix}, \begin{pmatrix}8\\6\end{pmatrix}, \begin{pmatrix}6\\7\end{pmatrix}, \begin{pmatrix}7\\7\end{pmatrix}, \begin{pmatrix}8\\7\end{pmatrix}, \begin{pmatrix}9\\7\end{pmatrix}, \begin{pmatrix}7\\8\end{pmatrix},$

$\begin{pmatrix}8\\8\end{pmatrix}, \begin{pmatrix}9\\8\end{pmatrix}, \begin{pmatrix}8\\9\end{pmatrix}, \begin{pmatrix}9\\9\end{pmatrix}$

共 20 个点,明显地分成两堆。

要求用 K-means 方法进行聚类。

解:

(1) 取定 $K = 2$, 任选头两个样本 $\begin{pmatrix}0\\0\end{pmatrix}\begin{pmatrix}1\\0\end{pmatrix}$ 作为中心 λ_1^0 及 λ_2^0。

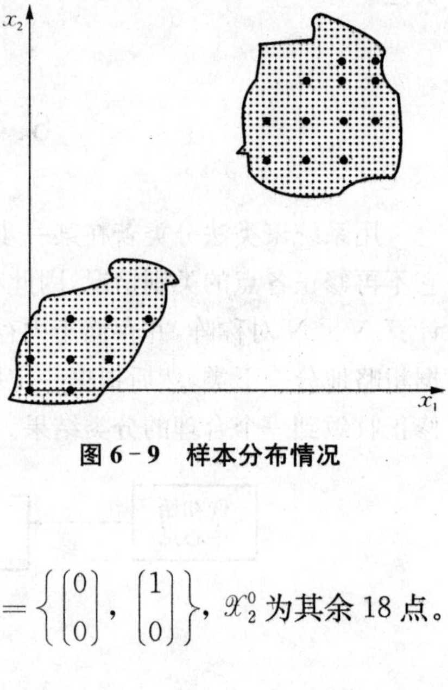

图 6-9 样本分布情况

(2) 将 20 个样本按最近距离分到 2 类中去,得 $\mathscr{X}_1^0 = \left\{\begin{pmatrix}0\\0\end{pmatrix}, \begin{pmatrix}1\\0\end{pmatrix}\right\}$, $\mathscr{X}_2^0$ 为其余 18 点。

(3) 按照 $\mathscr{X}_1^0$ 及 $\mathscr{X}_2^0$ 的分法,修正中心,得

$$\boldsymbol{\lambda}_1' = \frac{1}{2}\left[\begin{pmatrix}0\\0\end{pmatrix} + \begin{pmatrix}1\\0\end{pmatrix}\right] = \begin{pmatrix}0\\0.5\end{pmatrix}$$

$$\boldsymbol{\lambda}_2' = \frac{1}{18}\sum_{i=3}^{20} x_i = \begin{pmatrix}5.67\\5.33\end{pmatrix}$$

(4) 回到第 2 步,修正分类。得到 $\mathscr{X}_1^1$ 为前 8 个向量。$\mathscr{X}_1^2$ 为后 12 个向量。

$\boldsymbol{\lambda}_1^2 = \begin{pmatrix}1.25\\1.13\end{pmatrix}$, $\boldsymbol{\lambda}_2^2 = \begin{pmatrix}7.67\\7.33\end{pmatrix}$。再迭代下去,分类情况不再变化,因而中心位置也不再变化。即 $\mathscr{X}_1^2 = \mathscr{X}_1^1$, $\mathscr{X}_2^2 = \mathscr{X}_2^1$, 分别为头 8 个及后 12 个向量。而 $\boldsymbol{\lambda}_1^3 = \boldsymbol{\lambda}_1^2 = \begin{pmatrix}1.25\\1.13\end{pmatrix}$, $\boldsymbol{\lambda}_2^3 =$

$\boldsymbol{\lambda}_2^2=\begin{pmatrix}7.67\\7.33\end{pmatrix}$。于是算法收敛，可以结束了。对本例，K－means 算法能给出满意的结果。

6.4.2 ISODATA 算法

ISODATA 是 Iterative Self-Organization Data Analysis Technigues 的缩写，是美国标准研究所花了好几年时间研究出来的。从 20 世纪 60 年代出现，到现在仍有广泛的应用。其算法步骤较复杂精细，有较强的自适应能力。这是个建立在经验基础上的算法，有些步骤是设计者经验的积累，不一定能够从理论上证明一定要这样做才好。本算法同时有较强的人机交互及自适应能力。一方面，人可以通过控制若干参数对聚类过程加以控制，利用人在 2,3 维时的较强理解力帮助机器，另一方面，算法有较强的自适应能力，对人的控制方面的误差可以自动纠正，从而减少人在控制时的困难。输入的参数只要大致合理，机器即可按数据内在的特征作合理的聚类。本算法的步骤如下：

步骤 1——输入下列参数：

K——所希望的中心个数。这个数不一定要与数据的实际类别数相一致，因为算法有自适应能力，只要 K 与实际类别数大致一致即可。

θ_N——每个类里至少有几个样本。设置这个参数是为了防止个别因干扰造成的离散点被误认为是一个类。凡类内样本数小于 θ_N 的类应被取消，并入附近的类中去。

θ_s——某个分量标准偏差大小的门限，这个分量用于衡量某些类是否应分裂。这是个较关键的控制量，以后再详细说。

θ_c——归并门限。若两个类的中心间距离小于 θ_c 则可考虑把它们合并。这个参数也较关键，应与 θ_s 配合使用。

L——每次迭代中所能归并的最大对数，由经验可知，每次归并的最大对数应受限制，否则若一次归并的类数过多不易保持总的数据的结构。

I——最大迭代次数。

这套参数在一开始时由操作者输入机器，以后若发现参数不恰当可以在每次迭代结束后加以修改。这些参数中 θ_c 和 θ_s 的选用较关键，两者要配合恰当。具体来说，若 θ_c 小，则必须要两个类靠得很近才能并类。若 θ_s 小，则某些类在某分量上的标准差 $\sigma_i>\theta_s$ 的条件容易满足，因而容易分裂。这样，小的 θ_c 和 θ_s 将产生较多的类(难并、易分)。反之，大的 θ_c 和 θ_s 将产生较少的类(难分易合)。若 θ_c 和 θ_s 的比例失调会造成工作不正常：例如若 θ_s 过大，θ_c 过小，则难分、难合，若 K 与实际类别数有较大差别，算法的适应力就较差。反之，θ_s 过小，θ_c 过大，易合、易分，会产生振荡性的一次合、一次分地无休止的分合。在做聚类分析的开始，对数据内在性质了解不多，设置参数有一定的盲目性，通过几次迭代，通过机器输出的信息，对数据增进了解之后可适当修正这些参数。在输入参数之后还应输入 K 个中心的初始坐标。由于算法有较强的自适应能力，对初始中心坐标位置的设置要求不高。

步骤 2——按最近距离法把所有样本向量 $\boldsymbol{x}$ 分到各类去。即若对所有 $i\neq j$ 有 $\|\boldsymbol{x}-$

$\boldsymbol{z}^j \| < \| \boldsymbol{x} - \boldsymbol{z}^i \|$ 则 $\boldsymbol{x} \in \mathscr{X}_j$。这里 $\boldsymbol{z}^i$ 表示第 i 类的中心点。

步骤 3——丢弃总数少于 θ_N 的类，且相应的改变总类别数 N_c。这里 N_c 指本次迭代实际分成多少类，与上述的参数 K——所希望的类别数，含义不同。

步骤 4——修正各类的中心，以均值向量作为修正后的新中心。公式为

$$\boldsymbol{z}^j = \frac{1}{N_j} \sum_{x \in \mathscr{X}_j} x \qquad j = 1, 2, \cdots, N_c \tag{6-33}$$

步骤 5——计算每个类里样本离中心距离的平均数

$$\overline{D_j} = \frac{1}{N_j} \sum_{x \in \mathscr{X}_j} \| \boldsymbol{x} - \boldsymbol{z}^j \| \qquad j = 1, 2, \cdots, N_c$$

$\overline{D_j}$的大小反映了各类内部的紧密程度。

步骤 6——求总的类内平均距离(即求各类$\overline{D_j}$的统计平均)。

$$\overline{D} = \frac{1}{N} \sum_{j=1}^{N_c} N_j \overline{D_j} \tag{6-34}$$

步骤 7——若是最末一次迭代，令 $\theta_c = 0$ 转步骤 11，若 $N_c \leqslant \frac{K}{2}$，转步骤 8 (分裂)。若偶数次迭代或 $N_c \geqslant 2K$，转步骤 11 (合并)。

步骤 8——对每个类，求各分量对中心点的标准偏差。

如：第 j 类在第 i 分量上的标准偏差为

$$\delta_i^j = \sqrt{\frac{1}{N_j} \sum_{x \in \mathscr{X}_j} (\boldsymbol{x}_i - \boldsymbol{z}_i^j)^2} \tag{6-35}$$

式中：$i = 1, 2, \cdots, n$；$j = 1, 2, \cdots, N_c$。

步骤 9——对每个类求出 n 个 δ_i^j 中最大的标准偏差 $\delta_{\max}^j$。

步骤 10——若某些类的 $\delta_{\max}^j > \theta_s$，而且，或者 $N_c \leqslant \frac{K}{2}$，或者 $\overline{D_j} > \overline{D}$ 及 $N_j > 2(\theta_N + 1)$，则应分裂，然后回到步骤 2。

将第 j 类分裂的具体过程为：在标准偏差最大的坐标轴方向上分裂。将原有中心 $\boldsymbol{z}^j$ 分裂成两个新中心 z^{j+} 和 z^{j-}。z^{j+} 和 z^{j-} 在除了最大标准偏差方向以外的其他方向上都和原中心 z^j 一致。而在最大偏差方向上的则有

$$\begin{aligned} z_i^{j+} &= z_i^j + k\sigma_{\max}^j \\ z_i^{j-} &= z_i^j - k\sigma_{\max}^j \end{aligned} \tag{6-36}$$

式中：k 在 0～1 之间，这相当于分裂时在不相似性最大的方向上进行分裂。

步骤 11——计算所有中心两两之间的距离 $D_{ij} = \| \boldsymbol{z}^i - \boldsymbol{z}^j \| \qquad i = 1, 2, \cdots, N_c - 1$；$j = 1, 2, \cdots, N_c$。

步骤12——把 $D_{ij} < \theta_c$ 的所有 D_{ij} 排序，小的在前，取前 L 个，排成 $[D_{i_1j_1}, D_{i_2j_2}, \cdots, D_{i_Lj_L}]$，若小的 D 没那么多，可少排几个。

步骤13——从 $D_{i_1j_1}$ 起，逐对将 i_1 和 j_1 类合并。但必须服从一条原则：每次迭代只能是2，2类合并，不能把3个或3个以上的类并成一个类，这是经验。若 $D_{i_lj_l} < \theta_0$，i_l 和 j_l 类在本次迭代中未与其他类合并过。而且依中心之间距离从小到大依次合并，看在本次迭代中还未达到有 L 对已合并，则可以把 i_l 类和 j_l 类合并，具体做法是：

$$z^{l*} = \frac{1}{N_{il} + N_{jl}}(N_{il}z^{il} + N_{jl}z^{jl}) \tag{6-37}$$

以新中心 z^{l*} 代替 z^{il} 及 z^{jl}，将实际类别数 N_c 减1。

步骤14——将迭代次数与 I 相比，若相等，结束算法，否则，视是否需要修改参数而返回步骤1或步骤2。

总之ISODATA灵活性大，自适应能力强，只要参数选得基本合适，经若干次迭代后会有较好的结果。为了帮助操作者了解所分类对象的内在数据特性，应在每次迭代结束后打印或显示一些信息。例如可打印本次迭代中各中心之间的距离，各类在不同分量上的标准偏差等等。

例：

以一个二维8点的简例来说明ISODATA的工作过程，数据示于图6-10。现在 $N=8$，$n=2$。设在刚开始时对数据情况一无所知。

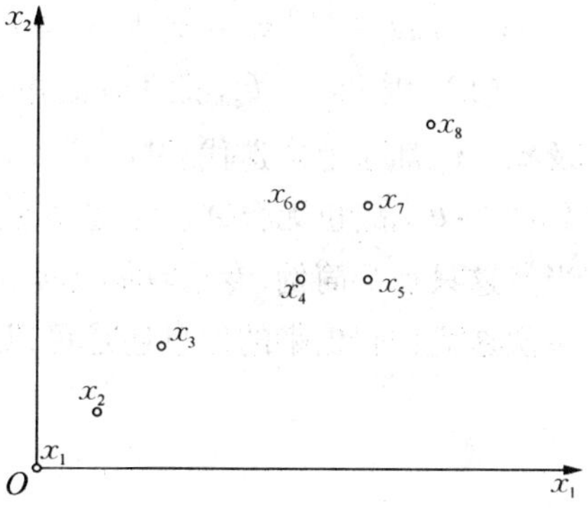

图6-10 ISODATA算法举例

任设：

(1) $N_c = 1$，$\boldsymbol{z}_1 = \begin{pmatrix}0\\0\end{pmatrix}$ $K=2$，$\theta_N = 1$，$\theta_s = 1$，$\theta_c = 4$，$L = 0$，$I = 4$。

(2) 因为仅一个中心点，故 $\mathscr{X}_1 = \{x_1, x_2, \cdots, x_8\}$，$N_i = 8$。

(3) 因 $N_1 > \theta_N$，故没有任何类应被丢弃。

(4) 修正中心点到 $\boldsymbol{z}_1 = \dfrac{1}{N_1}\sum\limits_{x\in\mathscr{X}_1}\boldsymbol{x} = \begin{pmatrix}3.38\\2.75\end{pmatrix}$。

(5) 计算 $\overline{D_i}$：$\overline{D_1} = \dfrac{1}{N_1}\sum\limits_{x\in\mathscr{X}_1}\|\boldsymbol{x}-\boldsymbol{z}_1\| = 2.26$。

(6) 计算 $\bar{D}$：$\bar{D} = \overline{D_1} = 2.26$。

(7) 因为这不是最末一次迭代，且 $N_c = \dfrac{K}{2}$，故应转算法中步骤8。

(8) 算标准偏差，现 $\delta_1^1 = 1.99$，$\delta_2^1 = 1.56$。

(9) $\delta_{\max}^1 = 1.99$。

(10) 因 $\delta_{\max}^1 > \theta_s$，且 $N_c = \frac{K}{2}$，故应分裂。由式(6-37)，取 $K = 0.5$，得 $z_1^{1+} = 4.38$，$z_1^{1-} = 2.38$ 故分裂后新中心坐标为

$$z^{1+} = \begin{pmatrix} 4.38 \\ 2.75 \end{pmatrix},\ z^{1-} = \begin{pmatrix} 2.38 \\ 2.75 \end{pmatrix}$$

a) 分裂后转步骤 2。进行第二次迭代。

b) $\boldsymbol{X}_1 = \{\boldsymbol{x}_4, \boldsymbol{x}_5, \boldsymbol{x}_6, \boldsymbol{x}_7, \boldsymbol{x}_8\}$，$\boldsymbol{X}_2 = \{\boldsymbol{x}_1, \boldsymbol{x}_2, \boldsymbol{x}_3\}$，$N_1 = 5$，$N_2 = 3$。

c) 因 $N_1 > \theta_N$，$N_2 > \theta_N$，不应丢弃任何一类。

d) 修正中心 $\boldsymbol{z}_1 = \begin{pmatrix} 4.8 \\ 3.8 \end{pmatrix}$，$\boldsymbol{z}_2 = \begin{pmatrix} 1 \\ 1 \end{pmatrix}$。

e) $\overline{D_1} = \frac{1}{N_1} \sum_{x \in X_1} \| \boldsymbol{x} - \boldsymbol{z}_1 \| = 0.8$，$\overline{D_2} = 0.94$。

f) 总的类内平均距离 $\overline{D} = \frac{1}{N} \sum_{j=1}^{2} N_j \overline{D}_j = 0.85$。

g) 因为是偶次迭代，转步骤 11。

(11) $D_{12} = \| \boldsymbol{z}_1 - \boldsymbol{z}_2 \| = 4.72$。

(12) 因 $D_{12} > \theta_c$，故不应合并，转步骤 2，进入第三次迭代。在第三次迭代中 $\boldsymbol{x}_1$ 和 $\boldsymbol{x}_2$ 及 $\boldsymbol{z}_1$，$\boldsymbol{z}_2$ 都与上次迭代相同，$\delta_{\max}^1 = 0.75$，$\delta_{\max}^2 = 0.82$ 都小于 θ_c，故没有分裂。而 $D_{12} = 4.72 > \theta_c$，故也无合并。可见算法收敛，可以结束了。所得结果与实际情况是相符的。当然这只是个简例，专为具体说明 ISODATA 算法而设，实际情况往往要复杂得多，但从各次迭代打印出来的信息还是可以对数据构成情况有一定了解。

习　题

6.1 试述系统聚类的基本思想。

6.2 叙述 K 均值法与系统聚类法的异同。

6.3 令 $\boldsymbol{x}_1, \boldsymbol{x}_2, \cdots, \boldsymbol{x}_k, \cdots, \boldsymbol{x}_n$ 是 n 维样本，$\boldsymbol{\Sigma}$ 是任一非奇异 $n \times n$ 矩阵，证明使

$$\sum_{K=1}^{N} (\boldsymbol{x}_k - \boldsymbol{x})^{\mathrm{T}} \boldsymbol{\Sigma}^{-1} (\boldsymbol{x}_k - \boldsymbol{x})$$

最小的向量 $\boldsymbol{x}$ 是样本均值。

6.4 用离差平方和将下列数据进行系统聚类，并作聚类图。

$$D = \{1, 2, 3, 7, 9\}$$

6.5 已知 $D = \left\{ \begin{pmatrix} 0 \\ 0 \end{pmatrix} \begin{pmatrix} 0 \\ 1 \end{pmatrix} \begin{pmatrix} 5 \\ 4 \end{pmatrix} \begin{pmatrix} 5 \\ 5 \end{pmatrix} \begin{pmatrix} 4 \\ 5 \end{pmatrix} \begin{pmatrix} 1 \\ 0 \end{pmatrix} \right\}$

问：

(1) 用 K - means 算法进行动态聚类 ($K = 2$)。

(2) 若用 ISODATA 算 $K = 2$，而实际做下来，类别多于 2，应怎样修改参数而使结果较合理？

6.6 证明马氏距离是平移不变的，对非奇异线性变换也是不变的。

6.7 证明中间距离法与离差平方和法的递推公式。

6.8 现有 6 维样本：

$\boldsymbol{x}_1 = (0, 1, 3, 1, 3, 4)^{\mathrm{T}}$，$\boldsymbol{x}_2 = (3, 3, 3, 1, 2, 1)^{\mathrm{T}}$，$\boldsymbol{x}_3 = (1, 0, 0, 0, 1, 1)^{\mathrm{T}}$，$\boldsymbol{x}_4 = (2, 1, 0, 2, 2, 1)^{\mathrm{T}}$ 和 $\boldsymbol{x}_5 = (0, 0, 1, 0, 1, 0)^{\mathrm{T}}$，试按最小距离法进行分级聚类分析。

6.9 考虑一个 $N = 2K + 1$ 个样本的集合，其中有 K 个在 $X = -2$ 上重合，有 K 个在 $X = 0$ 上重合，有一个在 $X = a > 0$ 上。设聚类数 $c = 2$，证明若 $a^2 < 2(K + 1)$，则使类内距离准则 J_{W} 最小的两类划分是将 $X = 0$ 的 K 个样本和 $X = a$ 的那个样本聚为一类。若 $a^2 > 2(K + 1)$，则应如何聚类使 J_{W} 最小？

6.10 简述 K - means 聚类算法的一般步骤。

6.11 简述 ISODATA 算法的一般步骤。

第 7 章　特征选择

在前面几章都没有涉及特征选择的问题。无论是训练样本或未知样本，其每一维(每一个特征)对分类的贡献，都被看成是相同的，不做任何区分，但实际情况并非如此。在本章中，我们将讨论如何根据训练样本提供的信息来选择特征。

如果原来的观察值是一个 n 维向量 $\boldsymbol{X}_n$，现在要设法找到一个线性变换矩阵 $\boldsymbol{A}_{m\times n}$，得到一个新的向量 $\boldsymbol{X}_m = \boldsymbol{A}_{m\times n}\boldsymbol{X}_n$，其中 $m < n$。跟 $\boldsymbol{X}_n$ 相比，现在 $\boldsymbol{X}_m$ 的维数下降了，同时要求这样做不明显降低类别的可分离性，这就是特征选择的基本思想。本章只讨论由线性变换法来求得 $\boldsymbol{X}_m$，不讨论其他方法。

7.1　维数问题和类内距离

7.1.1　维数问题

样本的维数越高，占用计算机的内存会增加，同时用于分类而进行计算所需要的时间也会增加。如果降维之后，类别的可分离性不受影响，那么降维是很有吸引力的。图 7-1 中就示出了这种情况，在图 7-1(a) 中原来的样本都是二维的。但是如果仅用分量 x_1 进行分类同样也可以得到较好的结果，在这个具体问题中分量 x_2 对分类没有什么贡献。在

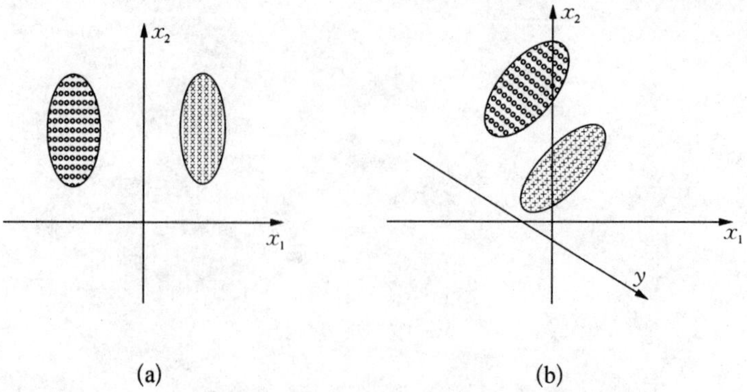

图 7-1　维数冗余示意

图7-1(b)中，如果是把原来的样本向 y 轴投影，即做一个从二维到一维的线性变换，用一个 y 分量就可以完成分类了。

可见在某些具体问题中的确存在一个仔细选择特征以利于分类的问题。

样本中的某些特征可能基本上不包含对分类有用的信息，在某些情况下一些特征之间存在着很强的相关性，可以合并在某个特征中一起考虑。可见在原始数据中，对分类来说可能存在着大量的冗余信息，去除它们对分类不会有很大影响。对这些数据应当进行怎样的处理以有利于分类，从不同的准则出发会产生不同的选择特征的方法，应当从实际问题出发评价这些方法的好坏。

在训练样本数有限时，盲目地增大维数对分类器的性能是有害而无益的。下面我们将说明这一点。

一般来说，在维数上升之后，类别的可分离性将增加。类别的可分离性反映了原始数据中两个类之间差别的程度，表明如果充分利用原始数据的内在潜力，所设计的分类器会有较好的性能，类别的可分离性决定了所设计的分类器性能的上限。从前面几章中可以知道分类器是依照某种准则设计出来的，如果没有充分利用原始资源的内在潜力，所设计的分类器性能不会好。因此类别的可分离性和分类器的性能是两回事。

在理论上，贝叶斯分类器是最优的，它的错误率最小。可是如果训练样本的数量有限时，便无法设计出贝叶斯分类器。这是因为要设计出贝叶斯分类器，就要知道似然比，以便与最佳门限比较大小。要估计似然比，便要知道密度函数 $p(x \mid \omega_i)$，而作这种估计要求有很多训练样本。在维数较低时，这个矛盾不突出。但在维数较高时，矛盾十分突出。例如由参数估计法来估计正态分布情况下的 $p(x|\omega_i)$时，维数400时，有80 200个参数，这时就要求有几十万个训练样本，否则得不到较好的估计。在训练样本有限而维数较高时，$p(x|\omega_i)$的估计值$\hat{p}(x|\omega_i)$误差很大，以这种$\hat{p}(x|\omega_i)$作依据来设计的分类器，性能当然不会好。特别应指出的是在训练样本较少时，估计出来的协方差矩阵 $\boldsymbol{\Sigma}$ 可能是个奇异阵，无法求逆。

维数跟训练样本数之间应当相适应。在许多情况下训练样本数较少。若对原始数据进行一些分析，丢弃一些对分类无意义的特征，用相关性较大的特征进行降维，便可对降维后的密度函数作出较好的估计，从而有可能使这样设计出来的分类器性能优于未降维前胡乱估计参数而设计出来的分类器性能。

7.1.2 类内距离

1) 点到点的距离(欧氏距离)

设 k 为每个点的分量的下标，则点 a 到点 b 之间的距离为

$$D(a, b) = \sqrt{\sum_{k=1}^{n} (a_k - b_k)^2} \tag{7-1}$$

2) 点到点集的距离

点 x 到点集$\{a^i\}$的距离如式(7-2)所示。这儿假定点集$\{a^i\}$内共有 K 个点，a_k^i表示

点集$\{a^i\}$中第 i 个点的第 k 个分量：

$$D(X, \{a^i\}) = \sqrt{\frac{1}{K}\sum_{i=1}^{K}\left[\sum_{k=1}^{n}(X_k - a_k^i)^2\right]} \tag{7-2}$$

3) 类内距离

有一种定义类内距离的方法，它把类内所有点两两之间的距离的平均，作为类内距离。下面推导其表达式：

类内某点 a^j 跟其他点之间的距离的平方为

$$D^2(a^j, \{a^i\}) = \frac{1}{K-1}\sum_{\substack{i=1\\ i\neq j}}^{K}\left[\sum_{k=1}^{n}(a_k^j - a_k^i)^2\right] \tag{7-3}$$

再令 j 在集内变化，取平均，就得到类内距离，即为

$$\begin{aligned} D^2(\{a^j\}\{a^i\}) &= \frac{1}{K}\sum_{j=1}^{K}\left[\frac{1}{K-1}\sum_{i=1}^{K}\sum_{k=1}^{n}(a_k^j - a_k^i)^2\right] \\ &= \frac{1}{K(K-1)}\sum_{j=1}^{K}\sum_{i=1}^{K}\sum_{k=1}^{n}(a_k^j - a_k^i)^2 \end{aligned} \tag{7-4}$$

对式(7-4)整理，写为

$$\begin{aligned} D^2 &= \frac{K}{K-1}\sum_{k=1}^{n}\left[\frac{1}{K^2}\sum_{j=1}^{K}\sum_{i=1}^{K}(a_k^j)^2 - \frac{2}{K^2}\sum_{j=1}^{K}\sum_{i=1}^{K}a_k^j a_k^i + \frac{1}{K^2}\sum_{j=1}^{K}\sum_{i=1}^{K}(a_k^i)^2\right] \\ &= \frac{K}{K-1}\sum_{k=1}^{n}\left[\frac{1}{K}\sum_{j=1}^{K}(a_k^j)^2 - 2\,\overline{a_k^j}\,\overline{a_k^i} + \frac{1}{K}\sum_{j=1}^{K}(a_k^i)^2\right] \\ &= \frac{K}{K-1}\sum_{k=1}^{n}\left[\overline{(a_k^j)^2} - 2\,\overline{a_k^j}\,\overline{a_k^i} + \overline{(a_k^i)^2}\right] \end{aligned}$$

因为 a^i 和 a^j 都取自同一类内，所以有

$$\overline{(a_k^j)} = \overline{(a_k^i)},\ \overline{(a_k^j)^2} = \overline{(a_k^i)^2}$$

则
$$D^2 = \frac{K}{K-1}\sum_{k=1}^{n}\left[2\,\overline{(a_k^j)^2} - 2\,\overline{(a_k^i)^2}\right] = \frac{2K}{K-1}\sum_{k=1}^{n}\left[\overline{(a_k^j)^2} - \overline{(a_k^i)^2}\right] \tag{7-5}$$

各分量的方差的有偏估值为

$$(\sigma_k^*)^2 = \frac{1}{K}\sum_{i=1}^{k}(a_k^i - \overline{a_k^i})^2 = \overline{(a_k^i)^2} - (\overline{a_k^i})^2 \tag{7-6}$$

各分量的方差的无偏估值为

$$(\sigma_k)^2 = \frac{K}{K-1}(\sigma_k^*)^2 = \frac{K}{K-1}\left[\overline{(a_k^i)^2} - (\overline{a_k^i})^2\right] \tag{7-7}$$

将式(7-7)代入式(7-5)，可得

$$D^2 = 2\sum_{k=1}^{n}\sigma_k^2 = 2\mathrm{tr}\boldsymbol{\Sigma} \tag{7-8}$$

式中：$\boldsymbol{\Sigma}$ 就是集群协方差矩阵。

式(7-8)表明，类内距离的平方，是该类协方差矩阵 $\boldsymbol{\Sigma}$ 的迹的 2 倍，或者是每一分量方差之和的 2 倍。

7.2 集群变换

前一节已指出观察量的各个特征(或者说成是未知类别向量的各个分量)对于分类来说其重要性是不同的。舍去那些对分类来说贡献小的分量，就可以达到降维的目的，同时基本上不降低分类器的性能。由于可以有不同的观点来衡量什么叫对分类不重要，所以也就有不同的降维方法。

本节讨论集群变换。下面两节分别讨论 K-L 变换法和以分散度为尺度的变换方法。

7.2.1 集群变换的基本思想

集群变化的思想是：根据各分量对分类的重要性，对它们加不同的权值，重要的分量加权大一些。

对某一类来说，某个分量的观察值有起伏，这是由观察误差引起的，如果某个分量上数据的方差越小，则表明观察值越可靠，对于分类的作用也越大(当然这一设想仅对某些情况适用)。对方差小的分量给予较大的权值，在变换后属同类的点就可以包得很紧。可以以变换后样本集的类内距离作为准则函数，求出这个函数的值为最小时的变换矩阵 $\boldsymbol{W}$。

为简单起见，设这个 $\boldsymbol{W}$ 阵为对角阵，即先仅仅考虑只改变坐标尺度的变换 $\boldsymbol{W}$。

$$\boldsymbol{W} = \begin{pmatrix} w_{11} & \cdots & 0 \\ \vdots & \ddots & \vdots \\ 0 & \cdots & w_{nn} \end{pmatrix} \tag{7-9}$$

假定原有向量 $\boldsymbol{a}$ 和 $\boldsymbol{b}$，属于同一类别。经变换后得(上标 *)

$$\boldsymbol{a}^* = \boldsymbol{W}\boldsymbol{a},\quad \boldsymbol{b}^* = \boldsymbol{W}\boldsymbol{b} \tag{7-10}$$

则 $\boldsymbol{a}^*$ 和 $\boldsymbol{b}^*$ 之间的距离的平方为

$$D^2(\boldsymbol{a}^*, \boldsymbol{b}^*) = \sum_{k=1}^{n}(a_k^* - b_k^*)^2 = \sum_{k=1}^{n}w_{kk}^2(a_k^* - b_k^*)^2 \tag{7-11}$$

在交换后的新空间里，同一类点的类内距离的平方为

$$(D^*)^2 = 2\sum_{k=1}^{n}(w_{kk}\sigma_k)^2 \tag{7-12}$$

式中：σ_k^2是样本在变换前沿 x_k 方向的方差。现在要求出在一定的约束条件下，使式(7-12)取极小值的矩阵 $\boldsymbol{W}$。下面分两种约束条件来分析：

(1) 第一种约束条件为

$$\sum_{k=1}^{n} w_{kk} = 1 \tag{7-13}$$

运用拉格朗日乘子法，取准则函数：

$$S = 2\sum_{k=1}^{n}(w_{kk}\sigma_k)^2 - \rho\sum_{k=1}^{n}(w_{kk} - 1) \tag{7-14}$$

式中：第一项为极小化函数；ρ 为乘子。

由 $\dfrac{\partial S}{\partial w_{kk}} = 0$ 可得

$$4\sigma_k^2 w_{kk} - \rho = 0, \text{得 } w_{kk} = \frac{\rho}{4\sigma_k^2} \tag{7-15}$$

代入约束条件：

$$\sum_{k=1}^{n} w_{kk} = \frac{\rho}{4}\sum_{k=1}^{n}\frac{1}{\sigma_k^2} = 1$$

得

$$\rho = \frac{4}{\sum_{k=1}^{n}\sigma_k^{-2}} \tag{7-16}$$

把式(7-16)代入式(7-15)：

$$w_{kk} = \frac{1}{\sigma_k^2 \sum_{k=1}^{n}\sigma_k^{-2}} \tag{7-17}$$

式(7-17)中分母上的那个和式的值是个常数，可见

$$w_{kk} \propto \frac{1}{\sigma_k^2} \tag{7-18}$$

式(7-18)表明方差大的分量，加的权值比较小。

(2) 第二种约束条件为

$$\prod_{k=1}^{n} w_{kk} = 1 \tag{7-19}$$

取准则函数为

$$S = 2\sum_{k=1}^{n}(w_{kk}\sigma_k)^2 - \rho\Big[\prod_{k=1}^{n}(w_{kk}-1)\Big] \tag{7-20}$$

由 $\dfrac{\partial S}{\partial w_{kk}} = 0$，可得

$$4\sigma_k^2 w_{kk} - \rho\frac{\prod_{k=1}^{n} w_{kk}}{w_{kk}} = 0,\text{得 } w_{kk} = \frac{\sqrt{\rho}}{2\sigma_k} \tag{7-21}$$

代入约束条件：

$$\prod_{k=1}^{n} w_{kk} = \frac{\rho^{\frac{n}{2}}}{2^n \prod_{k=1}^{n}\sigma_k} = 1$$

得

$$\rho = 4\Big[\prod_{k=1}^{n}\sigma_k\Big]^{\frac{2}{n}} \tag{7-22}$$

把式(7-22)代入式(7-21)：

$$w_{kk} = \frac{1}{\sigma_k}\Big[\prod_{k=1}^{n}\sigma_k\Big]^{\frac{1}{n}} \tag{7-23}$$

式(7-23)中那个积式的值是个常数，可见

$$w_{kk} \propto \frac{1}{\sigma_k} \tag{7-24}$$

7.2.2 用集群变换进行特征选择

这种特征选择的准则是在降维之后，同一类的点的类内距离的平方 D^2 为最小。在这一准则之下把 n 维向量降为 m 维 $(m \leqslant n)$ 向量。这一变换分为两步走。

步骤 1——作正交变换 $\boldsymbol{A}$，把协方差矩阵 $\boldsymbol{\Sigma}$ 对角化，并同时降为 m 维。

对 $\boldsymbol{\Sigma}$ 进行对角化处理，求得

$$\boldsymbol{\Sigma} = \boldsymbol{\Phi\Lambda\Phi}^{\mathrm{T}} \tag{7-25}$$

$\boldsymbol{\Lambda}$ 是特征值矩阵，按升序排列，即

$$\boldsymbol{\Lambda} = \begin{pmatrix} \lambda_1 & \cdots & 0 \\ \vdots & \ddots & \vdots \\ 0 & \cdots & \lambda_n \end{pmatrix} \quad \lambda_1 \leqslant \lambda_2 \leqslant \cdots \leqslant \lambda_m \leqslant \cdots \leqslant \lambda_n \tag{7-26}$$

$\boldsymbol{\Phi}$ 为特征向量矩阵，即

$$\boldsymbol{\Phi} = (\boldsymbol{\phi}_1, \boldsymbol{\phi}_2, \cdots, \boldsymbol{\phi}_n) \tag{7-27}$$

如果取变换矩阵为 $\boldsymbol{A} = \boldsymbol{\Phi}^{\mathrm{T}}$，则经过 $\boldsymbol{y} = \boldsymbol{Ax}$ 的变换后，$\boldsymbol{y}$ 的协方差矩阵为 $\boldsymbol{\Lambda}$。现在不这么做，而是取

$$\boldsymbol{A} = \boldsymbol{A}_{m\times n} = \begin{pmatrix} \boldsymbol{\phi}_1^{\mathrm{T}} \\ \boldsymbol{\phi}_2^{\mathrm{T}} \\ \vdots \\ \boldsymbol{\phi}_m^{\mathrm{T}} \end{pmatrix}_{m\times n} \tag{7-28}$$

由前 m 个特征向量构成 $\boldsymbol{A}$ 矩阵。做变换：

$$\boldsymbol{y}_m = \boldsymbol{A}_{m\times n} \cdot \boldsymbol{x}_n \tag{7-29}$$

在降维之后，可使类内距离为最小，变换后类内距离的平方为

$$D^2 = 2\mathrm{tr}[\Sigma^*] = 2\mathrm{tr}[\boldsymbol{A\Sigma A}^{\mathrm{T}}] = 2\mathrm{tr}\left\{ \begin{pmatrix} \boldsymbol{\phi}_1^{\mathrm{T}} \\ \boldsymbol{\phi}_2^{\mathrm{T}} \\ \vdots \\ \boldsymbol{\phi}_m^{\mathrm{T}} \end{pmatrix}_{m\times n} \boldsymbol{\Sigma}_{n\times n} (\boldsymbol{\phi}_1, \boldsymbol{\phi}_2, \cdots, \boldsymbol{\phi}_n)_{n\times m} \right\}_{m\times m}$$

$$= 2\mathrm{tr}\begin{pmatrix} \lambda_1 & \cdots & 0 \\ \vdots & \ddots & \vdots \\ 0 & \cdots & \lambda_m \end{pmatrix} = 2\sum_{k=1}^{m} \lambda_k \tag{7-30}$$

由于 $\boldsymbol{\Lambda}$ 是升序排列，$\sum\limits_{k=1}^{m} \lambda_k$ 是取 $\boldsymbol{\Lambda}$ 中对角线上前 m 个值求和，$D^2 = D_{\min}^2$，达到最小值。

步骤 2——取定 $\boldsymbol{A}$ 之后，就把变换后随机变量的协方差矩阵变成了对角阵：

$$\boldsymbol{\Lambda}_{m\times m} = \begin{pmatrix} \lambda_1 & \cdots & 0 \\ \vdots & \ddots & \vdots \\ 0 & \cdots & \lambda_m \end{pmatrix}_{m\times m}$$

然后再对不同的 λ_k 加权，也就是用对角阵 $\boldsymbol{W}$ 作交换，$\boldsymbol{W}$ 由式(7-17)和式(7-23)求得。

$$\boldsymbol{z}_m = \boldsymbol{W}_{m\times m} \boldsymbol{y}_m \tag{7-31}$$

$\boldsymbol{z}_m$ 的协方差矩阵为 $\boldsymbol{W\Lambda}_{m\times m}\boldsymbol{W}^{\mathrm{T}}$。

经上述两步，类内距离的平方变为

$$D^2 = 2\mathrm{tr}[\boldsymbol{W\Lambda}_{m\times m}\boldsymbol{W}^{\mathrm{T}}] = 2\sum_{k=1}^{m} \lambda_k w_{kk}^2 \tag{7-32}$$

因此在上述两个约束条件中的一个的约束之下，可求得 D^2 的最小值。

在约束条件为

$$\sum_{k=1}^{m} w_{kk} = 1$$

的约束之下，**W** 阵中的对角元素，即加权值为

$$w_{kk} = \frac{1}{\lambda_k}\left(\sum_{k=1}^{m}\frac{1}{\lambda_k}\right)^{-1}$$

这时的类内最小距离为

$$D^2 = 2\left(\sum_{j=1}^{m}\frac{1}{\lambda_j}\right)^{-1} \tag{7-33}$$

在约束条件为

$$\prod_{k=1}^{m} w_{kk} = 1$$

的约束之下，加权值为

$$w_{kk} = \frac{1}{\sqrt{\lambda_k}}\left(\sum_{j=1}^{m}\sqrt{\lambda_j}\right)^{\frac{1}{m}}$$

这时的类内最小距离为

$$D^2 = 2m\left(\sum_{j=1}^{m}\lambda_j\right)^{\frac{1}{m}} \tag{7-34}$$

7.2.3 集群变换的例子

这是一个三维 2 类的问题，训练样本集为(原始分布见图 7-2)：

$$\mathscr{X}_1:\left\{\begin{pmatrix}0\\0\\0\end{pmatrix},\begin{pmatrix}1\\0\\0\end{pmatrix},\begin{pmatrix}1\\0\\1\end{pmatrix},\begin{pmatrix}1\\1\\0\end{pmatrix}\right\}$$

$$\mathscr{X}_2:\left\{\begin{pmatrix}0\\0\\1\end{pmatrix},\begin{pmatrix}0\\1\\0\end{pmatrix},\begin{pmatrix}0\\1\\1\end{pmatrix},\begin{pmatrix}1\\1\\1\end{pmatrix}\right\}$$

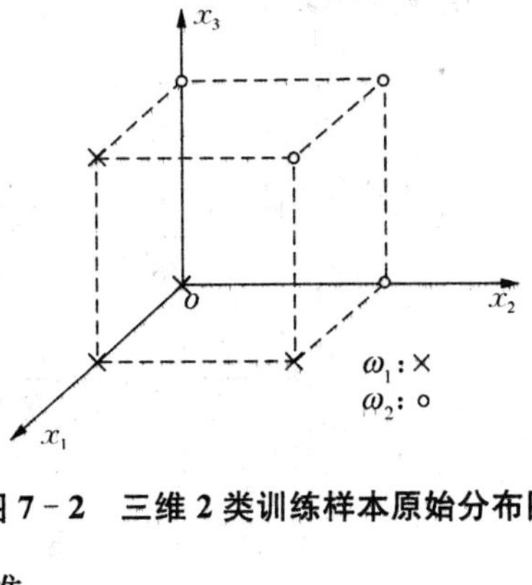

图 7-2　三维 2 类训练样本原始分布图

用集群变换的方法，把三维问题分别降为二维和一维。

首先估计这两类的期望值向量 $\boldsymbol{\mu}_1$，$\boldsymbol{\mu}_2$，协方差矩阵 $\boldsymbol{\Sigma}_1$，$\boldsymbol{\Sigma}_2$。用最大似然法，把样本期望值向量和样本协方差矩阵作为它的估值。

由
$$\boldsymbol{\mu}_i = \frac{1}{N_i}\sum_{j=1}^{N_i}\boldsymbol{X}_{ij}\,(i=1,\ 2)$$

得 $\qquad \boldsymbol{\mu}_1 = \dfrac{1}{4}(3,\ 1,\ 1)^{\mathrm{T}} \quad \boldsymbol{\mu}_2 = \dfrac{1}{4}(1,\ 3,\ 3)^{\mathrm{T}}$

由 $\qquad \boldsymbol{\Sigma}_i = \dfrac{1}{N_i} \sum_{j=1}^{N_i} \boldsymbol{X}_{ij} \boldsymbol{X}_{ij}^{\mathrm{T}} - \boldsymbol{\mu}_i \boldsymbol{\mu}_i^{\mathrm{T}}$

得到 $\qquad \boldsymbol{\Sigma}_1 = \boldsymbol{\Sigma}_2 = \boldsymbol{\Sigma} = \dfrac{1}{16} \begin{bmatrix} 3 & 1 & 1 \\ 1 & 3 & -1 \\ 1 & -1 & 3 \end{bmatrix}$

然后由 $\boldsymbol{\Sigma}$,求得它的特征值和特征向量为

$$\lambda_1 = \frac{1}{16} : \boldsymbol{\phi}_1 = \frac{1}{\sqrt{3}}(1, -1, -1)^{\mathrm{T}}$$

$$\lambda_2 = \frac{1}{4} : \boldsymbol{\phi}_2 = \frac{1}{\sqrt{6}}(2, 1, 1)^{\mathrm{T}}$$

$$\lambda_3 = \frac{1}{4} : \boldsymbol{\phi}_3 = \frac{1}{\sqrt{2}}(0, 1, -1)^{\mathrm{T}}$$

从三维降为二维,同时使同一类的类内距离为最小,丢弃大的特征值及其相应的特征向量,即 λ_3 和 $\boldsymbol{\phi}_3$,构成 $\boldsymbol{A}$:

$$\boldsymbol{A} = \begin{bmatrix} \boldsymbol{\phi}_1^{\mathrm{T}} \\ \boldsymbol{\phi}_2^{\mathrm{T}} \end{bmatrix} = \begin{bmatrix} \dfrac{1}{\sqrt{3}} & -\dfrac{1}{\sqrt{3}} & -\dfrac{1}{\sqrt{3}} \\ \dfrac{2}{\sqrt{6}} & \dfrac{1}{\sqrt{6}} & \dfrac{1}{\sqrt{6}} \end{bmatrix}$$

由 $\boldsymbol{y} = \boldsymbol{A}\boldsymbol{x}$ 得

$$y_1 : \left\{ \begin{bmatrix} 0 \\ 0 \end{bmatrix}, \begin{bmatrix} \dfrac{1}{\sqrt{3}} \\ \dfrac{2}{\sqrt{6}} \end{bmatrix}, \begin{bmatrix} 0 \\ \dfrac{3}{\sqrt{6}} \end{bmatrix}, \begin{bmatrix} 0 \\ \dfrac{3}{\sqrt{6}} \end{bmatrix} \right\}$$

$$y_2 : \left\{ \begin{bmatrix} -\dfrac{1}{\sqrt{3}} \\ \dfrac{1}{\sqrt{6}} \end{bmatrix}, \begin{bmatrix} -\dfrac{1}{\sqrt{3}} \\ \dfrac{1}{\sqrt{6}} \end{bmatrix}, \begin{bmatrix} -\dfrac{2}{\sqrt{3}} \\ \dfrac{2}{\sqrt{6}} \end{bmatrix}, \begin{bmatrix} -\dfrac{1}{\sqrt{3}} \\ \dfrac{4}{\sqrt{6}} \end{bmatrix} \right\}$$

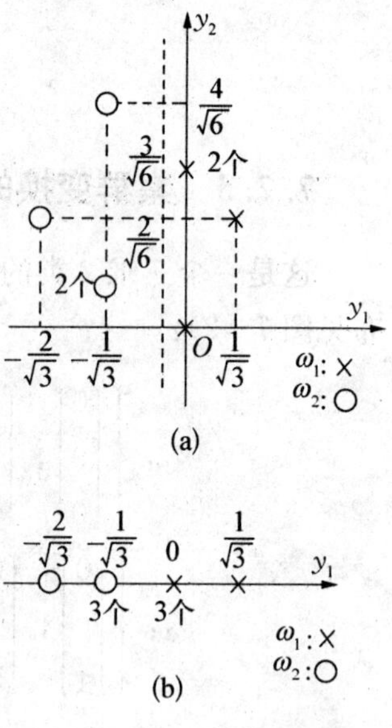

图 7-3　降维后样本的分布

(a) 降为两维；(b) 降为一维

从三维降为一维,只取 λ_1 和 $\boldsymbol{\Phi}_1$:

$$\boldsymbol{A} = \boldsymbol{\Phi}_1 = \frac{1}{\sqrt{3}}(1, -1, -1)$$

由 $\boldsymbol{y} = \boldsymbol{A}\boldsymbol{x}$ 得

$$y_1:\left\{0,\ \frac{1}{\sqrt{3}},\ 0,\ 0\right\}$$

$$y_2:\left\{-\frac{1}{\sqrt{3}},\ -\frac{1}{\sqrt{3}},\ -\frac{2}{\sqrt{3}},\ -\frac{1}{\sqrt{3}}\right\}$$

降为二维和一维之后，训练样本的分布如图 7－3(a)和(b)所示。可见在降维之后两个类别仍然是线性可分的。

集群变化法只能适用于某些情况，普遍性不很大。

7.3　K－L 变换

简单地说，特征选择的任务就是要从 $\boldsymbol{n}$ 维向量中选取 m 个特征，把原向量降维成为一个 $\boldsymbol{m}$ 维向量 ($\boldsymbol{m} < \boldsymbol{n}$)，而尽可能地保留向量中原来对分类有用的信息。本节所介绍的 K－L 变换可以使降维之后所造成的均方误差最小，即在均方误差的含义上它是最佳的。由于这一重要的性质，K－L 变换在理论分析及实际应用中都有很大价值，类似数据压缩这一类问题，几乎都要涉及 K－L 变换。但应当指出的是 K－L 变换在“表达模式”的意义上是最佳的，但是跟“进行分类最佳”却并不是完全一致的。随着讨论的深入，可以逐渐体会到这一点。

7.3.1　从表达模式看 K－L 变换

主轴变换是针对某一个集群的情况而言的(见图 7－4)，这种变化是通过坐标轴的平移和旋转，找到一个集群分布中的主轴的方向。具体做法是：

先平移坐标轴，使期望值 μ_x 移到原点，即

$$\boldsymbol{Z} = \boldsymbol{X} - \boldsymbol{\mu}_x \tag{7-35}$$

然后再作线性变换

$$\boldsymbol{Y} = \boldsymbol{\Phi}^{\mathrm{T}}\boldsymbol{Z} \tag{7-36}$$

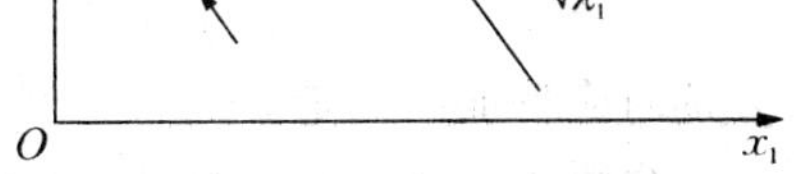

图 7－4　主轴变换

式中：$\boldsymbol{\Phi}$ 是集群协方差矩阵 $\boldsymbol{\Sigma}_x$ 的特征向量矩阵：

$$\boldsymbol{\Phi} = (\boldsymbol{\phi}_1,\ \boldsymbol{\phi}_2,\ \cdots,\ \boldsymbol{\phi}_n)，\text{并且 } \boldsymbol{\Phi}^{\mathrm{T}}\boldsymbol{\Sigma}_x\boldsymbol{\Phi} = \boldsymbol{\Lambda}，\text{而 } \boldsymbol{\Lambda} = \begin{pmatrix} \lambda_1 & \cdots & 0 \\ \vdots & \ddots & \vdots \\ 0 & \cdots & \lambda_n \end{pmatrix}。$$

这是从 n 维到 n 维的变换，坐标系有了变化，信息没有丢失，并且只涉及一个类别。

在进行 K－L 变换时，不是一类一类地进行处理，而是把所有类别的集群放在一起考

虑，希望变换之后它们仍然是足够分散的。

步骤 1——假设现在共有 M 个类别，各类出现的先验概率为 $P(\omega_i)$，$i=1, 2, \cdots, M$。以 $\boldsymbol{X}_i$ 表示来自第 i 类的向量。则第 i 类集群的自相关矩阵 $\boldsymbol{R}_i$ 为

$$\boldsymbol{R}_i = E\{\boldsymbol{X}_i\boldsymbol{X}_i^{\mathrm{T}}\} \tag{7-37}$$

混合分布的自相关矩阵 $\boldsymbol{R}$ 为

$$\boldsymbol{R} = \sum_{i=1}^{M} P(\omega_i)\boldsymbol{R}_i = \sum_{i=1}^{M} P(\omega_i) E\{\boldsymbol{X}_i\boldsymbol{X}_i^{\mathrm{T}}\} \tag{7-38}$$

即 $\boldsymbol{R}$ 是各类自相关矩阵的统计平均。

$\boldsymbol{R}$ 在这里的地位相当于主轴变换中的 $\boldsymbol{\Sigma}_x$，即要求出 $\boldsymbol{R}$ 的特征向量矩阵 $\boldsymbol{\Phi}$，得

$$\boldsymbol{\Phi}^{\mathrm{T}}\boldsymbol{R}\boldsymbol{\Phi} = \boldsymbol{\Lambda} \tag{7-39}$$

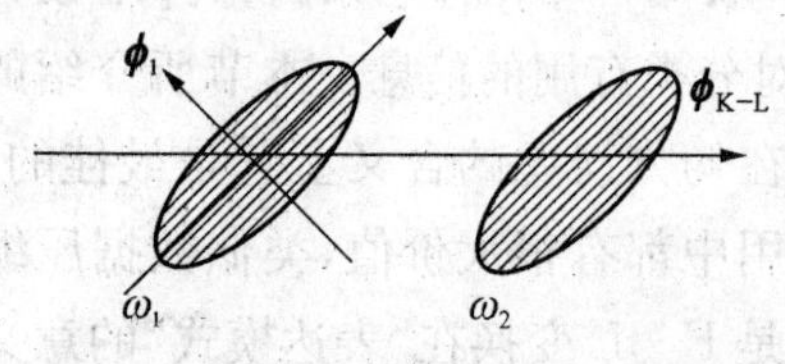

图 7-5 集群变换与 K-L 变换举例

举一个两维 2 类 $P(\omega_1)=P(\omega_2)=0.5$ 的例子。见图 7-5。从集群变换的要求来看，在降维后各个集群最紧的方向是 $\boldsymbol{\phi}_1$ 方向。但是从 K-L 变换的要求来看，则要找出总的分布分散得最开的方向，即 $\boldsymbol{\phi}_{\text{K-L}}$，也就是要找到跟 $\boldsymbol{R}$ 的大的特征值所对应的方向。

从这里可以看出，用自相关矩阵的统计平均 $\boldsymbol{R}$，而不是用协方差矩阵的统计平均来寻找 $\boldsymbol{\phi}_{\text{K-L}}$ 是正确的。因为 $\boldsymbol{R}$ 反映出总的分布的数据构成情况。

步骤 2——是求出 $\boldsymbol{R}$ 的特征向量矩阵 $\boldsymbol{\Phi}$ 和特征值矩阵 $\boldsymbol{\Lambda}$：

$$\boldsymbol{\Lambda} = \begin{pmatrix} \lambda_1 & \cdots & 0 \\ \vdots & \ddots & \vdots \\ 0 & \cdots & \lambda_n \end{pmatrix}, \boldsymbol{\Phi} = (\boldsymbol{\phi}_1, \boldsymbol{\phi}_2, \cdots, \boldsymbol{\phi}_n) \tag{7-40}$$

并要求特征值由大到小地排列：

$$\lambda_1 \geqslant \lambda_2 \geqslant \cdots \geqslant \lambda_n \tag{7-41}$$

分别对应特征向量 $\boldsymbol{\phi}_1, \boldsymbol{\phi}_2, \cdots, \boldsymbol{\phi}_n$。

步骤 3——取前 m 个特征向量 $\boldsymbol{\phi}_i$，$i=1, 2, \cdots, m$，构成变换矩阵 $\boldsymbol{A}$：

$$\boldsymbol{A} = \begin{pmatrix} \boldsymbol{\phi}_1^{\mathrm{T}} \\ \vdots \\ \boldsymbol{\phi}_m^{\mathrm{T}} \end{pmatrix}_{m\times n} \tag{7-42}$$

再取变换

$$\boldsymbol{Y} = \boldsymbol{A}\boldsymbol{X} \tag{7-43}$$

式中：$\boldsymbol{Y}$ 是 m 维向量，模式识别就在已降维了的 m 维空间中进行。

上述三步即所谓的 K-L 变换。

由式(7-43)所求得的$\boldsymbol{Y}$,是在均方误差最小的意义上,在m维空间中表示n维向量的最好办法。

不降维时,有

$$\boldsymbol{Y}^{(n)} = \boldsymbol{\Phi}^{\mathrm{T}}\boldsymbol{X} \tag{7-44}$$

有

$$\boldsymbol{X} = \boldsymbol{\Phi}\boldsymbol{Y}^{(n)} = \sum_{j=1}^{n} y_j^{(n)}\boldsymbol{\phi}_j \tag{7-45}$$

式中:$y_j^{(n)}$表示n维向量$\boldsymbol{Y}$的第j个分量,$\boldsymbol{\phi}_j$表示按式(7-41)的要求所对应的第j个特征分量,降为m维后,是

$$\boldsymbol{y}^{(m)} = \boldsymbol{A}\boldsymbol{x} = \begin{pmatrix} \boldsymbol{\phi}_1^{\mathrm{T}} \\ \boldsymbol{\phi}_2^{\mathrm{T}} \\ \vdots \\ \boldsymbol{\phi}_m^{\mathrm{T}} \end{pmatrix}\boldsymbol{x} \tag{7-46}$$

$\boldsymbol{y}^{(m)}$相当于由式(7-44)中,$\boldsymbol{y}^{(n)}$中的前m个分量构成的m维向量,这时与式(7-45)对应的表达式变为

$$\hat{\boldsymbol{x}} = \sum_{j=1}^{m} y_j^{(m)}\boldsymbol{\phi}_j \tag{7-47}$$

引入的误差为

$$\Delta\boldsymbol{x} = \boldsymbol{X} - \hat{\boldsymbol{X}} = \sum_{j=m+1}^{n} y_j^{(n)}\boldsymbol{\phi}_j \tag{7-48}$$

均方误差为

$$e^2(m) = E\{\,\|\Delta\boldsymbol{x}\|^2\} = E\{[\Delta\boldsymbol{x}]^{\mathrm{T}}[\Delta\boldsymbol{x}]\} = E\left\{\left[\sum_{j=m+1}^{n} y_j^{(n)}\boldsymbol{\phi}_j^{\mathrm{T}}\right]\left[\sum_{k=m+1}^{n} y_k^{(n)}\boldsymbol{\phi}_k\right]\right\} \tag{7-49}$$

由$\boldsymbol{\phi}_j$,$\boldsymbol{\phi}_k$的正交归一性,式(7-49)变为

$$\begin{aligned} e^2(m) &= E\left\{\sum_{j=m+1}^{n}[y_j^{(n)}]^2\right\} = \sum_{j=m+1}^{n} E\{[y_j^{(n)}]^2\} = \sum_{j=m+1}^{n} E\{[\boldsymbol{\phi}_j^{\mathrm{T}}\boldsymbol{x}]^2\} \\ &= \sum_{j=m+1}^{n} E\{\boldsymbol{\phi}_j^{\mathrm{T}}\boldsymbol{x}\boldsymbol{x}^{\mathrm{T}}\boldsymbol{\phi}_j\} = \sum_{j=m+1}^{n} \boldsymbol{\phi}_j^{\mathrm{T}} E\{\boldsymbol{x}\boldsymbol{x}^{\mathrm{T}}\}\boldsymbol{\phi}_j = \sum_{j=m+1}^{n} \boldsymbol{\phi}_j^{\mathrm{T}}\boldsymbol{R}\boldsymbol{\phi}_j = \sum_{j=m+1}^{n} \lambda_j \end{aligned} \tag{7-50}$$

由于$\lambda_j(j = m+1, \cdots, n)$是最小的几个特征值,故$e^2(m)$获得其最小值。

7.3.2 K-L变换举例

设有一个2类三维问题,各有四个训练样本(见图7-6),并设$P(\omega_1) = P(\omega_2) = 0.5$,

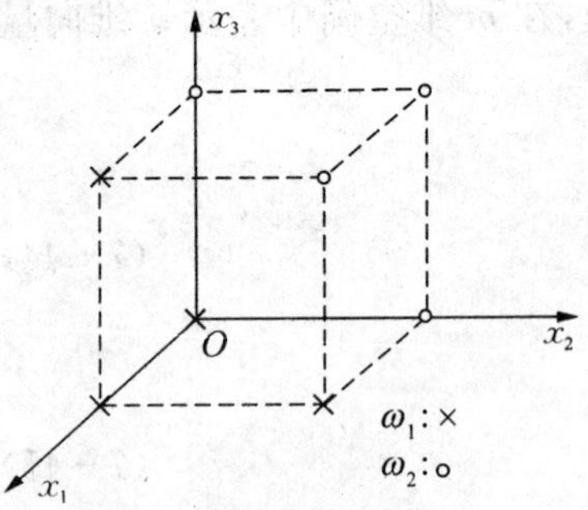

图 7-6 训练样本原始分布图

$$\omega_1:\left\{\begin{pmatrix}0\\0\\0\end{pmatrix},\begin{pmatrix}1\\0\\0\end{pmatrix},\begin{pmatrix}1\\0\\1\end{pmatrix},\begin{pmatrix}1\\1\\0\end{pmatrix}\right\}$$

$$\omega_2:\left\{\begin{pmatrix}0\\0\\1\end{pmatrix},\begin{pmatrix}0\\1\\0\end{pmatrix},\begin{pmatrix}0\\1\\1\end{pmatrix},\begin{pmatrix}1\\1\\1\end{pmatrix}\right\}$$

现在由 K-L 变换降维，先降为二维，再降为一维。先求混合分布的自相关矩阵 $\boldsymbol{R}$。

第一类样本自相关矩阵 $\boldsymbol{R}_1$ 为

$$\boldsymbol{R}_1=\frac{1}{4}\sum_{j=1}^{4}\boldsymbol{x}_{1j}\boldsymbol{x}_{1j}^{\mathrm{T}}=\frac{1}{4}\begin{pmatrix}3&1&1\\1&1&0\\1&0&1\end{pmatrix}$$

第二类样本自相关矩阵 $\boldsymbol{R}_2$ 为

$$\boldsymbol{R}_2=\frac{1}{4}\sum_{j=1}^{4}\boldsymbol{x}_{2j}\boldsymbol{x}_{2j}^{\mathrm{T}}=\frac{1}{4}\begin{pmatrix}1&1&1\\1&3&2\\1&2&3\end{pmatrix}$$

可得

$$\boldsymbol{R}=P(\boldsymbol{\omega}_1)\boldsymbol{R}_1+P(\boldsymbol{\omega}_2)\boldsymbol{R}_2=\frac{1}{4}\begin{pmatrix}2&1&1\\1&2&1\\1&1&2\end{pmatrix}$$

求得 $\boldsymbol{R}$ 的特征值及对应的特征向量为

$$\lambda_1=1:\boldsymbol{\phi}_1=\frac{1}{\sqrt{3}}(1,\ 1,\ 1)^{\mathrm{T}}$$

$$\lambda_2=\frac{1}{4}:\boldsymbol{\phi}_2=\frac{1}{\sqrt{6}}(-2,\ 1,\ 1)^{\mathrm{T}}$$

$$\lambda_3=\frac{1}{4}:\boldsymbol{\phi}_3=\frac{1}{\sqrt{2}}(0,\ 1,\ -1)^{\mathrm{T}}$$

上述的 $\boldsymbol{\phi}_1$，$\boldsymbol{\phi}_2$，$\boldsymbol{\phi}_3$ 都已正交归一。

降为二维时，取

$$\boldsymbol{A}=\begin{pmatrix}\boldsymbol{\phi}_1^{\mathrm{T}}\\\boldsymbol{\phi}_2^{\mathrm{T}}\end{pmatrix}=\begin{pmatrix}\frac{1}{\sqrt{3}}&\frac{1}{\sqrt{3}}&\frac{1}{\sqrt{3}}\\-\frac{2}{\sqrt{6}}&\frac{1}{\sqrt{6}}&\frac{1}{\sqrt{6}}\end{pmatrix}$$

降维后

$$\omega_1:\left\{\begin{pmatrix}0\\0\end{pmatrix},\ \frac{1}{\sqrt{6}}\begin{pmatrix}\sqrt{2}\\-2\end{pmatrix},\ \frac{1}{\sqrt{6}}\begin{pmatrix}2\sqrt{2}\\-1\end{pmatrix},\ \frac{1}{\sqrt{6}}\begin{pmatrix}2\sqrt{2}\\-1\end{pmatrix}\right\}$$

$$\omega_2:\left\{\frac{1}{\sqrt{6}}\begin{pmatrix}\sqrt{2}\\1\end{pmatrix},\ \frac{1}{\sqrt{6}}\begin{pmatrix}\sqrt{2}\\1\end{pmatrix},\ \frac{1}{\sqrt{6}}\begin{pmatrix}2\sqrt{2}\\2\end{pmatrix},\ \frac{1}{\sqrt{6}}\begin{pmatrix}3\sqrt{2}\\0\end{pmatrix}\right\}$$

降维之后，训练样本的分布如图 7－7(a)所示。

降为一维时，取

$$\boldsymbol{A}=\frac{1}{\sqrt{3}}(1,\ 1,\ 1)$$

也可不顾及尺度因子取

$$\boldsymbol{A}=(1,\ 1,\ 1)$$

降维后

$$\omega_1:\{0,\ 1,\ 2,\ 2\}$$

$$\omega_2:\{1,\ 1,\ 2,\ 3\}$$

降成一维后，训练样本的分布如图 7－7(b)所示。

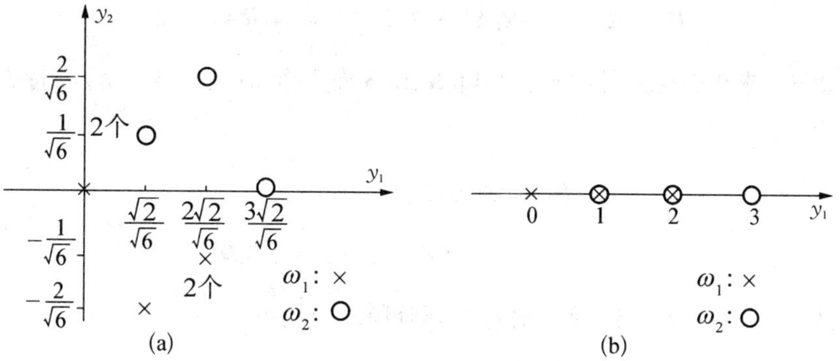

图 7－7　用 K－L 变换降维后样本的分布

(a) 降为二维；(b) 降为一维

从这个例子中可以看出，由 K－L 变换法把向量由三维降到二维后，类别还可以区分，但降为一维后，已不可分了。可见对本例采用 K－L 变换法，不如采用集群变换法好，反过来的例子也有。

7.3.3　混合白化后抽取特征

K－L 变换法所进行的工作从最小均方误差的意义上是最佳的，也就是说从“表达”一个模式的含义上它是最佳的，但是这个“最佳”跟进行分类的意义上的“最佳”则并不一致。

换句话说，从最小均方误差的意义上所进行的工作将丢失最弱的那些特征，但从分类的意义上则要看这个特征对于分类有多大的作用，对分类作用大的特征，不管其本身强弱如何都不应丢失。

下面介绍的方法就是力图解决上述矛盾而设想的。它是先把混合分布白化，经过特征值的排序来决定特征的选取。

步骤 1——求出二类混合分布的自相关矩阵 $\boldsymbol{R}$：

$$\boldsymbol{R} = \boldsymbol{R}_1 + \boldsymbol{R}_2 [\text{取 } \boldsymbol{R}_1 = P(\omega_1)E(\boldsymbol{X}_1\boldsymbol{X}_1^{\mathrm{T}}),\ \boldsymbol{R}_2 = P(\omega_2)E(\boldsymbol{X}_2\boldsymbol{X}_2^{\mathrm{T}})] \tag{7-51}$$

取 $\boldsymbol{R}$ 的特征向量矩阵 $\boldsymbol{\Phi}$ 和特征值矩阵 $\boldsymbol{\Lambda}$，使得

$$\boldsymbol{R} = \boldsymbol{\Phi}\boldsymbol{\Lambda}\boldsymbol{\Phi}^{\mathrm{T}}$$

令变换矩阵

$$\boldsymbol{A}_1 = \boldsymbol{\Lambda}^{-\frac{1}{2}}\boldsymbol{\Phi}^{\mathrm{T}} \tag{7-52}$$

则有

$$\boldsymbol{A}_1\boldsymbol{R}\boldsymbol{A}_1^{\mathrm{T}} = \boldsymbol{\Lambda}^{-\frac{1}{2}}\boldsymbol{\Phi}^{\mathrm{T}}\boldsymbol{R}\boldsymbol{\Phi}\boldsymbol{\Lambda}^{-\frac{1}{2}} = \boldsymbol{I} \tag{7-53}$$

式(7-53)表明 $\boldsymbol{A}_1$ 已把混合自相关矩阵 $\boldsymbol{R}$ 白化了，即坐标系旋转并进行了尺度变换。这时：

$$\boldsymbol{R}_1 \text{ 变为 } \boldsymbol{S}_1 = \boldsymbol{A}_1\boldsymbol{R}_1\boldsymbol{A}_1^{\mathrm{T}} \tag{7-54}$$

$$\boldsymbol{R}_2 \text{ 变为 } \boldsymbol{S}_2 = \boldsymbol{A}_1\boldsymbol{R}_2\boldsymbol{A}_1^{\mathrm{T}} \tag{7-55}$$

则

$$\boldsymbol{R}_1 + \boldsymbol{R}_2 = \boldsymbol{A}_1\boldsymbol{R}_1\boldsymbol{A}_1^{\mathrm{T}} + \boldsymbol{A}_1\boldsymbol{R}_2\boldsymbol{A}_1^{\mathrm{T}} = \boldsymbol{A}_1\boldsymbol{R}\boldsymbol{A}_1^{\mathrm{T}} = \boldsymbol{I} \tag{7-56}$$

步骤 2——求出白化后的自相关矩阵 $\boldsymbol{S}_1$ 和 $\boldsymbol{S}_2$ 的特征值矩阵 $\boldsymbol{\Lambda}_1$，$\boldsymbol{\Lambda}_2$ 和特征向量矩阵 $\boldsymbol{\Phi}_1$ 和 $\boldsymbol{\Phi}_2$，有

$$\boldsymbol{S}_1 = \boldsymbol{\Phi}_1\boldsymbol{\Lambda}_1\boldsymbol{\Phi}_1^{\mathrm{T}}$$

$$\boldsymbol{S}_2 = \boldsymbol{I} - \boldsymbol{S}_1 = \boldsymbol{\Phi}_1(\boldsymbol{I} - \boldsymbol{\Lambda}_1)\boldsymbol{\Phi}_1^{\mathrm{T}} \tag{7-57}$$

由于式(7-57)中 $\boldsymbol{I} - \boldsymbol{\Lambda}_1$ 是一对角阵，则可知

$$\boldsymbol{\Phi}_2 = \boldsymbol{\Phi}_1 \quad \boldsymbol{\Lambda}_1 + \boldsymbol{\Lambda}_2 = \boldsymbol{I} \tag{7-58}$$

也就是说 $\boldsymbol{S}_1$ 和 $\boldsymbol{S}_2$ 是有相同特征的向量矩阵，并且 $\boldsymbol{S}_1$ 和 $\boldsymbol{S}_2$ 相应的特征值之和为 1。

由于 $\boldsymbol{S}_1$ 和 $\boldsymbol{S}_2$ 都正定，故 $\boldsymbol{\Lambda}_1$ 和 $\boldsymbol{I} - \boldsymbol{\Lambda}_1$ 都正定，这表明 $\boldsymbol{S}_1$ 和 $\boldsymbol{S}_2$ 的特征值在 0 和 1 之间。因此如果 $\boldsymbol{\Lambda}_1$ 取降序排列时，$\boldsymbol{\Lambda}_2$ 则以升序排列。

当 $\lambda_{1i} = 0.5$ 时，$\lambda_{2i} = 0.5$。表明在这个特征方向上，两个类不易区分。

当 $\lambda_{1i} \geqslant 0.5$ 时，$\lambda_{2i} \leqslant 0.5$。表明在这个特征方向上，两个类容易区分，两个类的分布有较大差别。

如果舍弃 $\boldsymbol{R}$ 白化后，$\boldsymbol{S}_1$ 的特征值接近 0.5 的那些特征，而保留使 $|\lambda_{1i} - \lambda_{2i}|$ 大的那些特征，那么这样选取的特征对分量便有意义了。按这个原则选出了 m 个特征向量 $\boldsymbol{\phi}_{11}$，

$\boldsymbol{\phi}_{12}, \cdots, \boldsymbol{\phi}_{1m}$，并排列成为 $m \times n$ 阵，记作 $\boldsymbol{A}_2^{\mathrm{T}}$。归纳起来作变换：

$$\boldsymbol{A} = \boldsymbol{A}_2^{\mathrm{T}} \boldsymbol{A}_1 = \boldsymbol{A}_2^{\mathrm{T}} \boldsymbol{\Lambda}^{-\frac{1}{2}} \boldsymbol{\Phi}^{\mathrm{T}} \tag{7-59}$$

式中：A_2^{T} 是 $\boldsymbol{R}$ 白化后，自相关矩阵 $\boldsymbol{S}_1$ 中与 0.5 相差较大的 m 个特征值所对应的 m 个特征向量所构成的 $m \times n$ 矩阵。$\boldsymbol{\Lambda}^{-\frac{1}{2}}$ 是 $\boldsymbol{R}$ 的特征值开平方求倒数后构成的 $n \times n$ 对角阵，$\boldsymbol{\Phi}$ 是 $\boldsymbol{R}$ 白化时 $n \times n$ 特征向量矩阵。

7.3.4　混合白化后抽取特征的例子

本例同 7.3.3。

混合分布的自相关阵为

$$\boldsymbol{R} = \frac{1}{4}\begin{pmatrix} 2 & 1 & 1 \\ 1 & 2 & 1 \\ 1 & 1 & 2 \end{pmatrix} \tag{7-60}$$

特征向量矩阵和特征值矩阵分别为

$$\boldsymbol{\Phi} = \begin{pmatrix} \frac{1}{\sqrt{3}} & -\frac{2}{\sqrt{6}} & 0 \\ \frac{1}{\sqrt{3}} & \frac{1}{\sqrt{6}} & \frac{1}{\sqrt{2}} \\ \frac{1}{\sqrt{3}} & \frac{1}{\sqrt{6}} & -\frac{1}{\sqrt{2}} \end{pmatrix} \quad \boldsymbol{\Lambda} = \begin{pmatrix} 1 & \cdots & 0 \\ & \frac{1}{4} & \\ 0 & \cdots & \frac{1}{4} \end{pmatrix} \tag{7-61}$$

由此得变换矩阵 $\boldsymbol{A}_1$ 为

$$\boldsymbol{A}_1 = \boldsymbol{\Lambda}^{-\frac{1}{2}} \boldsymbol{\Phi}^{\mathrm{T}} = \begin{pmatrix} \frac{1}{\sqrt{3}} & \frac{1}{\sqrt{3}} & \frac{1}{\sqrt{3}} \\ -\frac{4}{\sqrt{2}} & \frac{2}{\sqrt{6}} & \frac{2}{\sqrt{6}} \\ 0 & \sqrt{2} & -\sqrt{2} \end{pmatrix} \tag{7-62}$$

白化后

$$\boldsymbol{S}_1 = \boldsymbol{A}_1 \boldsymbol{R}_1 \boldsymbol{A}_1^{\mathrm{T}} = \boldsymbol{A}_1 \frac{1}{8}\begin{pmatrix} 3 & 1 & 1 \\ 1 & 1 & 0 \\ 1 & 0 & 1 \end{pmatrix} \boldsymbol{A}_1^{\mathrm{T}} = \frac{1}{8}\begin{pmatrix} 3 & -2\sqrt{2} & 0 \\ -2\sqrt{2} & 4 & 0 \\ 0 & 0 & 4 \end{pmatrix} \tag{7-63}$$

$\boldsymbol{S}_1$ 所对应的特征值是：0.5，0.796 535，0.078 465 2。其中 0.078 465 2 离开 0.5 最远。假定只取一个特征，应取它对应的特征向量 $\boldsymbol{\phi}_{13}$（$\boldsymbol{S}_1$ 中的第三个特征向量）：

$$\boldsymbol{\phi}_{13} = [1.192\,283,\ 1,\ 0]^{\mathrm{T}} \overset{\text{def}}{=\!=} \boldsymbol{A}_2^{\mathrm{T}} \tag{7-64}$$

可求得变换矩阵 $\boldsymbol{A}$ 为

$$\boldsymbol{A} = \boldsymbol{A}_2^{\mathrm{T}}\boldsymbol{A}_1 = \boldsymbol{\Phi}_{13}^{\mathrm{T}}\boldsymbol{A}_1 = (-0.65,\ 1,\ 1)$$

取 $\boldsymbol{Y} = \boldsymbol{AX}$，得到降为一维后八个训练样本分别为

$$\omega_1: \{0,\ -0.65,\ 0.35,\ 0.35\}$$

$$\omega_2: \{0.94,\ 0.94,\ 1.88,\ 1.23\}$$

它们的分布如图 7－8 所示

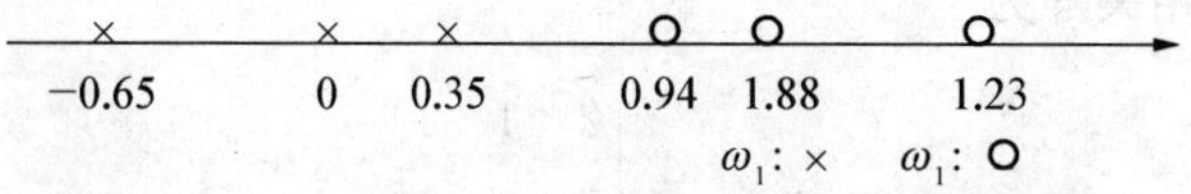

图 7－8　用混合白化后抽取特征降维后的样本分布

由此可见在注意了类别统计特性的差异之后，降维后的可分离性比盲目留用最大 λ_i 对应的分类效果要好。

7.4　分散度

以前曾讨论过描述两个类别之间的不相似性的量。在这里作一简单的回顾。

欧式距离，这是最简单的一种描述方法。它把两个类别中心之间的欧式距离作为两个不同类别间不相似性的度量。

马氏距离，它用来描述两个具有相同的协方差矩阵 $\boldsymbol{\Sigma}$，不同的期望值 $\boldsymbol{\mu}_1$ 和 $\boldsymbol{\mu}_2$ 的类别之间的不相似性，具体表达式为

$$(\boldsymbol{\mu}_2 - \boldsymbol{\mu}_1)^{\mathrm{T}}\boldsymbol{\Sigma}^{-1}(\boldsymbol{\mu}_2 - \boldsymbol{\mu}_1) \tag{7-65}$$

巴氏距离，它描述了两个协方差矩阵和期望值都不相同的类别之间的不相似性：

$$\text{巴氏距离} = \frac{1}{8}(\boldsymbol{\mu}_2 - \boldsymbol{\mu}_1)^{\mathrm{T}}\left[\frac{\boldsymbol{\Sigma}_1 + \boldsymbol{\Sigma}_2}{2}\right]^{-1}(\boldsymbol{\mu}_2 - \boldsymbol{\mu}_1) + \frac{1}{2}\ln\frac{\left|\frac{1}{2}(\boldsymbol{\Sigma}_1 + \boldsymbol{\Sigma}_2)\right|}{|\boldsymbol{\Sigma}_1|^{\frac{1}{2}}\ |\boldsymbol{\Sigma}_2|^{\frac{1}{2}}} \tag{7-66}$$

特征选择之后，类别的不相似性(即类别的可分离性)会有变化。类别可分离性的度量可以用来评价特征选择的效果。类别可分离性的度量值变化小，表明特征选择是成功的，换句话说，应当丢掉那些丢掉之后基本上不影响类别可分离性的特征。

本节所介绍的分散度是衡量类别可分离性的一种度量。

7.4.1 分散度的概念

7.4.1.1 分散度的定义

定义 7.1(分散度) 设有未知模式 $\boldsymbol{x}$,可能来自第 i 类,也可能来自第 j 类,并且有

$$p_i(\boldsymbol{x}) = p(\boldsymbol{x} \mid \omega_i) \quad p_j = p(\boldsymbol{x} \mid \omega_j)$$

则离散度 J_{ij} 可定义为

$$J_{ij} = \int [p_i(\boldsymbol{x}) - p_j(\boldsymbol{x})] \ln \frac{p_i(\boldsymbol{x})}{p_j(\boldsymbol{x})} \mathrm{d}\boldsymbol{x} \tag{7-67}$$

对于式(7-61)的定义可以从两个不同的方面来说明。首先可以从所谓平均分离信息的观点来说明。

如果 $\boldsymbol{X} \in \omega_i$,$\boldsymbol{X}$ 跟 ω_j 类相区分的信息可以用对数似然比来表示,即

$$u_{ij} = \ln \frac{p_i(\boldsymbol{x})}{p_j(\boldsymbol{x})} \tag{7-68}$$

u_{ij} 越大,把属于 ω_i 的模式 x 跟 ω_j 类分开的把握就越大。对不同的 $\boldsymbol{x}$ 求出 u_{ij} 的统计平均,就得到了来自 ω_i 类的 $\boldsymbol{x}$,把 $\boldsymbol{x}$ 与 ω_j 类分开的平均信息为

$$I_{ij} = \int p_i(\boldsymbol{x}) u_{ij} \mathrm{d}\boldsymbol{x} = \int p_i(\boldsymbol{x}) \ln \frac{p_i(\boldsymbol{x})}{p_j(\boldsymbol{x})} \mathrm{d}\boldsymbol{x} \tag{7-69}$$

同样,对于来自 ω_j 类的 x,把 x 与 ω_i 类分开的平均信息为

$$I_{ji} = \int p_j(\boldsymbol{x}) u_{ji} \mathrm{d}\boldsymbol{x} = \int p_j(\boldsymbol{x}) \ln \frac{p_j(\boldsymbol{x})}{p_i(\boldsymbol{x})} \mathrm{d}\boldsymbol{x} \tag{7-70}$$

分散度是总的平均信息 $I_{ij} + I_{ji}$,它是

$$J_{ij} = I_{ij} + I_{ji} = \int [p_i(\boldsymbol{x}) - p_j(\boldsymbol{x})] \ln \frac{p_i(\boldsymbol{x})}{p_j(\boldsymbol{x})} \mathrm{d}\boldsymbol{x} \tag{7-71}$$

这样就得到了分散度的定义式。

如果两个类别的统计特性差别较大,则 J_{ij} 就会很大。其次,也可以从两个似然比的期望值之间的差别来看待式(7-67)。

在进行分类时常常要计算似然比 $l_{ij}(\boldsymbol{x})$ 或对数似然比 $u_{ij}(\boldsymbol{x})$:

$$l_{ij}(\boldsymbol{x}) = \frac{p_i(\boldsymbol{x})}{p_j(\boldsymbol{x})} \quad u_{ij}(\boldsymbol{x}) = \ln \frac{p_i(\boldsymbol{x})}{p_j(\boldsymbol{x})} \tag{7-72}$$

如果能够知道 $u_{ij}(\boldsymbol{x})$ 的密度函数,则对分类器可以掌握得较好。

在图 7-9(a)中,$p(u_{ij} \mid \omega_i)$ 和 $p(u_{ij} \mid \omega_j)$ 两条曲线分得较开,相应的 u_{ij} 的两个期望值 $E(u_{ij} \mid \omega_i)$ 和 $E(u_{ij} \mid \omega_j)$ 也分得较开,则可望分类器工作得较好。反之,将如图 7-9(b)所

示，相应的 u_{ij} 的两个期望值较为靠近，则可以预料分类器的错误率较大。很自然地就可以想到用这两个期望值之间的差值来衡量两个类别之间的差异：

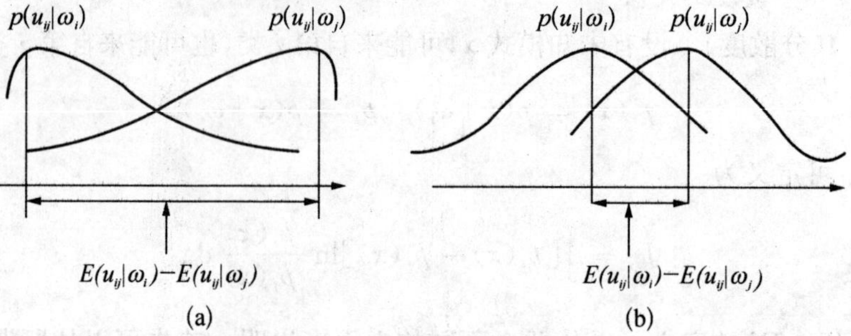

图 7-9 两个期望之间的差值可衡量两个类别之间的差异

$$
\begin{aligned}
E(u_{ij} \mid \omega_i) - E(u_{ij} \mid \omega_j) &= E\left(\ln \frac{p_i(\boldsymbol{x})}{p_j(\boldsymbol{x})} \mid \omega_i\right) - E\left(\ln \frac{p_i(\boldsymbol{x})}{p_j(\boldsymbol{x})} \mid \omega_j\right) \\
&= \int p_i(x) \ln \frac{p_i(\boldsymbol{x})}{p_j(\boldsymbol{x})} \mathrm{d}x - \int p_j(\boldsymbol{x}) \ln \frac{p_j(\boldsymbol{x})}{p_i(\boldsymbol{x})} \mathrm{d}x
\end{aligned}
$$

这样又得到了式(7-67)。

7.4.1.2 正态分布下分散度公式

在两个类别都具有正态分布时，分散度可以有明确的表达式，下面进行推导。

在两个类别均为正态分布时，设其协方差矩阵为 $\boldsymbol{\Sigma}_i$ 和 $\boldsymbol{\Sigma}_j$，期望值为 $\boldsymbol{\mu}_i$ 和 $\boldsymbol{\mu}_j$。其概率密度分别为

$$
p_i(\boldsymbol{x}) = \frac{1}{(2\pi)^{\frac{n}{2}} \mid \boldsymbol{\Sigma}_i \mid^{\frac{1}{2}}} \exp\left\{-\frac{1}{2}(\boldsymbol{x}-\boldsymbol{\mu}_i)^{\mathrm{T}} \boldsymbol{\Sigma}_i^{-1} (\boldsymbol{x}-\boldsymbol{\mu}_i)\right\} \tag{7-73}
$$

$$
p_j(\boldsymbol{x}) = \frac{1}{(2\pi)^{\frac{n}{2}} \mid \boldsymbol{\Sigma}_j \mid^{\frac{1}{2}}} \exp\left\{-\frac{1}{2}(\boldsymbol{x}-\boldsymbol{\mu}_j)^{\mathrm{T}} \boldsymbol{\Sigma}_j^{-1} (\boldsymbol{x}-\boldsymbol{\mu}_j)\right\} \tag{7-74}
$$

对数似然比为

$$
\begin{aligned}
u_{ij} &= \ln \frac{p_i(\boldsymbol{x})}{p_j(\boldsymbol{x})} \\
&= \frac{1}{2} \ln \frac{\mid \boldsymbol{\Sigma}_j \mid}{\mid \boldsymbol{\Sigma}_i \mid} - \frac{1}{2} \mathrm{tr}[\boldsymbol{\Sigma}_i^{-1} (\boldsymbol{x}-\boldsymbol{\mu}_i)(\boldsymbol{x}-\boldsymbol{\mu}_i)^{\mathrm{T}}] + \frac{1}{2} \mathrm{tr}[\boldsymbol{\Sigma}_j^{-1} (\boldsymbol{x}-\boldsymbol{\mu}_j)(\boldsymbol{x}-\boldsymbol{\mu}_j)^{\mathrm{T}}]
\end{aligned} \tag{7-75}
$$

平均分离信息 I_{ij} 为

$$
\begin{aligned}
I_{ij} &= \int p_i(\boldsymbol{x}) \ln \frac{p_i(\boldsymbol{x})}{p_j(\boldsymbol{x})} \mathrm{d}\boldsymbol{x} \\
&= \int p_i(\boldsymbol{x}) \left\{ \frac{1}{2} \ln \frac{\mid \boldsymbol{\Sigma}_j \mid}{\mid \boldsymbol{\Sigma}_i \mid} - \frac{1}{2} \mathrm{tr}[\boldsymbol{\Sigma}_i^{-1} (\boldsymbol{x}-\boldsymbol{\mu}_i)(\boldsymbol{x}-\boldsymbol{\mu}_i)^{\mathrm{T}}] + \frac{1}{2} \mathrm{tr}[\boldsymbol{\Sigma}_j^{-1} (\boldsymbol{x}-\boldsymbol{\mu}_j)(\boldsymbol{x}-\boldsymbol{\mu}_j)^{\mathrm{T}}] \right\} \mathrm{d}\boldsymbol{x}
\end{aligned}
$$

$$
\begin{aligned}
&= \frac{1}{2}\ln\frac{|\boldsymbol{\Sigma}_j|}{|\boldsymbol{\Sigma}_i|} - \frac{1}{2}\int p_i(\boldsymbol{x})\mathrm{tr}[\boldsymbol{\Sigma}_i^{-1}(\boldsymbol{x}-\boldsymbol{\mu}_i)(\boldsymbol{x}-\boldsymbol{\mu}_i)^{\mathrm{T}}]\mathrm{d}\boldsymbol{x} + \\
&\quad \frac{1}{2}\int p_i(x)\mathrm{tr}[\boldsymbol{\Sigma}_j^{-1}(\boldsymbol{x}-\boldsymbol{\mu}_j)(\boldsymbol{x}-\boldsymbol{\mu}_j)^{\mathrm{T}}]\mathrm{d}\boldsymbol{x} \qquad (7-76)
\end{aligned}
$$

先看第一个积分式，在 $[\boldsymbol{\Sigma}_i^{-1}(\boldsymbol{x}-\boldsymbol{\mu}_i)(\boldsymbol{x}-\boldsymbol{\mu}_i)^{\mathrm{T}}]$ 中，$\boldsymbol{\Sigma}_i^{-1}$ 是常数矩阵，不包括 $\boldsymbol{x}$ 项，它是 $(\boldsymbol{x}-\boldsymbol{\mu}_i)(\boldsymbol{x}-\boldsymbol{\mu}_i)^{\mathrm{T}}$ 这个 $n\times n$ 矩阵中个元素的加权之和，权值由 $\boldsymbol{\Sigma}_i^{-1}$ 确定，可见 $\mathrm{tr}[\boldsymbol{\Sigma}_i^{-1}(\boldsymbol{x}-\boldsymbol{\mu}_i)(\boldsymbol{x}-\boldsymbol{\mu}_i)^{\mathrm{T}}]$ 是 $\boldsymbol{x}$ 的二次函数。

$$
\begin{aligned}
\text{第一个积分式} &= \int p_i(\boldsymbol{x})\mathrm{tr}[\boldsymbol{\Sigma}_i^{-1}(\boldsymbol{x}-\boldsymbol{\mu}_i)(\boldsymbol{x}-\boldsymbol{\mu}_i)^{\mathrm{T}}]\mathrm{d}\boldsymbol{x} \\
&= \mathrm{tr}\left[\boldsymbol{\Sigma}_i^{-1}\int p_i(\boldsymbol{x})(\boldsymbol{x}-\boldsymbol{\mu}_i)(\boldsymbol{x}-\boldsymbol{\mu}_i)^{\mathrm{T}}\mathrm{d}\boldsymbol{x}\right] \\
&= \mathrm{tr}[\boldsymbol{\Sigma}_i^{-1}E_i\{(\boldsymbol{x}-\boldsymbol{\mu}_i)(\boldsymbol{x}-\boldsymbol{\mu}_i)^{\mathrm{T}}\}] \\
&= \mathrm{tr}[\boldsymbol{\Sigma}_i^{-1}\boldsymbol{\Sigma}_i] = \mathrm{tr}[\boldsymbol{I}] = n \qquad (7-77)
\end{aligned}
$$

再看第二个积分器，它可以写成 7.3.1 形式：

$$
\mathrm{tr}[\boldsymbol{\Sigma}_j^{-1}E_j\{(\boldsymbol{x}-\boldsymbol{\mu}_j)(\boldsymbol{x}-\boldsymbol{\mu}_j)^{\mathrm{T}}\}]
$$

然后专门观察 $(\boldsymbol{x}-\boldsymbol{\mu}_j)(\boldsymbol{x}-\boldsymbol{\mu}_j)^{\mathrm{T}}$：

$$
\begin{aligned}
(\boldsymbol{x}-\boldsymbol{\mu}_j)(\boldsymbol{x}-\boldsymbol{\mu}_j)^{\mathrm{T}} &= [(\boldsymbol{x}-\boldsymbol{\mu}_i)+(\boldsymbol{\mu}_i-\boldsymbol{\mu}_j)][(\boldsymbol{x}-\boldsymbol{\mu}_i)+(\boldsymbol{\mu}_i-\boldsymbol{\mu}_j)]^{\mathrm{T}} \\
&= (\boldsymbol{x}-\boldsymbol{\mu}_i)(\boldsymbol{x}-\boldsymbol{\mu}_i)^{\mathrm{T}} + (\boldsymbol{\mu}_i-\boldsymbol{\mu}_j)(\boldsymbol{x}-\boldsymbol{\mu}_i)^{\mathrm{T}} + \\
&\quad (\boldsymbol{x}-\boldsymbol{\mu}_i)(\boldsymbol{\mu}_i-\boldsymbol{\mu}_j)^{\mathrm{T}} + (\boldsymbol{\mu}_i-\boldsymbol{\mu}_j)(\boldsymbol{\mu}_i-\boldsymbol{\mu}_j)^{\mathrm{T}} \qquad (7-78)
\end{aligned}
$$

对式(7－78)两边求统计平均，得

$$
\underset{i}{E}\{(\boldsymbol{x}-\boldsymbol{\mu}_j)(\boldsymbol{x}-\boldsymbol{\mu}_j)^{\mathrm{T}}\} = \boldsymbol{\Sigma}_i + 0 + 0 + (\boldsymbol{\mu}_i-\boldsymbol{\mu}_j)(\boldsymbol{\mu}_i-\boldsymbol{\mu}_j)^{\mathrm{T}} \qquad (7-79)
$$

$$
\text{第二个积分式} = \mathrm{tr}[\boldsymbol{\Sigma}_j^{-1}\boldsymbol{\Sigma}_i] + \mathrm{tr}[\boldsymbol{\Sigma}_j^{-1}(\boldsymbol{\mu}_i-\boldsymbol{\mu}_j)(\boldsymbol{\mu}_i-\boldsymbol{\mu}_j)^{\mathrm{T}}] \qquad (7-80)
$$

根据式(7－77)、式(7－80)和式(7－76)，第 i 类对第 j 类的平均分离信息为

$$
I_{ij} = \frac{1}{2}\ln\frac{|\boldsymbol{\Sigma}_j|}{\boldsymbol{\Sigma}_i} + \frac{1}{2}\mathrm{tr}[\boldsymbol{\Sigma}_i(\boldsymbol{\Sigma}_j^{-1}-\boldsymbol{\Sigma}_i^{-1})] + \frac{1}{2}\mathrm{tr}[\boldsymbol{\Sigma}_j^{-1}(\boldsymbol{\mu}_i-\boldsymbol{\mu}_j)(\boldsymbol{\mu}_i-\boldsymbol{\mu}_j)^{\mathrm{T}}] \qquad (7-81)
$$

同样可以得到第 j 类对第 i 类的平均分离信息为

$$
I_{ji} = \frac{1}{2}\ln\frac{|\boldsymbol{\Sigma}_i|}{\boldsymbol{\Sigma}_j} + \frac{1}{2}\mathrm{tr}[\boldsymbol{\Sigma}_j(\boldsymbol{\Sigma}_i^{-1}-\boldsymbol{\Sigma}_j^{-1})] + \frac{1}{2}\mathrm{tr}[\boldsymbol{\Sigma}_i^{-1}(\boldsymbol{\mu}_j-\boldsymbol{\mu}_i)(\boldsymbol{\mu}_j-\boldsymbol{\mu}_i)^{\mathrm{T}}] \qquad (7-82)
$$

由式(7－81)和式(7－82)可以得到正态分布下的两个类别的总平均分离信息，即分散度为

$$J_{ij} = I_{ij} + I_{ji} = \frac{1}{2}\mathrm{tr}[(\boldsymbol{\Sigma}_i - \boldsymbol{\Sigma}_j)(\boldsymbol{\Sigma}_j^{-1} - \boldsymbol{\Sigma}_i^{-1})] +$$

$$\frac{1}{2}\mathrm{tr}[(\boldsymbol{\Sigma}_i^{-1} + \boldsymbol{\Sigma}_j^{-1})(\boldsymbol{\mu}_i - \boldsymbol{\mu}_j)(\boldsymbol{\mu}_i - \boldsymbol{\mu}_j)^{\mathrm{T}}] \tag{7-83}$$

在两类别为等协方差矩阵时,从马氏距离、巴氏距离及分散度可以得出相同的结果。不过这时巴氏距离的值是马氏距离和分散度距离值的$\frac{1}{8}$。

分散度 J_{ij} 中的第一项可以看成是当两类别的协方差不同时对于类别可分离性的贡献,而第二类则可以看成是两类别的期望值不同时的对类别可分离性的贡献。从巴氏距离的表达式和分散度的表达式可以看出,当两个类别协方差距离不同时期望值之差的影响可以用一个等效的协方差矩阵来计算。在巴氏距离的计算中,是用算术平均 $\frac{1}{2}(\boldsymbol{\Sigma}_i + \boldsymbol{\Sigma}_j)$ 作为这个等效协方差矩阵;而在分散度的计算中,则是用它们的几何平均 $\left[\frac{1}{2}(\boldsymbol{\Sigma}_i^{-1} + \boldsymbol{\Sigma}_j^{-1})\right]^{-1}$ 作为这个等效协方差矩阵,难以断定巴氏距离和分散度哪一个能更好地描述类别的可分离性,从不同的逻辑上看,各自都有其合理的一面,不过当 $(\mu_i - \mu_j)$ 变化时,所计算出来的巴氏距离和分散度的值都变大,都反映了类别的可分离性加大这一事实。

在两类别的协方差矩阵相同时,分散度跟巴氏距离是一致的,所以分散度的大小可以跟错误率有直接的关系。但在一般的情况下只能说分散度加大时错误率下降,难以确定定量的关系。这一点分散度则不及巴氏距离了。

7.4.1.3 分散度的性质

分散度有下述几个性质:

(1) $J_{ij} \geqslant 0$,当且仅当 $i = j$ 时,$J_{ij} = 0$。

(2) $J_{ij} = J_{ji}$,即公式是对称的。

(3) 如果各观察分量 $x_1, x_2, \cdots, x_n$ 是独立的,则分散度是各分量各自的分散度之和,即

$$J_{ij}(\boldsymbol{x}) = \sum_{k=1}^{n} J_{ij}(x_k) \tag{7-84}$$

(4) 在原来向量中加上一个分量,分散度只会加大(至少加上一个重复信息后分散度不变),而不会减小,即

$$J_{ij}(x_1, x_2, \cdots, x_n) \leqslant J_{ij}(x_1, x_2, \cdots, x_n, x_{n+1}) \tag{7-85}$$

(5) J_{ij} 不一定满足三角不等式,即下式不是总是成立的:

$$J_{ij} \leqslant J_{ik} + J_{kj} \tag{7-86}$$

一般来说称之为"距离"的东西应当满足 $d_{ij} \leqslant d_{ik} + d_{kj}$,由于分散度不一定能满足这个性质,故不称它是某种距离,但可以认为是一种广义的距离。

7.4.2 分散度用于特征选择

下面讨论在正态分布的情况下，运用分散度的概念，把 n 维向量降为 m 维向量，而使分散度下降较小。由分散度作为准则进行特征选择，比前两节的集群变换、K-L 变换要更合理一些。在上两节降维出现问题的地方，用分散度作准则，一般不大有问题，而且在正态情况下更是这样。

下面分三种情况讨论。

7.4.2.1 简单地从 n 个特征中挑选 m 个

这个方法，就是从 n 个特征中挑选出 m 个来，而不做任何坐标变换。

例如观察到的卫星照片，共有四个谱。即 $\boldsymbol{X}=(x_1, x_2, x_3, x_4)^{\mathrm{T}}$。要求从四谱中挑出两谱进行分类，把 M 个类别的目标分出来，问题是应当挑选哪两个谱。假定各类都是正态分布的。

运用分散度的概念进行这个工作。首先在 4 个谱($n=4$)的情况下，在训练区内对 M 个类别进行统计参数的估计，得到 M 个期望值向量 $\boldsymbol{\mu}_1, \boldsymbol{\mu}_2, \cdots, \boldsymbol{\mu}_M$，它们都是四维的，得到 M 个协方差矩阵 $\boldsymbol{\Sigma}_1, \boldsymbol{\Sigma}_2, \cdots, \boldsymbol{\Sigma}_M$，它们都是 4×4 矩阵。

然后计算出在不降维的情况下，两两类别之间分散度的值，即计算

$$J_{ij}(x_1, x_2, x_3, x_4)=\frac{1}{2}\mathrm{tr}[(\boldsymbol{\Sigma}_i-\boldsymbol{\Sigma}_j)(\boldsymbol{\Sigma}_j^{-1}-\boldsymbol{\Sigma}_i^{-1})]+\frac{1}{2}\mathrm{tr}[(\boldsymbol{\Sigma}_i^{-1}+\boldsymbol{\Sigma}_j^{-1})(\boldsymbol{\mu}_i-\boldsymbol{\mu}_j)(\boldsymbol{\mu}_i-\boldsymbol{\mu}_j)^{\mathrm{T}}]$$

式中：$i, j=1, 2, 3, \cdots, M$，且 $i\neq j$。共进行 C_M^2 次计算，再求出 $\min\limits_{ij}\{J_{ij}(x_1, x_2, x_3, x_4)\}$。由 $(J_{ij})_{\min}$ 可以预计某两个类别之间最难区分，并可估计出难分的程度。

如果 $(J_{ij})_{\min}$ 大，表明还不难分，说明可以降维。否则表明在不降维时已分不清了，因而不宜再降维。

现在要由 $n=4$ 降为 $m=2$ 维，就要在 n 维中任选 m 维，进行 $C_n^m=C_n^2$ 次分散度的计算，以求得 $(J_{ij})_{\min}$，列成表 7-1。

表 7-1 从 $n=4$ 降至 $m=2$ 维的各种组合方式

K \ L	1	2	3	4
1		$J_{\min}(x_1, x_2)$	$J_{\min}(x_1, x_3)$	$J_{\min}(x_1, x_4)$
2			$J_{\min}(x_2, x_3)$	$J_{\min}(x_2, x_4)$
3				$J_{\min}(x_3, x_4)$
4				

从表中挑出使 $J_{\min}$ 最大的那种组合。例如 $J_{\min}(x_2, x_3)$ 为表中最大的，则特征选择可

选取 x_2 和 x_3，而丢弃 x_1 和 x_4 这两个特征。并且从 $J_{\min}(x_2, x_3)$ 中还可预测出在降为二维后，哪两个类别最难分以及难分的程度如何。

如果 $\max[J_{\min}(x_k, x_j)]$ 不太小，可预计降维之后分类器的性能不会变差多少，问题已解决。但是如果 $\max[J_{\min}(x_k, x_j)]$ 太小，那么可以考虑降为三维而不是二维。

由 J_{ij} 可以比较降维前后类别可分离性变差的程度，直观地反映出如果取哪几个谱，哪两个类别不易分开。大大有助于对数据分布情况的了解，特别在高维时。

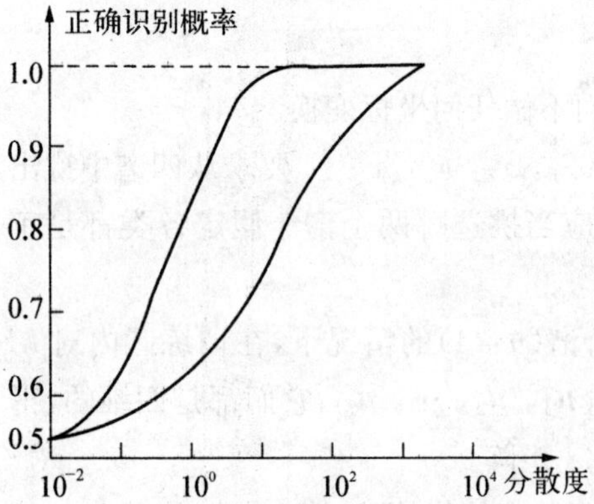

图 7-10 正确识别概率与分散度的关系

这个方法理论简单，实现方便。降维后的协方差矩阵，只要从原来协方差矩阵中取出第 k 和 l 的行和列就可以构成。而期望值向量只要从原来期望值向量中取出第 k 和 l 个分量即可，在程序的执行上是十分方便的。用分散度的概念进行分析，在一般情况下无法说出它与错误率的精确关系，或者说与错误率上界的关系。但对于正态分布的情况，有人用 Monte Carlo 模拟进行实验，得到了如图 7-10 所示的界限，在分散度确定之后，正确地识别概率限制在两条曲线之间。应注意到分散度的轴是以对数方式刻度的。

7.4.2.2 等协方差矩阵的情况

在各类别的分布都是正态分度且等协方差矩阵的情况下，可以把坐标轴移到协方差矩阵 $\boldsymbol{\Sigma}$ 的特征向量的位置上进行处理。这样便于与集群变换法和 K-L 变换法作对比。

在等协方差矩阵时，分散度蜕变为马氏距离：

$$J_{ij} = (\boldsymbol{\mu}_i - \boldsymbol{\mu}_j)^{\mathrm{T}}\boldsymbol{\Sigma}^{-1}(\boldsymbol{\mu}_i - \boldsymbol{\mu}_j) = r_{ij} \tag{7-87}$$

协方差矩阵 $\boldsymbol{\Sigma}$ 有 n 个特征值 $\lambda_1, \lambda_2, \cdots, \lambda_n$，对应有特征向量 $\boldsymbol{\phi}_1, \boldsymbol{\phi}_2, \cdots, \boldsymbol{\phi}_n$，这些特征向量已正交归一。现在取 $\boldsymbol{\phi}_1, \cdots, \boldsymbol{\phi}_m (m \leqslant n)$ 这 m 个特征向量，构成变换矩阵 $\boldsymbol{A}$：

$$\boldsymbol{A} = \begin{bmatrix} \boldsymbol{\phi}_1^{\mathrm{T}} \\ \boldsymbol{\phi}_2^{\mathrm{T}} \\ \vdots \\ \boldsymbol{\phi}_m^{\mathrm{T}} \end{bmatrix} \tag{7-88}$$

用 $\boldsymbol{A}$ 对样本进行变换后，两个类别的期望值向量变为（上标 * 表示变换后的量）

$$\boldsymbol{\mu}_i^* = \boldsymbol{A}\boldsymbol{\mu}_i \qquad \boldsymbol{\mu}_j^* = \boldsymbol{A}\boldsymbol{\mu}_j \tag{7-89}$$

原来的协方差矩阵 $\boldsymbol{\Sigma}$ 变为

$$\boldsymbol{\Sigma}^* = \boldsymbol{A}\Sigma\boldsymbol{A}^{\mathrm{T}} = \begin{bmatrix} \lambda_1 & \cdots & 0 \\ \vdots & \ddots & \vdots \\ 0 & \cdots & \lambda_m \end{bmatrix} \tag{7-90}$$

则
$$[\boldsymbol{\Sigma}^*]^{-1}=\begin{pmatrix}\frac{1}{\lambda_1} & \cdots & 0\\ \vdots & \ddots & \vdots\\ 0 & \cdots & \frac{1}{\lambda_m}\end{pmatrix} \tag{7-91}$$

这时的分散度$\boldsymbol{J}_{ij}$，或马氏距离r_{ij}变为

$$\boldsymbol{J}_{ij}^*=\boldsymbol{r}_{ij}^*=(\boldsymbol{\mu}_i^*-\boldsymbol{\mu}_j^*)^{\mathrm{T}}(\boldsymbol{\Sigma}^*)^{-1}(\boldsymbol{\mu}_i^*-\boldsymbol{\mu}_j^*) \tag{7-92}$$

$\boldsymbol{\mu}_i^*$的第k个分量为

$$(\boldsymbol{\mu}_i^*)_k=(\boldsymbol{A}\mu_i)_k=\boldsymbol{\phi}_k^{\mathrm{T}}\boldsymbol{\mu}_i=\boldsymbol{\mu}_i^{\mathrm{T}}\boldsymbol{\phi}_k$$

因而有

$$(\boldsymbol{\mu}_i^*-\boldsymbol{\mu}_j^*)_k=(\boldsymbol{\mu}_i-\boldsymbol{\mu}_j)^{\mathrm{T}}\boldsymbol{\phi}_k \tag{7-93}$$

由式(7-92)、式(7-93)，得

$$\boldsymbol{J}_{ij}^*=\boldsymbol{r}_{ij}^*=\sum_{k=1}^{m}\frac{1}{\lambda_k}\boldsymbol{\phi}_k^{\mathrm{T}}(\boldsymbol{\mu}_i-\boldsymbol{\mu}_j)(\boldsymbol{\mu}_i-\boldsymbol{\mu}_j)^{\mathrm{T}}\boldsymbol{\phi}_k=\sum_{k=1}^{m}\frac{\boldsymbol{\phi}_k^{\mathrm{T}}\boldsymbol{\delta}\boldsymbol{\delta}^{\mathrm{T}}\boldsymbol{\phi}_k}{\lambda_k} \tag{7-94}$$

式中：$\boldsymbol{\delta}=\boldsymbol{\mu}_i-\boldsymbol{\mu}_j$

式(7-94)表明等协方差矩阵时，在$\boldsymbol{\Sigma}$的特征向量方向上的每个分量对子类别可分离性的贡献(现在用分散度来衡量)是

$$(\boldsymbol{J}_{ij}^*)_k=(\boldsymbol{r}_{ij}^*)_k=\frac{\boldsymbol{\phi}_k^{\mathrm{T}}\boldsymbol{\delta}\boldsymbol{\delta}^{\mathrm{T}}\boldsymbol{\phi}_k}{\lambda_k} \tag{7-95}$$

式(7-94)和式(7-95)表明应当取$(\boldsymbol{J}_{ij}^*)_k$大的$m$个特征向量来构成变换矩阵$\boldsymbol{A}$，进行变换而舍弃其他特征向量的方向，这比简单地根据λ_k的大小或$\boldsymbol{\delta}\boldsymbol{\delta}^{\mathrm{T}}$的大小来决定取舍要好。这里是综合考虑了期望值向量和在这个方向上的差异以及特征值的大小再作出决定。

$\boldsymbol{\phi}_k^{\mathrm{T}}\boldsymbol{\delta}\boldsymbol{\delta}^{\mathrm{T}}\boldsymbol{\phi}_k$即$\|\boldsymbol{\phi}_k^{\mathrm{T}}\boldsymbol{\delta}\|^2$是$\boldsymbol{\mu}_i-\boldsymbol{\mu}_j$在$\boldsymbol{\phi}_k$方向上的投影之平方，而特征值反映了在这个方向上的方差。

7.4.2.3 最佳变换矩阵$\boldsymbol{A}$的找法

前面我们讨论了一个n维两类问题降维成m维问题的几种方法。当然并没有理由只在原始坐标轴的方向上取m个分量。或者在$\boldsymbol{\Sigma}$的n个特征向量方向上选m个分量。变换后的新基完全可以在其他m个方向上。现在来求较为一般的意义上寻找矩阵$\boldsymbol{A}$的方法。

寻找$\boldsymbol{A}$的原则是寻找一个$m\times n$矩阵$\boldsymbol{A}$，使得降为m维后，分散度$\boldsymbol{J}_{ij}^*$为最大。

设原来n维的样本是$\boldsymbol{X}$。两个类别之间的分散度是

$$J_{12} = \int [p_1(\boldsymbol{x}) - p_2(\boldsymbol{x})] \ln \frac{p_1(\boldsymbol{x})}{p_2(\boldsymbol{x})} \mathrm{d}\boldsymbol{x} \tag{7-96}$$

要求找 $m \times n$ 矩阵 $\boldsymbol{A}$，把 n 维样本 $\boldsymbol{x}$，降维为 m 维样本 $\boldsymbol{y}$，即 $\boldsymbol{y} = \boldsymbol{A}\boldsymbol{x}$

交换之后，在 m 维空间中，新的分散度为

$$J_{12}^* = \int [p_1(\boldsymbol{y}) - p_2(\boldsymbol{y})] \ln \frac{p_1(\boldsymbol{y})}{p_2(\boldsymbol{y})} \mathrm{d}\boldsymbol{y} \tag{7-97}$$

两个类别的期望值向量和协方差矩阵变为

$$\boldsymbol{\mu}_1^* = \boldsymbol{\mu}_1 \qquad \boldsymbol{\mu}_2^* = \boldsymbol{\mu}_2$$

$$\boldsymbol{\delta}^* = \boldsymbol{\mu}_1^* - \boldsymbol{\mu}_2^* = \boldsymbol{A}(\boldsymbol{\mu}_1 - \boldsymbol{\mu}_2) = \boldsymbol{A}\boldsymbol{\delta}$$

$$\boldsymbol{\Sigma}_1^* = \boldsymbol{A}\boldsymbol{\Sigma}_1\boldsymbol{A}^{\mathrm{T}} \qquad \boldsymbol{\Sigma}_2^* = \boldsymbol{A}\boldsymbol{\Sigma}_2\boldsymbol{A}^{\mathrm{T}}$$

在上述条件下，分散度表达式为

$$J_{12}^* = \frac{1}{2}\mathrm{tr}[(\boldsymbol{\Sigma}_2^*)^{-1}(\boldsymbol{\Sigma}_1^*) + (\boldsymbol{\Sigma}_1^*)^{-1}(\boldsymbol{\Sigma}_2^*)] - m + \frac{1}{2}\mathrm{tr}\{[(\boldsymbol{\Sigma}_1^*)^{-1} + (\boldsymbol{\Sigma}_2^*)^{-1}]\boldsymbol{\delta}^*\boldsymbol{\delta}^{*\mathrm{T}}\} \tag{7-98}$$

在式(7-98)的基础上，寻找使 $\dfrac{\mathrm{d}J_{12}^*}{\mathrm{d}\boldsymbol{A}} = 0$ 的 $\boldsymbol{A}$ 矩阵。

对于寻找这样一个 $\boldsymbol{A}$ 的结论为：

应当使 $n \times m$ 矩阵 $\boldsymbol{G} = \boldsymbol{0}$)（零矩阵），而 $\boldsymbol{G} = \boldsymbol{G}_{n \times m}$ 的表达式是：

$$\begin{aligned}\boldsymbol{G} = &\sum_{k=1}^{m}(1 - \lambda_k^{-2})(\boldsymbol{\Sigma}_1\boldsymbol{A}^{\mathrm{T}} - \lambda_k\boldsymbol{\Sigma}_2\boldsymbol{A}^{\mathrm{T}})\boldsymbol{\phi}_k\boldsymbol{\phi}_k^{\mathrm{T}} + (\boldsymbol{\delta}\boldsymbol{\delta}^{\mathrm{T}}\boldsymbol{A}^{\mathrm{T}} - \lambda_{m+1}\boldsymbol{\Sigma}_1\boldsymbol{A}^{\mathrm{T}})\boldsymbol{\phi}_{m+1}\boldsymbol{\phi}_{m+1}^{\mathrm{T}} + \\ &(\boldsymbol{\delta}\boldsymbol{\delta}^{\mathrm{T}}\boldsymbol{A}^{\mathrm{T}} - \lambda_{m+2}\boldsymbol{\Sigma}_2\boldsymbol{A}^{\mathrm{T}})\boldsymbol{\phi}_{m+2}\boldsymbol{\phi}_{m+2}^{\mathrm{T}}\end{aligned} \tag{7-99}$$

式中的各个参数含义如下：

(1) λ_k 和 $\boldsymbol{\phi}_k$ 是 $(\boldsymbol{\Sigma}_2^*)^{-1}\boldsymbol{\Sigma}_1^*$ 的特征值和特征向量，而且 $\boldsymbol{\phi}_k$ 已按 $\boldsymbol{\phi}_k^{\mathrm{T}}\boldsymbol{\Sigma}_2^*\boldsymbol{\phi}_k = 1$ 进行了归一，而并不按欧氏长度来统一。

(2) λ_{m+1} 和 $\boldsymbol{\phi}_{m+1}$ 是 $(\boldsymbol{\Sigma}_1^*)^{-1}\boldsymbol{\delta}^*\boldsymbol{\delta}^{*\mathrm{T}}$ 的特征值和特征向量，且 $\boldsymbol{\phi}_{m+1}$ 已按 $\boldsymbol{\phi}_{m+1}^{\mathrm{T}}\boldsymbol{\Sigma}_1^*\boldsymbol{\phi}_{m+1} = 1$ 进行了归一。

(3) λ_{m+2} 和 $\boldsymbol{\phi}_{m+2}$ 是 $(\boldsymbol{\Sigma}_2^*)^{-1}\boldsymbol{\delta}^*\boldsymbol{\delta}^{*\mathrm{T}}$ 的特征值和特征向量，且 $\boldsymbol{\phi}_{m+2}$ 已按 $\boldsymbol{\phi}_{m+2}^{\mathrm{T}}\boldsymbol{\Sigma}_2^*\boldsymbol{\phi}_{m+2} = 1$ 进行了归一。

应指出 $\boldsymbol{G} = \boldsymbol{0}$ 这个方程，应当用数值方法来求解，而没有闭式解。

下面仅仅就两种特殊情况进行分析。

第一种情况：$\boldsymbol{\Sigma}_1 = \boldsymbol{\Sigma}_2 = \boldsymbol{\Sigma}$, $\boldsymbol{\mu}_1 \neq \boldsymbol{\mu}_2$。下面分六步进行讨论。

(1) λ_k 和 $\boldsymbol{\phi}_k$ 是 $(\boldsymbol{\Sigma}_2^*)^{-1}\boldsymbol{\Sigma}_1^*$ 的特征值和特征向量。

因为 $\boldsymbol{\Sigma}_1 = \boldsymbol{\Sigma}_2$ 　　所以 $\boldsymbol{\Sigma}_1^* = \boldsymbol{\Sigma}_2^*$

所以$(\boldsymbol{\Sigma}_2^*)^{-1}\boldsymbol{\Sigma}_1^* = \boldsymbol{I}$，其特征值$\lambda_k = 1$

所以 $$\boldsymbol{\Sigma}_1\boldsymbol{A}^{\mathrm{T}} - \lambda_k\boldsymbol{\Sigma}_2\boldsymbol{A}^{\mathrm{T}} = \boldsymbol{0}$$

因此$\boldsymbol{G}$的表达式中第一项为$\boldsymbol{0}$[见式(7-99)]。

(2) λ_{m+1}和$\boldsymbol{\phi}_{m+1}$是$(\boldsymbol{\Sigma}_1^*)^{-1}\boldsymbol{\delta}^*\boldsymbol{\delta}^{*\mathrm{T}}$的特征值和特征向量，$\lambda_{m+2}$和$\boldsymbol{\phi}_{m+2}$是$(\boldsymbol{\Sigma}_2^*)^{-1}\boldsymbol{\delta}^*\boldsymbol{\delta}^{*\mathrm{T}}$的特征值和特征向量。

因为 $$\boldsymbol{\Sigma}_1 = \boldsymbol{\Sigma}_2 = \boldsymbol{\Sigma}, \quad \boldsymbol{\Sigma}_1^* = \boldsymbol{\Sigma}_2^*$$

所以$\boldsymbol{G}$的表达式可以简化为

$$\boldsymbol{G} = 2(\boldsymbol{\delta\delta}^{\mathrm{T}}\boldsymbol{A}^{\mathrm{T}} - \lambda_{m+1}\boldsymbol{\Sigma A}^{\mathrm{T}})\boldsymbol{\phi}_{m+1}\boldsymbol{\phi}_{m+1}^{\mathrm{T}} = \boldsymbol{0} \tag{7-100}$$

(3) $\boldsymbol{\Sigma}_1 = \boldsymbol{\Sigma}_2 = \boldsymbol{\Sigma}$时，可以降为一维，也不会减少分散度。因此选择$m = 1$，则$\boldsymbol{A}$阵为

$$\boldsymbol{A} = \boldsymbol{A}_{1\times n} \overset{\text{def}}{=\!=} \boldsymbol{a}^{\mathrm{T}} \tag{7-101}$$

式中：$\boldsymbol{a}$是向量，是未知的。现在要求$\boldsymbol{a}$。

$$(\boldsymbol{\Sigma}_1^*)^{-1}\boldsymbol{\delta}^*\boldsymbol{\delta}^{*\mathrm{T}} = (\boldsymbol{A\Sigma A}^{\mathrm{T}})^{-1}\boldsymbol{A\delta\delta}^{\mathrm{T}}\boldsymbol{A}^{\mathrm{T}} = (\boldsymbol{a}^{\mathrm{T}}\boldsymbol{\Sigma a})^{-1}\boldsymbol{a}^{\mathrm{T}}\boldsymbol{\delta\delta}^{\mathrm{T}}\boldsymbol{a} = \frac{\boldsymbol{a}^{\mathrm{T}}\boldsymbol{\delta\delta}^{\mathrm{T}}\boldsymbol{a}}{\boldsymbol{a}^{\mathrm{T}}\boldsymbol{\Sigma a}} \tag{7-102}$$

式(7-102)实际上是一个标量，可以认为$(\boldsymbol{\Sigma}_1^*)^{-1}\boldsymbol{\delta}^*\boldsymbol{\delta}^{*\mathrm{T}}$的特征值$\lambda_{m+1}$即式(7-102)：

$$\lambda_{m+1} = \frac{\boldsymbol{a}^{\mathrm{T}}\boldsymbol{\delta\delta}^{\mathrm{T}}\boldsymbol{a}}{\boldsymbol{a}^{\mathrm{T}}\boldsymbol{\Sigma a}} \tag{7-103}$$

(4) 进一步化简$\boldsymbol{G}$的表达式：

$$\boldsymbol{G} = 2(\boldsymbol{\delta\delta}^{\mathrm{T}}\boldsymbol{A}^{\mathrm{T}} - \lambda_{m+1}\boldsymbol{\Sigma A}^{\mathrm{T}})\boldsymbol{\phi}_{m+1}\boldsymbol{\phi}_{m+1}^{\mathrm{T}} = 2\left(\boldsymbol{\delta\delta}^{\mathrm{T}}\boldsymbol{a} - \frac{\boldsymbol{a}^{\mathrm{T}}\boldsymbol{\delta\delta}^{\mathrm{T}}\boldsymbol{a}}{\boldsymbol{a}^{\mathrm{T}}\boldsymbol{\Sigma a}}\boldsymbol{\Sigma a}\right)\boldsymbol{\phi}^2 \tag{7-104}$$

式(7-104)中用了这样一个推导，即化为一维时，$\boldsymbol{\phi}_{m+1}$成为一个1×1向量，这是一个标量，用ϕ表示，因而$\boldsymbol{\phi}_{m+1}\boldsymbol{\phi}_{m+1}^{\mathrm{T}} = \boldsymbol{\phi\phi}^{\mathrm{T}} = \boldsymbol{\phi}^2$。

这时$\boldsymbol{G}$是一个$n \times m = n\times 1$矩阵，即$\boldsymbol{G}$是一个n维向量。

(5) 要有$\boldsymbol{G} = \boldsymbol{0}$，应有

$$\boldsymbol{\delta\delta}^{\mathrm{T}}\boldsymbol{a} = \frac{\boldsymbol{a}^{\mathrm{T}}\boldsymbol{\delta\delta}^{\mathrm{T}}\boldsymbol{a}}{\boldsymbol{a}^{\mathrm{T}}\boldsymbol{\Sigma a}}\boldsymbol{\Sigma a}$$

两边乘上$\boldsymbol{\Sigma}^{-1}$，有

$$(\boldsymbol{\Sigma}^{-1}\boldsymbol{\delta\delta}^{\mathrm{T}})\boldsymbol{a} = \frac{\boldsymbol{a}^{\mathrm{T}}\boldsymbol{\delta\delta}^{\mathrm{T}}\boldsymbol{a}}{\boldsymbol{a}^{\mathrm{T}}\boldsymbol{\Sigma a}}\boldsymbol{a} \tag{7-105}$$

由式(7-105)可知，$\boldsymbol{a}$是矩阵$\boldsymbol{\Sigma}^{-1}\boldsymbol{\delta\delta}^{\mathrm{T}}$的特征向量，而且与它的唯一的一个非0特征值相对应。$\boldsymbol{\Sigma}^{-1}\boldsymbol{\delta\delta}^{\mathrm{T}}$的秩为1，它只有一个非0特征值。

这样即求得了变换矩阵$\boldsymbol{A} = \boldsymbol{a}^{\mathrm{T}}$。

(6) 求这样的降维,(即降为一维)后的分散度

$$J_{12}^{*} = 0 + \frac{1}{2}\mathrm{tr}\{[(\boldsymbol{\Sigma}_1^{*})^{-1} + (\boldsymbol{\Sigma}_2^{*})^{-1}]\boldsymbol{\delta}^{*}\boldsymbol{\delta}^{*\mathrm{T}}\} = \mathrm{tr}[(\boldsymbol{\Sigma}^{*})^{-1}\boldsymbol{\delta}^{*}\boldsymbol{\delta}^{*\mathrm{T}}]$$

$$= \mathrm{tr}[(\boldsymbol{A\Sigma A}^{\mathrm{T}})^{-1}\boldsymbol{A\delta}\ (\boldsymbol{A\delta}\ )^{\mathrm{T}}] = \mathrm{tr}[(\boldsymbol{a}^{\mathrm{T}}\boldsymbol{\Sigma a})^{-1}\boldsymbol{a}^{\mathrm{T}}\boldsymbol{\delta\delta}^{\mathrm{T}}\boldsymbol{a}] = \frac{\boldsymbol{a}^{\mathrm{T}}\boldsymbol{\delta\delta}^{\mathrm{T}}\boldsymbol{a}}{\boldsymbol{a}^{\mathrm{T}}\boldsymbol{\Sigma a}}$$

$$= \lambda_{m+1} \tag{7-106}$$

式(7-106)表明,在降维之后,分散度是$\boldsymbol{\Sigma}^{-1}\boldsymbol{\delta\delta}^{\mathrm{T}}$的非0特征值对应的特征向量的方向,就是使$J_{12}^{*}$为极大值的那个方向。而在这种变换下,降维前后分散度并不改变。理由如下。

未降维前的分散度是

$$J_{12} = \frac{1}{2}\mathrm{tr}[(\boldsymbol{\Sigma}_1^{-1} + \boldsymbol{\Sigma}_2^{-1})\boldsymbol{\delta\delta}^{\mathrm{T}}] = \mathrm{tr}(\boldsymbol{\Sigma}^{-1}\boldsymbol{\delta\delta}^{\mathrm{T}})$$

因为$\boldsymbol{\Sigma}^{-1}\boldsymbol{\delta\delta}^{\mathrm{T}}$的秩为1,所以它仅有一个非0的特征值。于是有

$$J_{12} = \mathrm{tr}(\boldsymbol{\Sigma}^{-1}\boldsymbol{\delta\delta}^{\mathrm{T}}) = \boldsymbol{\lambda}_{m+1} = \boldsymbol{J}_{12}^{*}$$

由分散度作为准则分析时,同时考虑到了中心差$\boldsymbol{\delta} = \boldsymbol{\mu}_1 - \boldsymbol{\mu}_2$和协方差矩阵$\boldsymbol{\Sigma}$的作用,效果比上两节介绍的集群变换和K-L变换要好。

第二种情况:$\boldsymbol{\mu}_1 = \boldsymbol{\mu}_2 = \boldsymbol{\mu}$, $\boldsymbol{\Sigma}_1 \neq \boldsymbol{\Sigma}_2$

$\boldsymbol{G}$可以简化为

$$\boldsymbol{G} = \sum_{k=1}^{m}(1 - \boldsymbol{\lambda}_k^{-2})(\boldsymbol{\Sigma}_1\boldsymbol{A}^{\mathrm{T}} - \boldsymbol{\lambda}_k\boldsymbol{\Sigma}_2\boldsymbol{A}^{\mathrm{T}})\boldsymbol{\phi}_k\boldsymbol{\phi}_k^{\mathrm{T}} = \boldsymbol{0} \tag{7-107}$$

由式(7-107)解出$\boldsymbol{A}$。

变换矩阵$\boldsymbol{A}$,由$\boldsymbol{\Sigma}_2^{-1}\boldsymbol{\Sigma}_1$的特征向量中任取$m$个构成$\boldsymbol{A}_{m\times n}$,这时可使变换后$\boldsymbol{J}_{12}^{*} = (\boldsymbol{J}_{12}^{*})_{\max}$。

证明:下面分四步证明上述结论。

设$\boldsymbol{a}_k$为$\boldsymbol{\Sigma}_2^{-1}\boldsymbol{\Sigma}_1$的特征向量,即

$$[\boldsymbol{\Sigma}_2^{-1}\boldsymbol{\Sigma}_1]\boldsymbol{a}_k = \boldsymbol{\alpha}_k\boldsymbol{a}_k$$

且$\boldsymbol{a}_k$对$\boldsymbol{\Sigma}_k$归一化: $\begin{cases}\boldsymbol{a}_k^{\mathrm{T}}\boldsymbol{\Sigma}_2\boldsymbol{a}_k = 1 & (j = k)\\ \boldsymbol{a}_j^{\mathrm{T}}\boldsymbol{\Sigma}_2\boldsymbol{a}_k = 0 & (j \neq k)\end{cases}$

(1) 令

$$\boldsymbol{A} = \begin{bmatrix}\boldsymbol{a}_1^{\mathrm{T}}\\ \vdots\\ \boldsymbol{a}_m^{\mathrm{T}}\end{bmatrix}$$

因为$\boldsymbol{a}_k$已对$\boldsymbol{\Sigma}_2$归一化,所以$\boldsymbol{A\Sigma}_2\boldsymbol{A}^{\mathrm{T}} = \boldsymbol{I}_{m\times m}$

因为
$$[\boldsymbol{\Sigma}_2^{-1}\boldsymbol{\Sigma}_1]\boldsymbol{a}_k = \boldsymbol{\alpha}_k\boldsymbol{a}_k$$

所以
$$\boldsymbol{\Sigma}_1 \boldsymbol{a}_k = \boldsymbol{\alpha}_k \boldsymbol{\Sigma}_2 \boldsymbol{a}_k \tag{7-108}$$

$$\boldsymbol{a}_k^{\mathrm{T}} \boldsymbol{\Sigma}_1 \boldsymbol{a}_k = \boldsymbol{\alpha}_k \boldsymbol{a}_k^{\mathrm{T}} \boldsymbol{\Sigma}_2 \boldsymbol{a}_k = \boldsymbol{\alpha}_k$$

由上式得

$$\boldsymbol{A}\boldsymbol{\Sigma}_1 \boldsymbol{A}^{\mathrm{T}} = \begin{Bmatrix} \alpha_1 & \cdots & 0 \\ \vdots & \ddots & \vdots \\ 0 & \cdots & \alpha_m \end{Bmatrix}$$

这样可得变换后的协方差矩阵为

$$\boldsymbol{\Sigma}_1^* = \boldsymbol{A}\boldsymbol{\Sigma}_1 \boldsymbol{A}^{\mathrm{T}} = \begin{pmatrix} \alpha_1 & \cdots & 0 \\ \vdots & \ddots & \vdots \\ 0 & \cdots & \alpha_n \end{pmatrix}, \quad \text{这是一个对角阵。}$$

$$\boldsymbol{\Sigma}_2^* = \boldsymbol{A}\boldsymbol{\Sigma}_2 \boldsymbol{A}^{\mathrm{T}} = \begin{pmatrix} 1 & \cdots & 0 \\ \vdots & \ddots & \vdots \\ 0 & \cdots & 1 \end{pmatrix}, \quad \text{这是一个单位阵。}$$

(2) 在 $\boldsymbol{G}$ 的表达式中，$\boldsymbol{\phi}_k$ 是 $(\boldsymbol{\Sigma}_2^*)^{-1}\boldsymbol{\Sigma}_1^*$ 的特征向量。

因为
$$\boldsymbol{\Sigma}_2^* = \boldsymbol{I}$$
所以
$$(\boldsymbol{\Sigma}_2^*)^{-1}\boldsymbol{\Sigma}_1^* = \boldsymbol{\Sigma}_1^*$$
故 $\boldsymbol{\phi}_k$ 成为 $\boldsymbol{\Sigma}_1^*$ 的特征向量，且要使下式成立：

$$\boldsymbol{\phi}_k^{\mathrm{T}} \boldsymbol{\Sigma}_2^* \boldsymbol{\phi}_k = \boldsymbol{\phi}_k^{\mathrm{T}} \boldsymbol{\phi}_k = 1$$

由上述分析可知：

$$(\boldsymbol{\Sigma}_2^*)^{-1}\boldsymbol{\Sigma}_1^* = \begin{pmatrix} \alpha_1 & \cdots & 0 \\ \vdots & \ddots & \vdots \\ 0 & \cdots & \alpha_m \end{pmatrix}$$
的特征值和特征向量分别为

$$\lambda_k = \alpha_k \tag{7-109}$$

$$\boldsymbol{\phi}_k = (0, \cdots, 0, 1, 0, \cdots, 0)^{\mathrm{T}} \quad (k = 1, 2, \cdots, m) \tag{7-110}$$

(3) 当用式(7-110)那样的 $\boldsymbol{\phi}_k$ 左乘 $(\boldsymbol{A}_{m\times n})^{\mathrm{T}}$ 时，相当于取出构成 $\boldsymbol{A}_{m\times n}$ 矩阵的第 k 个向量，即

$$(\boldsymbol{A}_{m\times n})^{\mathrm{T}} \boldsymbol{\phi}_k = \boldsymbol{a}_k \tag{7-111}$$

(4) 对 $\boldsymbol{G}$ 的表达式进一步求它的值：

$$\boldsymbol{G} = \sum_{k=1}^{m} (1 - \lambda_k^{-2})(\boldsymbol{\Sigma}_1 \boldsymbol{A}^{\mathrm{T}} - \lambda_k \boldsymbol{\Sigma}_2 \boldsymbol{A}^{\mathrm{T}}) \boldsymbol{\phi}_k \boldsymbol{\phi}_k^{\mathrm{T}}$$

$$
\begin{aligned}
&= \sum_{k=1}^{m}(1-\lambda_k^{-2})(\boldsymbol{\Sigma}_1\boldsymbol{A}^{\mathrm{T}}\boldsymbol{\phi}_k-\lambda_k\boldsymbol{\Sigma}_2\boldsymbol{A}^{\mathrm{T}}\boldsymbol{\phi}_k)\boldsymbol{\phi}_k^{\mathrm{T}}\\
&= \sum_{k=1}^{m}(1-\lambda_k^{-2})(\boldsymbol{\Sigma}_1\boldsymbol{a}_k-\lambda_k\boldsymbol{\Sigma}_2\boldsymbol{a}_k)\boldsymbol{\phi}_k^{\mathrm{T}}\\
&= \sum_{k=1}^{m}(1-\lambda_k^{-2})(\boldsymbol{\alpha}_k\boldsymbol{\Sigma}_2\boldsymbol{a}_k-\boldsymbol{\alpha}_k\boldsymbol{\Sigma}_2\boldsymbol{a}_k)\boldsymbol{\phi}_k^{\mathrm{T}}\\
&= \mathbf{0}
\end{aligned}
$$

表明 $\boldsymbol{G}=\mathbf{0}$，故这时 $\boldsymbol{J}_{12}^{*}$ 取极值。

下面求 $\boldsymbol{J}_{12}^{*}$。由式(7-83)，得

$$
\begin{aligned}
\boldsymbol{J}_{12}^{*} &= \frac{1}{2}\mathrm{tr}[\boldsymbol{\Sigma}_1^{*}(\boldsymbol{\Sigma}_2^{*})^{-1}]+\frac{1}{2}\mathrm{tr}[\boldsymbol{\Sigma}_2^{*}(\boldsymbol{\Sigma}_1^{*})^{-1}]-m\\
&= \frac{1}{2}\mathrm{tr}[\boldsymbol{A}\boldsymbol{\Sigma}_1\boldsymbol{A}^{\mathrm{T}}]+\frac{1}{2}\mathrm{tr}[(\boldsymbol{A}\boldsymbol{\Sigma}_1\boldsymbol{A}^{\mathrm{T}})^{-1}]-m\\
&= \frac{1}{2}\sum_{k=1}^{m}\left[\alpha_k+\frac{1}{\alpha_k}\right]-m
\end{aligned}
\tag{7-112}
$$

在上式的推导中应用了下述关系：

$$
\boldsymbol{\Sigma}_2^{*}=\boldsymbol{I}
$$

$$
\boldsymbol{\Sigma}_1^{*}=\boldsymbol{A}\boldsymbol{\Sigma}_1\boldsymbol{A}^{\mathrm{T}}=\begin{pmatrix}\alpha_1 & \cdots & 0\\ \vdots & \ddots & \vdots\\ 0 & \cdots & \alpha_m\end{pmatrix}
$$

又由式(7-109)：

$$
\boldsymbol{J}_{12}^{*}=\frac{1}{2}\sum_{k=1}^{m}\left[\boldsymbol{\lambda}_k+\frac{1}{\boldsymbol{\lambda}_k}\right]-m \tag{7-113}
$$

式(7-113)表明，应当求出 $\boldsymbol{\Sigma}_2^{-1}\boldsymbol{\Sigma}_1$ 的特征向量中对应 $\lambda_k+\dfrac{1}{\lambda_k}$ 大的 m 个特征向量来构成变换矩阵 $\boldsymbol{A}$。一般来说，$\boldsymbol{\Sigma}_2^{-1}\boldsymbol{\Sigma}_1$ 不是实对称矩阵，求其特征向量及特征值有现成的程序可以调用。

习　题

7.1　简述特征提取与选择的必要性。

7.2　简述特征提取与特征选择的区别。

7.3　已知两类问题：$P(\omega_1)=P(\omega_2)=0.5$，两类的分类样本集为

$$\mathscr{X}_1=\left\{\begin{pmatrix}0\\0\end{pmatrix}\begin{pmatrix}-1\\0\end{pmatrix}\begin{pmatrix}1\\0\end{pmatrix}\begin{pmatrix}0\\2\end{pmatrix}\begin{pmatrix}0\\-2\end{pmatrix}\right\}$$

$$\mathscr{X}_2=\left\{\begin{pmatrix}10\\10\end{pmatrix}\begin{pmatrix}9\\10\end{pmatrix}\begin{pmatrix}11\\10\end{pmatrix}\begin{pmatrix}10\\12\end{pmatrix}\begin{pmatrix}10\\8\end{pmatrix}\right\}$$

求用下列方法降为一维应怎么做，并计算降为一维后两类间的马氏距离，以便比较。

(1) 集群变换；

(2) 最有描述的 K－L 变换；

(3) 最优区分的 K－L 变换；

(4) 以离散度为准则在 $\mathscr{X}_1$，$\mathscr{X}_2$ 中简单挑选一个；

(5) 以离散度最优化方法求最优线性变化阵。

7.4　对下列个图所示情形选择两种合适的降维方法，并说明理由。

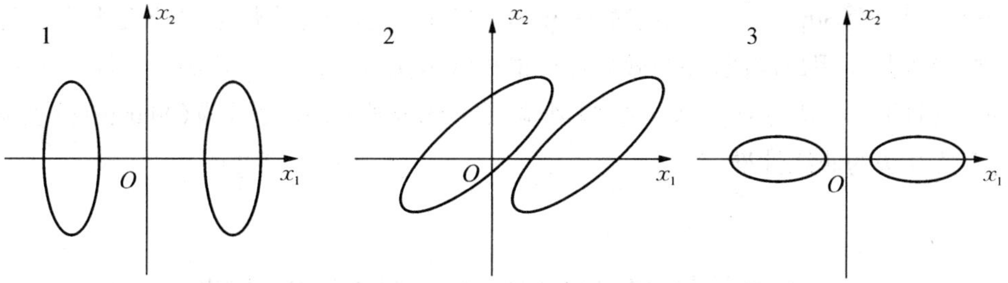

7.5　证明如果 $d_{ij}(x_1, x_2, \cdots, x_m)$ 是以 m 个特征为基础的分散度，加入一个新的特征 x_{m+1}，不能减少分散度，即

$$d_{ij}(x_1, x_2, \cdots, x_m) \leqslant d_{ij}(x_1, x_2, \cdots, x_m, x_{m+1})$$

7.6　证明如果各特征统计独立，那么可由下式给出分散度：

$$d_{ij}(x_1, x_2, \cdots, x_m) = \sum_{i=1}^{l} d_{ij}(x_i)$$

7.7　若有下列两类样本集：

ω_1：$x_{11}=(0, 0, 0)^{\mathrm{T}}$，$x_{12}=(1, 0, 0)^{\mathrm{T}}$，$x_{13}=(1, 0, 1)^{\mathrm{T}}$，$x_{14}=(1, 1, 0)^{\mathrm{T}}$

ω_2：$x_{21}=(0, 0, 1)^{\mathrm{T}}$，$x_{22}=(0, 1, 0)^{\mathrm{T}}$，$x_{23}=(0, 1, 1)^{\mathrm{T}}$，$x_{24}=(1, 1, 1)^{\mathrm{T}}$

用K－L 变换，分别把特征空间维数降到 $d=2$ 和 $d=1$，并用图画出样本在该特征空间中的位置。

第 8 章　支持向量机理论

8.1 引　言

支持向量机(Support Vector Machines, SVM)是迄今为止最重要的机器学习理论和方法之一,也是应用最广泛、综合效果最好的模式分类技术之一。其优良的性能主要源自支持向量机的两个特点:① 基于结构风险最小化原则的最大间隔(Marge)分类理论;② 基于核方法的非线性推广。

8.2 支持向量机理论的数学基础

本节主要给出支持向量机理论推演的必要数学基础。由于支持向量机理论的核心是求解最大间隔分类超平面,其数学本质是一个凸优化问题,所以本节我们先给出与凸优化相关的一些数学定理,并省略了这些定理的数学证明,有兴趣的读者可参阅与此相关的数学文献。

8.2.1 无约束极值

定理 8.1(Fermat)　设 n 元函数 $f(\boldsymbol{x})$ 在 $\boldsymbol{x}^*$ 处是可微的,若 $\boldsymbol{x}^*$ 是 $f(\boldsymbol{x})$ 的一个局部极值点,则有

$$\frac{\partial f(\boldsymbol{x}^*)}{\partial x_i} = 0 \quad (i = 1, 2, \cdots, n) \tag{8-1}$$

满足条件式(8-1)的点称为 $f(\boldsymbol{x})$ 的平衡点(Stationary Point),条件式(8-1)是 $\boldsymbol{x}^*$ 为极值点的充分条件。

8.2.2 等式约束下的条件极值与 Lagrange 函数法

我们首先考虑在等式约束条件下多元函数的极值问题,即对 n 元函数 $f: \mathbf{R}^n \to \mathbf{R}$,在

满足 m 个等式约束

$$g_r(\boldsymbol{x}) = 0 \quad (r = 1, 2, \cdots, m) \tag{8-2}$$

的情况下，求 $f(\boldsymbol{x})$的极值。下面给出等式约束下条件极值的数学定义。

定义 8.1　设 $\boldsymbol{X} \subseteq \mathbf{R}^n$，$f(\boldsymbol{x})$是定义在 $\boldsymbol{X}$ 上的 n 元函数，称 $\boldsymbol{x}^* \in \boldsymbol{X}$ 是 $f(\boldsymbol{x})$在约束条件式(8-2)下的一个局部条件极值点，若存在 $\varepsilon > 0$，使得满足式(8-2)和 $\| \boldsymbol{x} - \boldsymbol{x}^* \| < \varepsilon$ 的任意 $\boldsymbol{x} \in \boldsymbol{X}$ 都有：$f(\boldsymbol{x}) > f(\boldsymbol{x}^*)$ 或 $f(\boldsymbol{x}) < f(\boldsymbol{x}^*)$。

令
$$L(\boldsymbol{x}, \boldsymbol{\lambda}, \lambda_0) = \lambda_0 f(\boldsymbol{x}) + \sum_{k=1}^{m} \lambda_k g_k(\boldsymbol{x})$$

式中：$\boldsymbol{\lambda} = (\lambda_1, \lambda_2, \cdots, \lambda, \cdots, \lambda_m)^{\mathrm{T}}$，$\lambda_i$ 是实数$(i = 1, 2, \cdots, m)$，称 $L(\boldsymbol{x}, \boldsymbol{\lambda}, \lambda_0)$为 Lagrange 函数，$\lambda_i$为 Lagrange 乘子。

定理 8.2(Lagrange)　设函数 $f(\boldsymbol{x})$，$g_k(\boldsymbol{x})(k = 1, 2, \cdots, m)$ 在点 $\boldsymbol{x}^*$ 附近是连续可微的，$\boldsymbol{x}^*$ 是定义 8.1 意义下的一个局部极值点，则存在不同时为零的 Lagrange 乘子 λ_0^* 和 $\boldsymbol{\lambda}^* = (\lambda_1^*, \lambda_2^*, \cdots, \lambda_m^*)^{\mathrm{T}}$，使得

$$\frac{\partial L(\boldsymbol{x}^*, \boldsymbol{\lambda}^*, \lambda_0^*)}{\partial x_i} = 0 \quad (i = 1, 2, \cdots, m) \tag{8-3}$$

我们称满足等式(8-3)的点 $\boldsymbol{x}^*$ 为平衡点。根据定理 8.2，要寻找平衡点需要求解以下 $m+n$ 个方程：

$$\begin{cases} \dfrac{\partial}{\partial x_i}\left[\lambda_0 f(\boldsymbol{x}) + \sum\limits_{k=1}^{m} \lambda_k g_k(\boldsymbol{x})\right] = 0 & (i = 1, 2, \cdots, n) \\ g_k(\boldsymbol{x}) = 0 & (k = 1, 2, \cdots, m) \end{cases}$$

上述方程中未知数的个数为 $m+n+1$，而方程的个数只有 $m+n$ 个，一般来说，没有确定的解，不过，我们可以认为约束条件是相互独立的，即 $\left\{\dfrac{\partial g_k}{\partial x}\right\}_{k=1, 2, \cdots, m}$ 是线性独立的。由于 Lagrange 乘子不同时为零，可以令 $\lambda_0 = 1$。因此，要寻找条件极值问题的平衡点，只需要求解以下方程即可：

$$\begin{cases} \dfrac{\partial}{\partial x_i}\left[f(\boldsymbol{x}) + \sum\limits_{k=1}^{m} \lambda_k g_k(\boldsymbol{x})\right] = 0 & (i = 1, 2, \cdots, n) \\ g_k(\boldsymbol{x}) = 0 & (k = 1, 2, \cdots, m) \end{cases}$$

8.2.3　不等式约束下的优化问题

将等式约束条件下的 Lagrange 优化方法推广到不等式约束条件，并在一个凸集上求目标函数的全局极值点，一般要求目标函数和约束函数均为凸函数。

定义 8.2　集合 A 称为凸集，若对任意 $\boldsymbol{x} \in A$，$\boldsymbol{y} \in A$ 和任意满足 $0 \leqslant \alpha \leqslant 1$ 的 α 都有

$$z = \alpha x + (1-\alpha) y \in A$$

定义 8.3 对 n 元函数 $f(\boldsymbol{x})$, $x \in A \subseteq \mathbf{R}^n$, A 为非空凸集,若对任意 $\boldsymbol{x} \in A$, $\boldsymbol{y} \in A$ 和任意满足 $0 \leqslant \alpha \leqslant 1$ 的 α 都有 $f[\alpha \boldsymbol{x} + (1-\alpha)\boldsymbol{y}] \leqslant \alpha f(\boldsymbol{x}) + (1-\alpha) f(\boldsymbol{y})$,则称 $f(\boldsymbol{x})$ 为凸集 A 上一个凸函数。

设 n 元函数 $f(\boldsymbol{x})$, $g_k(\boldsymbol{x})$ $(k=1, 2, \cdots, m)$ 是凸集 $A \subseteq \mathbf{R}^n$ 上的凸函数,现考虑如下不等式约束下的优化问题:

$$\begin{aligned} &\min_{x \in A} f(\boldsymbol{x}) \\ &\text{s.t. } g_k(\boldsymbol{x}) \leqslant 0 \quad (k = 1, 2, \cdots, m) \end{aligned} \tag{8-4}$$

为求解上述凸优化问题,引入与等式约束条件极值相同的 Lagrange 函数:

$$L(\boldsymbol{x}, \boldsymbol{\lambda}, \lambda_0) = \lambda_0 f(\boldsymbol{x}) + \sum_{k=1}^{m} \lambda_k g_k(\boldsymbol{x})$$

定理 8.3(Karush-Kuhn-Tuck) 若 $\boldsymbol{x}^*$ 是凸优化问题表达式(8-4)的解,则存在不全为零的 Lagrange 乘子 λ_0^* 和 $\lambda^* = (\lambda_1^*, \lambda_2^*, \cdots, \lambda_m^*)^{\mathrm{T}}$ 使得以下条件成立:

(1) 极值条件:

$$L(\boldsymbol{x}^*, \boldsymbol{\lambda}^*, \lambda_0^*) = \min_{x \in A} L(\boldsymbol{x}, \boldsymbol{\lambda}^*, \lambda_0^*)$$

(2) 非负条件:

$$\lambda_k^* \geqslant 0 \quad (k = 0, 1, 2, \cdots, m)$$

(3) Karush-Kuhn-Tuck(KKT)条件:

$$\lambda_k^* g_k(\boldsymbol{x}^*) = 0 \quad (k = 1, 2, \cdots, m)$$

若 $\lambda_0 \neq 0$,则以上三个条件还是凸优化问题式(8-4)解的充分条件。进一步可以证明,若 A 中存在一点 $\hat{x}$,使 $g_k(\hat{x}) < 0$ $(k = 1, 2, \cdots, m)$,则必有 $\lambda_0 \neq 0$。我们称条件 $g_k(\boldsymbol{x}) < 0$ $(k = 1, 2, \cdots, m)$ 为松弛条件(slater condition)。由于在后续支持向量机理论的讨论中,满足松弛条件的点显然是存在的(非支持向量都满足松弛条件),我们在 Lagrange 函数中可令 $\lambda_0 = 1$。对定理 8.3 的进一步分析,可以得到如下的推论:

推论 8.1 在松弛条件满足的情况下,Lagrange 函数可表为 $m+n$ 个变量的函数 $L(\boldsymbol{x}, \boldsymbol{\lambda}, 1)$,且定理 8.3 等价于 Lagrange 函数存在鞍点$(\boldsymbol{x}^*, \boldsymbol{\lambda}^*)$,即

$$\min_{x \in A} L(\boldsymbol{x}, \boldsymbol{\lambda}^*, 1) = L(\boldsymbol{x}^*, \boldsymbol{\lambda}^*, 1) = \max_{\lambda > 0} L(\boldsymbol{x}^*, \boldsymbol{\lambda}, 1)$$

问题 $\min\limits_{x \in A} L(\boldsymbol{x}, \boldsymbol{\lambda}^*, 1)$ 与 $\max\limits_{\lambda > 0} L(\boldsymbol{x}^*, \boldsymbol{\lambda}, 1)$ 称为 Lagrange 对偶问题,上述推论告诉我们,在松弛条件满足的情况下,原问题与其 Lagrange 对偶问题没有对偶间隙,因此可以将不等式约束的凸优化问题转化为其对偶问题求解。

8.3　最大间隔分类器

本节只考虑两类模式的分类问题。设 m 个训练样本 $\boldsymbol{x}_i \in \mathbf{R}^n (i = 1, 2, \cdots, m)$ 及其类标 $y_i (y_i = \pm 1)$ 构成的训练样本集为 $D = \{(x_i, y_i) \in \mathbf{R}^n \times \{\pm 1\}, i = 1, 2, \cdots, m\}$，我们称类标为 1 的样本为正样本，类标为 -1 的样本为负样本。两类模式的分类问题就是要通过对训练样本的学习，找到一个决策(或判别)函数：$f: \mathbf{R}^n \to \{\pm 1\}$，并以此来估计未知模式 $\boldsymbol{x}$ 的类标 $y = f(\boldsymbol{x})$。

8.3.1　最大间隔线性分类器

若训练样本集 $D = \{(\boldsymbol{x}_i, y_i) \in \mathbf{R}^n \times \{\pm 1\}, i = 1, 2, \cdots, m\}$ 是线性可分的，即存在 $\mathbf{R}^n$ 空间中的超平面：

$$\boldsymbol{w}^{\mathrm{T}}\boldsymbol{x} + b = 0, \quad w, x \in \mathbf{R}^n; b \in \mathbf{R}$$

其对应的符号判别函数 $f(\boldsymbol{x}) = \mathrm{sgn}(\boldsymbol{w}^{\mathrm{T}}\boldsymbol{x} + b)$ 能将训练样本正确分类。一般而言，若训练样本是线性可分的，则这种能正确分类两类训练样本的超平面有无穷多个，但在这众多的超平面中有唯一一个超平面在正确分类训练样本的同时，还与两类训练样本保持了最大的间隔，如图 8-1 中的实线。这个超平面确定的分类器称为最大间隔(线性)分类器。根据 Vapnik 的统计学习理论，具有最大间隔的分类器可使模式分类的经验风险最小。

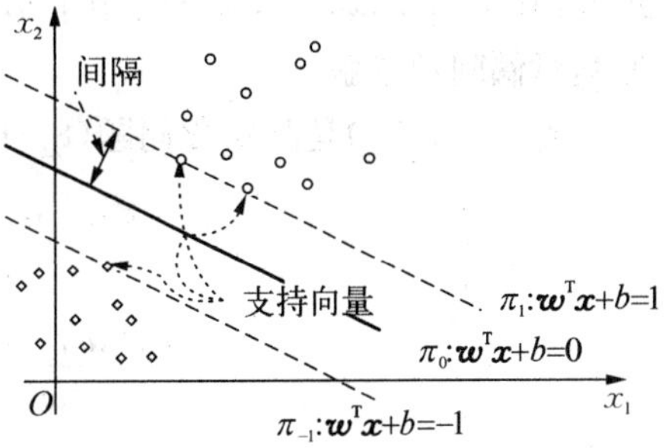

图 8-1　最大间隔超平面

下面求最大间隔分类器。记正样本的下标集合为 I_1，负样本的下标集合为 I_2，线性可分的训练数据 D 被超平面 π：$\boldsymbol{w}^{\mathrm{T}}\boldsymbol{x} + b = 0$ 正确分类，即：$i \in I_1$ 时，$\boldsymbol{w}^{\mathrm{T}}\boldsymbol{x} + b > 0$；$i \in I_2$ 时，$\boldsymbol{w}^{\mathrm{T}}\boldsymbol{x} + b < 0$。超平面 π 与训练样本集 D 的间隔(margin)定义为

$$\begin{aligned}
\Delta(\boldsymbol{w}, b) &\overset{\mathrm{def}}{=} \min\{\|\boldsymbol{x} - \boldsymbol{x}_i\| \mid \boldsymbol{w}^{\mathrm{T}}\boldsymbol{x} + b = 0, \boldsymbol{x}_i \in D\} \\
&= \min_i \frac{|\boldsymbol{w}^{\mathrm{T}}\boldsymbol{x}_i + b|}{\|\boldsymbol{w}\|} \\
&= \frac{1}{\|\boldsymbol{w}\|}\min\{\min_{i \in I_1}(\boldsymbol{w}^{\mathrm{T}}\boldsymbol{x}_i + b), -\max_{i \in I_2}(\boldsymbol{w}^{\mathrm{T}}\boldsymbol{x}_i + b)\}
\end{aligned}$$

由于 $\boldsymbol{w}$ 和 b 同乘以一个非零的比例因子并不改变超平面及其与 D 的间隔，若超平面 π：$\boldsymbol{w}^{\mathrm{T}}\boldsymbol{x} + b = 0$ 正确分类训练样本，我们可以要求 $\boldsymbol{w}$ 和 b 满足：$i \in I_1$ 时，$\boldsymbol{w}^{\mathrm{T}}\boldsymbol{x} + b \geqslant 1$；$i \in I_2$ 时，$\boldsymbol{w}^{\mathrm{T}}\boldsymbol{x} + b \leqslant -1$，即要求正确分类训练数据的超平面满足如下的约束条件：

$$y_i(\boldsymbol{w}^{\mathrm{T}}\boldsymbol{x}_i + b) \geqslant 1 \quad \forall i \tag{8-5}$$

若超平面 π 满足约束条件式(8-5),可以证明 π 与训练数据集的间隔为

$$\Delta(\boldsymbol{w}, b) = \frac{1}{\|\boldsymbol{w}\|}$$

与训练数据集有最大间隔的超平面称为最优超平面,这个超平面是唯一的。由上式可知,求最优超平面(或最大间隔分类器)的问题就变成了在满足约束条件表达式(8-5)下,求 $\boldsymbol{w}$ 和 b 使 $\|\boldsymbol{w}\|$ 最小(等价地,$1/2\|\boldsymbol{w}\|^2$ 最小)的优化问题,即

$$\begin{aligned} &\min_{w, b} \frac{1}{2}\|\boldsymbol{w}\|^2 \\ &\text{s. t.} \quad y_i(\boldsymbol{w}^{\mathrm{T}}\boldsymbol{x}_i + b) \geqslant 1 \quad (i = 1, 2, \cdots, m) \end{aligned} \tag{8-6}$$

上述优化问题显然是一个凸优化问题,为求解这一凸优化问题,我们引入 Lagrange 函数:

$$L(\boldsymbol{w}, b, \boldsymbol{\alpha}) = \frac{1}{2}\|\boldsymbol{w}\|^2 + \sum_{i=1}^{m}\alpha_i[1 - y_i(\boldsymbol{w}^{\mathrm{T}}\boldsymbol{x}_i + b)]$$

式中:$\boldsymbol{\alpha} = (\alpha_1, \alpha_2, \cdots, \alpha_m)^{\mathrm{T}}$。由上节定理 8.3 及其推论,凸优化问题表达式(8-6)可转化为其对偶问题求解。

若$(\boldsymbol{w}^*, b^*)$是凸优化问题(8-6)的解,由定理 8.3 的极值条件:

$$\frac{\partial L(\boldsymbol{w}, b, \boldsymbol{\alpha})}{\partial b} = -\sum_{i=1}^{m}\alpha_i y_i = 0$$

$$\frac{\partial L(\boldsymbol{w}, b, \boldsymbol{\alpha})}{\partial \boldsymbol{w}} = \boldsymbol{w} - \sum_{i=1}^{m}\alpha_i y_i \boldsymbol{x}_i = 0$$

可得

$$\begin{cases} \sum_{i=1}^{m}\alpha_i y_i = 0 \\ \boldsymbol{w}^* = \sum_{i=1}^{m}\alpha_i y_i \boldsymbol{x}_i \end{cases} \tag{8-7}$$

代入 Lagrangian 函数,我们得到只含对偶变量 $\boldsymbol{\alpha}$ 的表达式:

$$L(\boldsymbol{w}^*, b^*, \boldsymbol{\alpha}) = \sum_{i=1}^{m}\alpha_i - \frac{1}{2}\sum_{i, j-1}^{m}\alpha_i\alpha_j y_i y_j(\boldsymbol{x}_i^{\mathrm{T}}\boldsymbol{x}_j)$$

于是,根据推论 8.1,凸优化问题表达式(8-6)可化为如下的对偶优化问题:

$$\begin{aligned} &\max_{\alpha} \sum_{i=1}^{m}\alpha_i - \frac{1}{2}\sum_{i, j=1}^{m}\alpha_i\alpha_j y_i y_j(\boldsymbol{x}_i^{\mathrm{T}}\boldsymbol{x}_j) \\ &\text{s. t.} \quad \sum_{i=1}^{m}\alpha_i y_i = 0 \\ &\qquad \alpha_i \geqslant 0 \quad (i = 1, 2, \cdots, m) \end{aligned} \tag{8-8}$$

式(8－8)是一个二次凸优化(Quadratic Programming，QP)问题，其求解算法和实现软件的介绍见下节。如果我们已经得到式(8－8)的最优解 $\boldsymbol{\alpha}$，由式(8－7)我们可得到最优超平面的法向量为

$$\boldsymbol{w}^* = \sum_{i=1}^{m} \alpha_i y_i \boldsymbol{x}_i$$

由于 $\alpha_i \geqslant 0$，$\boldsymbol{w}^*$ 实际上是由 $\alpha_i > 0$ 所对应的那些训练样本决定的。我们把 $\alpha_i > 0$ 对应的训练样本 $\boldsymbol{x}_i$ 称为支持向量(Support Vectors，SVs)。

由定理 8.3 中的 KKT 条件，即 $\alpha_i[y_i(\boldsymbol{w}^{*\mathrm{T}}\boldsymbol{x}_i + b^*) - 1] = 0$，我们可以得到：① 若 $\boldsymbol{x}_i$ 为支持向量(即 $\alpha_i > 0$)，则一定有 $y_i(\boldsymbol{w}^{*\mathrm{T}}\boldsymbol{x}_i + b^*) = 1$，这意味着支持向量一定位于与最优超平面平行的两个超平面 π_{-1}：$\boldsymbol{w}^{*\mathrm{T}}\boldsymbol{x}_i + b^* = -1$ 和 π_1：$\boldsymbol{w}^{*\mathrm{T}}\boldsymbol{x}_i + b^* = 1$ 上(见图 8－1)。② 最优超平面为：π^*：$\sum_{\alpha_i > 0} \alpha_i y_i (\boldsymbol{x}_i^{\mathrm{T}}\boldsymbol{x}) + b^* = 0$，其中的常数项 b^* 理论上可由一个支持向量的 KKT 条件求得，不过，出于鲁棒性的考虑，b^* 一般由多个或全部支持向量的 KKT 条件通过下式估计：

$$\sum_{\alpha_i,\ \alpha_j > 0} \alpha_i \alpha_j y_i y_j (\boldsymbol{x}_i^{\mathrm{T}}\boldsymbol{x}_j) + \left(\sum_{\alpha_i > 0} \alpha_i y_i\right) b^* = 0$$

确定最优超平面中的常数项 b^* 后，我们就可以得到最大间隔线性分类器的判决函数为

$$f(\boldsymbol{x}) = \sum_{\alpha_i > 0} \alpha_i y_i (\boldsymbol{x}_i^{\mathrm{T}}\boldsymbol{x}) + b^*$$

8.3.2　广义最大间隔线性分类器

在实际的模式分类问题中，训练样本常常并不是线性可分的，处理非线性可分数据的方法有两种，第一种是利用核技巧(Kernel Trick)，通过核函数将数据映射到高维空间，使数据在高维映射空间变成线性可分的，然后在映射空间设计线性分类器。第二种方法是将线性可分的约束条件适当放松，允许部分训练样本不满足正确分类的约束条件，广义最大间隔线性分类器就是按后一种思想建立的。

在线性可分情况下，最大间隔线性分类的约束条件 $y_i(\boldsymbol{w}^{\mathrm{T}}\boldsymbol{x}_i + b) \geqslant 1$ 要求对所有训练样本正确分类；但在训练样本线性不可分的情况下，不可能所有训练样本都满足约束条件，因此，我们引入松弛变量 $\boldsymbol{\xi} = (\xi_1, \xi_2, \cdots, \xi_m)^{\mathrm{T}}$，$\xi_i \geqslant 0$，放松严格的约束条件，即采用松弛的约束条件：

$$y_i(\boldsymbol{w}^{\mathrm{T}}\boldsymbol{x}_i + b) \geqslant 1 - \xi_i \quad (i = 1,\ 2,\ \cdots,\ m)$$

通过允许部分训练样本被错误分类，来寻求一种广义的最大间隔分类超平面。

由于间隔最大化和分类错误最小化是两个相互矛盾的优化目标，我们需要在这两者之间进行权衡和折中。在松弛约束条件下，训练样本集的分类错误的“程度”可用 $\sum_{i=1}^{m} \xi_i$ 衡

量，在间隔最大和分类错误最小之间，我们通过引入一个正则化常数(Regularization Constant) $C \geqslant 0$，实现两个优化目标的恰当平衡，即我们的优化目标函数为 $\frac{1}{2}\|\boldsymbol{w}\|^2 + C\sum_{i=1}^{m}\xi_i$，这样在非线性可分情形下，广义间隔最大超平面由求解以下凸优化问题确定：

$$\begin{aligned}&\min_{w,b,\xi} \frac{1}{2}\|\boldsymbol{w}\|^2 + C\sum_{i=1}^{m}\xi_i \\ &\text{s.t. } y_i(\boldsymbol{w}^{\mathrm{T}}\boldsymbol{x}_i + b) \geqslant 1 - \xi_i \\ &\xi_i \geqslant 0 \quad (i = 1, 2, \cdots, m)\end{aligned} \tag{8-9}$$

为求解上述凸优化问题，引入 Lagrange 函数：

$$L(\boldsymbol{w}, b, \boldsymbol{\xi}, \boldsymbol{\alpha}, \boldsymbol{\beta}) = \frac{1}{2}\|\boldsymbol{w}\|^2 + C\sum_{i=1}^{m}\xi_i + \sum_{i=1}^{m}\alpha_i[1 - \xi_i - y_i(\boldsymbol{w}^{\mathrm{T}}\boldsymbol{x}_i + b)] - \sum_{i=1}^{m}\beta_i\xi_i$$

设$(\boldsymbol{w}^*, b^*, \xi^*)$为凸优化问题表达式(8-9)的解，由定理 8.3 的极值条件，即 $\frac{\partial L}{\partial \boldsymbol{w}} = 0$，$\frac{\partial L}{\partial b} = 0$，$\frac{\partial L}{\partial \boldsymbol{\xi}} = 0$，得

$$\begin{cases}\boldsymbol{w}^* = \sum_{i=1}^{m}\alpha_i y_i \boldsymbol{x}_i \\ \sum_{i=1}^{m}\alpha_i y_i = 0 \\ C - \alpha_i - \beta_i = 0 \quad (i = 1, 2, \cdots, m)\end{cases} \tag{8-10}$$

又由定理 8.3 的非负性条件，即 $\alpha_i \geqslant 0$，$\beta_i \geqslant 0$，可得 $0 \leqslant \alpha_i \leqslant C$。将式(8-10)代入 Lagrange 函数，得到只含有对偶变量 $\boldsymbol{\alpha}$ 的表达式(与线性可分情形下相同)：

$$L(\boldsymbol{w}^*, b^*, \boldsymbol{\xi}^*, \boldsymbol{\alpha}, \boldsymbol{\beta}) = \sum_{i=1}^{m}\alpha_i - \frac{1}{2}\sum_{i,j=1}^{m}\alpha_i\alpha_j y_i y_j(\boldsymbol{x}_i^{\mathrm{T}}\boldsymbol{x}_j)$$

上式与线性可分情形时的唯一差别是对偶变量 $\boldsymbol{\alpha}$ 不仅要求非负，还要求满足 $0 \leqslant \alpha_i \leqslant C$，因此，确定广义最优超平面的凸优化问题式(8-9)可由其如下的对偶问题求解：

$$\begin{aligned}&\max_{\alpha} \sum_{i=1}^{m}\alpha_i - \frac{1}{2}\sum_{i,j=1}^{m}\alpha_i\alpha_j y_i y_j(\boldsymbol{x}_i^{\mathrm{T}}\boldsymbol{x}_j) \\ &\text{s.t. } \sum_{i=1}^{m}\alpha_i y_i = 0 \\ &0 \leqslant \alpha_i \leqslant C \quad (i = 1, 2, \cdots, m)\end{aligned} \tag{8-11}$$

一旦得到式(8-11)的最优解 $\boldsymbol{\alpha}$，由式(8-10)可得到最优超平面的法向量为

$$\boldsymbol{w}^* = \sum_{i=1}^{m} \alpha_i y_i \boldsymbol{x}_i = \sum_{\alpha_i > 0} \alpha_i y_i \boldsymbol{x}_i$$

又由 KKT 条件有

$$\begin{cases} \alpha_i [y_i(\boldsymbol{w}^{*\mathrm{T}} \boldsymbol{x}_i + b^*) - 1 + \xi_i^*] = 0 \\ \beta_i \xi_i^* = (C - \alpha_i) \xi_i^* = 0 \qquad (i = 1,\ 2,\ \cdots,\ m) \end{cases} \tag{8-12}$$

我们仍然将 $\alpha_i > 0$ 所对应的样本 $\boldsymbol{x}_i$ 称为支持向量，全部支持向量分为两类：满足 $0 < \alpha_i < C$ 的支持向量和满足 $\alpha_i = C$ 的支持向量。对于满足 $0 < \alpha_i < C$ 的支持向量 $\boldsymbol{x}_i$，由式(8-12)知 $\xi_i^* = 0$，因此这部分支持向量一定被正确分类，而且它们都位于与广义最优超平面平行的两个边界超平面 π_{-1}：$\boldsymbol{w}^{*\mathrm{T}} \boldsymbol{x}_i + b^* = -1$ 和 π_1：$\boldsymbol{w}^{*\mathrm{T}} \boldsymbol{x}_i + b^* = 1$ 上；而对于满足 $\alpha_i = C$ 的支持向量 $\boldsymbol{x}_i$，它们不在边界超平面 π_{-1} 和 π_1 上，它们可以在 π_{-1} 和 π_1 之间或之外，当 $0 \leqslant \xi_i^* < 1$ 时它们被正确分类，而当 $\xi_i^* > 1$ 时被错误分类。

与线性可分情形类似最优超平面 π^*：$\sum\limits_{\alpha_i > 0} \alpha_i y_i (\boldsymbol{x}_i^{\mathrm{T}} \boldsymbol{x}) + b^* = 0$ 中的常数项 b^* 可由满足 $\alpha_i < C$ 的多个或全部支持向量通过下式估计：

$$\sum_{0 < \alpha_i,\ \alpha_j < C} \alpha_i \alpha_j y_i y_j (\boldsymbol{x}_i^{\mathrm{T}} \boldsymbol{x}_j) + \Big(\sum_{0 < \alpha_i < C} \alpha_i y_i \Big) b^* = 0$$

8.4　支持向量机

在实际的模式识别问题中，模式数据常常本质上不是线性可分的(见图 8-2)，需要采用非线性分类器才能取得良好的分类结果。构造非线性分类器的一种可行的途径是先用某种非线性映射：Φ：$\mathbf{R}^n \to \mathbf{F}$，将数据映射到高维空间 $\mathbf{F}$，使其变得线性可分(或者显著改善其线性可分性)，然后在映射空间 $\mathbf{F}$ 中构造线性分类器。映射空间 $\mathbf{F}$ 一般称为特征空间，训练数据 $\{(\boldsymbol{x}_i,\ y_i) \in \mathbf{R}^n \times \{\pm 1\},\ i = 1,\ 2,\ \cdots,\ m\}$ 映射到特征空间后，$\{\Phi(\boldsymbol{x}_i),\ y_i\}$ 的线性可分性大大增强，我们就可以通过在特征空间构造线性分类器(如广义最大间隔线性分类器)来实现原数据空间中的非线性分类。支持向量机就是在(核)特征空间中构造的最大间隔线性分类器。

8.4.1　核函数与核技巧(Kernel Trick)

定义 8.4　设 X 是 $\mathbf{R}^n$ 中的紧子集，若连续函数 $K(\boldsymbol{x},\ \boldsymbol{x}')$：$X \times X \to \mathbf{R}$ 满足：① 对称性：$K(\boldsymbol{x},\ \boldsymbol{x}') = K(\boldsymbol{x}',\ \boldsymbol{x})$，$\forall\, x,\ x' \in X$；② 半正定性：对任意 $\{\boldsymbol{x}_i\}_{i=1}^m \subset X$ 和 $\{c_i\}_{i=1}^m \subset \mathbf{R}(m \geqslant 2)$ 都有 $\sum\limits_{i,\ j=1}^{m} c_i c_j K(\boldsymbol{x}_i,\ \boldsymbol{x}_j) \geqslant 0$，则称 $K(\cdot,\ \cdot)$ 为一个(Mercer)核函数。

数学上关于核函数有如下的表示定理。

Mercer 定理：设 X 是 $\mathbf{R}^n$ 中的紧子集，$K(\cdot,\ \cdot)$ 是 $X \times X \rightarrow \mathbf{R}$ 的连续对称函数，使得如下定义的算子 T_K：

$$(T_K f)(\cdot) = \int_X K(\cdot,\ \boldsymbol{x}) f(\boldsymbol{x}) \mathrm{d}\boldsymbol{x} \quad [\forall f \in L_2(X)]$$

是正定的，即对任意 $f \in L_2(X)$ 都有

$$\int_{X \times X} K(\boldsymbol{x},\ \boldsymbol{x}') f(\boldsymbol{x}) f(\boldsymbol{x}') \mathrm{d}\boldsymbol{x} \mathrm{d}\boldsymbol{x}' \geqslant 0$$

则在一致收敛的意义下，$K(\boldsymbol{x},\ \boldsymbol{x}')$可表示为 T_K 的特征函数 $\phi_i(\boldsymbol{x})$ $[\phi_i \in L_2(X)]$ 和特征值 $\lambda_i > 0\ (i = 1,\ 2,\ \cdots,\ +\infty)$，具有如下形式的级数之和：

$$K(\boldsymbol{x},\ \boldsymbol{x}') = \sum_{i=1}^{+\infty} \lambda_i \phi_i(\boldsymbol{x}) \phi_i(\boldsymbol{x}')$$

由泛函分析可以证明，若 $K(\cdot,\ \cdot)$是一个核函数，则可构造一个 Hilbert 空间 $\mathbf{F}$ 和一个由 $X \subseteq \mathbf{R}^n$ 到 $\mathbf{F}$ 的映射 Φ: $X \rightarrow \mathbf{F}$，使得对任意 $\boldsymbol{x},\ \boldsymbol{x}' \in X$ 都有 $K(\boldsymbol{x},\ \boldsymbol{x}') = \langle \boldsymbol{\Phi}(\boldsymbol{x}),\ \boldsymbol{\Phi}(\boldsymbol{x}') \rangle_{\mathbf{R}}$，其中$\langle \cdot,\ \cdot \rangle_{\mathbf{F}}$表示 Hilbert 空间 $\mathbf{F}$ 的内积，这个 Hilbert 空间 $\mathbf{F}$ 又称为再生核 Hilbert 空间（Reproducing Kernel Hilbert Space, RKHS）。进一步，根据 Mercer 定理 $\Phi(\boldsymbol{x})$可以表示为无穷维向量的形式：$\boldsymbol{\Phi}(\boldsymbol{x}) = [\sqrt{\lambda_1}\phi_1(x),\ \sqrt{\lambda_2}\phi_2(x),\ \cdots]^{\mathrm{T}}$，$K(\boldsymbol{x},\ \boldsymbol{x}') = [\boldsymbol{\Phi}(\boldsymbol{x})]^{\mathrm{T}} \boldsymbol{\Phi}(\boldsymbol{x})$。

采用映射 $\boldsymbol{\Phi}$ 将数据从数据空间映射到特征空间 $\mathbf{F}$ 后，我们就可在 $\mathbf{F}$ 上构造线性分类器来实现原数据空间中的非线性分类（见图 8-2）。由于映射数据 $\boldsymbol{\Phi}(\boldsymbol{x}_i)$在 $\mathbf{F}$ 上的线性分类器只涉及 $\Phi(x_i)$在特征空间 $\mathbf{F}$ 中的内积（如最大间隔分类器），我们可以不必知道映射 $\boldsymbol{\Phi}(\cdot)$的具体表达式，只需用核函数 $K(\boldsymbol{x},\ \boldsymbol{x}')$代替 $[\boldsymbol{\Phi}(\boldsymbol{x})]^{\mathrm{T}} \boldsymbol{\Phi}(\boldsymbol{x}')$，就可构造特征空间 $\mathbf{F}$ 中的线性分类器，即原数据空间中的非线性分类器。这一过程简单来讲，就相当于将原数据空间 $\mathbf{R}^n$ 中线性分类器中的线性内积 $\boldsymbol{x}_i^{\mathrm{T}} \boldsymbol{x}_j$ 用核函数 $K(\boldsymbol{x}_i,\ \boldsymbol{x}_j)$替代即可，我们把这种替代技巧称为“核技巧”（Kernel Trick）或线性分类器的“核化”（Kernelization）。

常用的核函数主要有以下几类：

(1) 多项式核函数：$K(\boldsymbol{x},\ \boldsymbol{x}') = (\boldsymbol{x}^{\mathrm{T}} \boldsymbol{x}' + c)^d$，其中 $c \geqslant 0$，d 是正整数。

(2) 高斯核函数：$K(\boldsymbol{x},\ \boldsymbol{x}') = \exp\left(-\dfrac{\| \boldsymbol{x} - \boldsymbol{x}' \|^2}{2\sigma^2}\right)$。

(3) Sigmoid 核函数：$K(\boldsymbol{x},\ \boldsymbol{x}') = \tanh(a\boldsymbol{x}^{\mathrm{T}} \boldsymbol{x}' + b)$，只对参数 a，b 的部分值，满足 Mercer 条件。

图 8-2 显示二维数据空间中的一个非线性分类问题，采用二次多项式核 $K(\boldsymbol{x},\ \boldsymbol{x}') = (\boldsymbol{x}^{\mathrm{T}} \boldsymbol{x}')^2 = (x_1 x_1' + x_2 x_2')^2$ 后（这里 $\boldsymbol{x} = (x_1,\ x_2)^{\mathrm{T}}$，$\boldsymbol{x}' = (x_1',\ x_2')^{\mathrm{T}}$），在映射 Φ: $\boldsymbol{x} \rightarrow z = (x_1^2,\ \sqrt{2} x_1 x_2,\ x_2^2)^{\mathrm{T}}$ 下，数据在三维映射空间变成线性可分的。

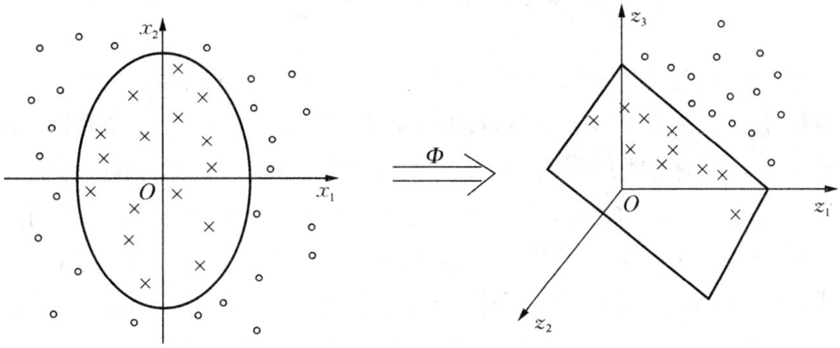

图 8-2　二次多项式核映射下，数据在三维映射空间中线性可分

采用核函数将数据 $\{\boldsymbol{x}_i\}_{i=1}^m$ 映射到特征空间中后，映射数据 $\{\Phi(\boldsymbol{x}_i)\}_{i=1}^m$ 在特征空间中的相关矩阵为

$$\boldsymbol{K}=\begin{pmatrix} K(\boldsymbol{x}_1,\ \boldsymbol{x}_1) & K(\boldsymbol{x}_1,\ \boldsymbol{x}_2) & \cdots & K(\boldsymbol{x}_1,\ \boldsymbol{x}_m) \\ K(\boldsymbol{x}_2,\ \boldsymbol{x}_1) & K(\boldsymbol{x}_2,\ \boldsymbol{x}_2) & \cdots & K(\boldsymbol{x}_2,\ \boldsymbol{x}_m) \\ \vdots & \vdots & \ddots & \vdots \\ K(\boldsymbol{x}_m,\ \boldsymbol{x}_1) & K(\boldsymbol{x}_m,\ \boldsymbol{x}_2) & \cdots & K(\boldsymbol{x}_m,\ \boldsymbol{x}_m) \end{pmatrix}$$

矩阵 $\boldsymbol{K}$ 称为核矩阵，它是一个非负定的对称矩阵，反映了在特征空间中数据间的相似性。数据在特征空间中的距离可由下式计算：

$$d(\boldsymbol{x},\ \boldsymbol{x}')=K(\boldsymbol{x},\ \boldsymbol{x})+K(\boldsymbol{x}',\ \boldsymbol{x}')-2K(\boldsymbol{x},\ \boldsymbol{x}')$$

8.4.2　支持向量机

采用核函数将数据映射到高维特征空间后，在特征空间构造广义最大间隔分类器等价于将原数据空间中的广义最大间隔线性分类器中的线性内积 $\boldsymbol{x}_i^{\mathrm{T}}\boldsymbol{x}_j$ 用核函数 $K(\boldsymbol{x}_i,\ \boldsymbol{x}_j)$ 代替，这样我们就在原数据空间中构造了由如下凸优化问题确定的非线性广义最大间隔分类器，称为支持向量机(Support Vector Machines, SVM)。

$$\begin{aligned} &\max_{\alpha}\ \sum_{i=1}^{m}\alpha_i-\frac{1}{2}\sum_{i,\ j=1}^{m}\alpha_i\alpha_j y_i y_j K(\boldsymbol{x}_i,\ \boldsymbol{x}_j) \\ &\text{s. t.}\quad \sum_{i=1}^{m}\alpha_i y_i=0 \\ &0\leqslant\alpha_i\leqslant C\quad(i=1,\ 2,\ \cdots,\ m) \end{aligned} \tag{8-13}$$

其最优解确定的分类器决策函数为

$$f(\boldsymbol{x})=\sum_{\alpha_i>0}\alpha_i y_i K(\boldsymbol{x}_i,\ \boldsymbol{x})+b$$

其中常数项 b 由满足 $\alpha_i<C$ 的支持向量通过下式计算：

$$\sum_{0<\alpha_i,\ \alpha_j<C} \alpha_i\alpha_j y_i y_j K(\boldsymbol{x}_i,\ \boldsymbol{x}_j) + (\sum_{0<\alpha_i<C} \alpha_i y_i)b = 0$$

线性的支持向量机(即广义最大间隔线性分类器)需要事先确定一个参数 C,非线性的支持向量机需要事先确定多个参数,如对高斯核,需要事先确定 C 和高斯核参数 σ。参数的选择对支持向量的分类结果有重大的影响,如何根据具体的数据选择最佳的参数是一个至今没有很好解决的问题,通常的做法是从有限个离散的参数值中,采用“交叉验证”(Cross-validation)的办法,确定适应给定数据的较好的参数值。具体来说,先将训练数据随机等分成 n 份(n-Fold),随机取一份作为验证数据(Validation Data),其他数据用做训练数据,用不同参数值下的支持向量机对验证数据进行分类,将分类精度最高的一组参数值选作最佳的参数值。

8.4.3 多类问题的支持向量机分类

前面讨论的支持向量机针对的都是两类模式的分类问题,对多类模式的分类问题,我们可以将多类问题转化为多个两类问题后用支持向量机求解。将多类问题转化为两类问题的方式有两种:

8.4.3.1 一对多(one-versus-rest)方式

设 c 类问题的训练数据为$\{\boldsymbol{x}_i,\ y_i\}$,其中 $\boldsymbol{x}_i \in \mathbf{R}^n,\ i = 1,\ 2,\ \cdots,\ m,\ y_i \in \{1,\ 2,\ \cdots,\ c\}$,一对多方式将 c 类模式的分类按如下方式转化为 c 个两类模式的分类:对任意 $k \in \{1,\ 2,\ \cdots,\ c\}$,将属于第 k 类的训练样本的类标设为 1,其他类的样本类标设为−1,用重新定义类标的训练数据构造 SVM 分类器 $f_k(\boldsymbol{x})$,这样就可训练 c 个两类问题的 SVM 分类器 $\{f_k(\boldsymbol{x})\}(k = 1,\ 2,\ \cdots,\ c)$。任给一个模式数据 $\boldsymbol{x}$,其类别属性由下式确定:

$$f(\boldsymbol{x}) = \arg\max_k f_k(\boldsymbol{x})$$

8.4.3.2 一对一(one-versus-one)方式

一对一方式将 c 类模式的分类问题转化为$\frac{c(c-1)}{2}$个两类模式分类:将训练数据中任意两类(i 类和 j 类)的样本取出,构造由两类样本训练的 SVM 分类器 $f_{ij}(\boldsymbol{x})(1 \leqslant i < j \leqslant c)$,这样由全部训练数据就可以构造$\frac{c(c-1)}{2}$个两类的 SVM 分类器$\{f_{ij}(\boldsymbol{x})\}$。任给一个测试数据 $\boldsymbol{x}$,我们先计算每类“获胜”的频率 $\boldsymbol{w} = (w_1,\ w_2,\ \cdots,\ w_c)$,其中第 i 类“获胜”的频率是指在包含 i 的所有分类器 $f_{ij}(\boldsymbol{x})$中,将 $\boldsymbol{x}$ 分为第 i 类的次数与这些分类器总数之比,样本 $\boldsymbol{x}$ 的最终类别由$\{w_i(x)\}$中的最大值确定,即

$$f(\boldsymbol{x}) = \arg\max_i w_i(\boldsymbol{x})$$

以上两种将多类问题转化为多个两类问题的方式各有优劣,“一对多”方式需要训练的两类问题的分类器较少,但其保留一类合并剩余类样本的特点会使训练数据变成类标不平衡的数据,影响分类器的性能;一对一的方式不会产生类标不平衡的问题,但对一个 c

类问题，需要训练 $\frac{c(c-1)}{2}$ 个 SVM 分类器，每给一个模式数据 $\boldsymbol{x}$，其类别也要由这 $\frac{c(c-1)}{2}$ 个分类器来判别，与前一种方式比较，训练和分类的计算量会增加。

8.4.4　支持向量机的实现方法和软件包

支持向量机在数学上是一个二次凸优化问题，关于求解这个二次优化问题的方法，特别是在大数据下的高效求解算法，文献中有大量的研究论文，其中最著名的是“序贯最小优化”(Sequential Minimal Optimization，SMO)算法，该算法的核心思想是每次迭代只优化 SVM 中的两个乘子 α_i，保持其他 α_i 不变，在这种情形下，待优化乘子的优化解具有解析表达式。

目前，在支持向量机算法的实现软件中，LIBSVM 是使用较广泛的一种软件包，它支持多种系统平台和编程语言。LIBSVM 是由台湾学者 Chih-Chung 和 Chih-Jen Lin 开发的，其 2.8 以后的版本都是基于 SMO 算法的。LIBSVM 软件包集成了各种基于 SVM 的分类、回归和分布估计方法，使用非常方便，有关 LIBSVM 软件包的下载、安装和详细的使用说明参见网页：http://www.csie.ntu.edu.tw/~cjlin/libsvm。

第9章 人工神经网络

9.1 人工神经网络概述

9.1.1 引言

人们从哲学、认知科学、生物物理和生物化学、医学、数学、信息与计算科学等领域进行广泛的探索和研究，在这个过程中逐步形成了一门具有广泛学科交叉特点的边缘学科——“神经网络”。模式识别与人工智能理论的发展表明，人们不但要研究计算机信息分析技术，而且还应进行人类感知与思维机理的探索。模式识别与人工智能所研究的主要内容其实是如何用机器实现人脑的一些功能，我们可以将这些功能分解成各子功能，设计出算法来实现这些子功能。人脑无论多么复杂，都可以看作是由大量神经元组成的巨大的神经网络。从模拟神经元的基本功能出发，逐步从简单到复杂组成各种神经网络，研究它所能实现的功能。现阶段研究成果表明，计算机识别系统具有一定的智能，但与人相比还相差很远。但作为一种技术途径，人工神经网络技术以其崭新的思路，优良的性能引起了人们极大的研究兴趣，在相应的领域也取得了长足的进展。

人工神经网络的研究与计算机的研究几乎是同步发展的，并且相互间有一定的促进作用。1943年，心理学家 McCulloch 和数学家 Pitts 合作提出了形式神经元的数学模型，成为人工神经网络研究的开端。1949年，心理学家 D. O. Hebb 提出神经元之间突触联系强度可变的假设，并据此提出了神经元的学习准则，为人工神经网络的学习算法奠定了基础。现代串行计算机的奠基人 von Neumann 在20世纪50年代就已注意到计算机与人脑结构的差异，对类似于神经网络的分布系统做了许多研究。50年代末，Rosenblatt 提出了感知器模型，首次把人工神经网络的研究付诸工程实践，引起了许多科学家的兴趣。1969年，人工智能创始人之一的 Minsky 和 Papert 出版了《感知器》，从数学上深入分析了感知器的原理，指出其局限性，得益于当时串行计算机正处于全盛发展时期，早期的人工智能研究也取得了很大成就，从而掩盖了发展新计算模型的迫切性，使有关人工神经网络的研究热潮低落下来。但在此期间仍有不少科学家坚持这一领域的研究，对此后的人工神经网络研究提供了很好的理论基础。

1982 年，Hopfield 提出了人工神经网络的一种数学模型，引入了能量函数的概念，研究了网络的动力学性质；紧接着又设计出用电子线路实现这一网络的方案，同时开拓了人工神经网络用于联想记忆和优化计算的新途径，大大促进了人工神经网络的研究。1986 年，Rumel hart 和 LeCun 等学者提出了多层感知器的反向传播算法，扫清了当初阻碍感知器模型继续发展的重要障碍。与此同时，20 世纪 80 年代以来，传统的基于符号处理的人工智能在解决工程问题时遇到了许多困难。现代的串行机尽管有很好的性能，但在解决像模式识别、学习等的问题上显得非常困难。这使人们怀疑当前的 Von Neumann 机能否解决智能问题，促使人们探索更接近人脑的计算模型，于是又形成了对人工神经网络研究的热潮。现在人工神经网络的应用已渗透到众多的领域，如智能控制、模式识别、信号处理、计算机视觉、优化计算、知识处理、生物医学工程等。

基于人工神经网络的模式识别方法相对其他方法来说，其优势在于：① 具有较强的容错性，能够识别带有噪声的输入模式；② 具有强大的自适应学习能力；③ 可以实现特征空间较复杂的划分；④ 能够适于用高速并行处理系统实现。它也存在以下一些弱点：① 需要更多的训练数据；② 在通常的计算机上实现模拟运行速度较慢；③ 无法得到所使用的决策过程的透彻理解（例如，无法得到特征空间中的决策面）。

一种乐观的观点认为，由于人脑具有极强的模式识别能力，这就意味着人工神经网络最终很可能具有这种能力。然而，迄今为止对由人工神经网络实现的模式识别系统性能的测试结果表明，一般能达到良好的统计分类器的性能水平。本章着重介绍神经网络中一些与模式识别关系密切的基本内容。

9.1.2　人工神经网络基础

1）生物神经元

人的大脑是由近 140 亿个不同种类的神经元（神经细胞）组成的，神经元的主要功能是传输信息。一个神经细胞单元即神经元主要是由细胞体、树突、轴突和突触组成的，其结构如图 9－1 所示。细胞体由细胞核、细胞质、细胞膜等组成，细胞体是神经元新陈代谢的中心，是接受和处理信息的单位。高等动物的神经细胞，除了特殊的神经元外，一般每个神经元都在细胞体的轴丘处生长着一根粗细均匀、表面光滑的突起，长度从几个 pm 到 1 m 左右，称其为轴突，它的功能是向外传送从细胞体发出的神经信息。

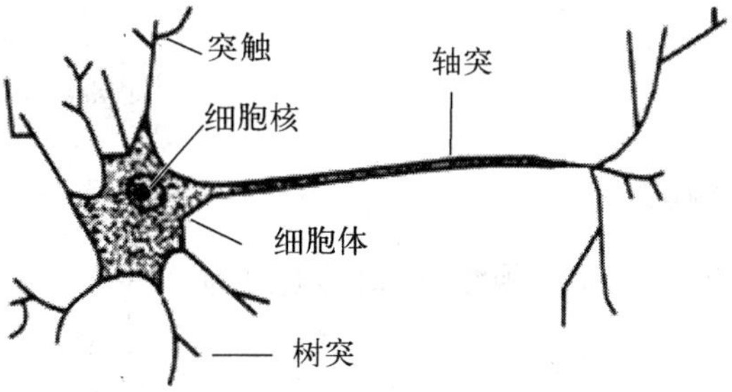

图 9－1　神经元示意

图 9－1 为神经元示意图，表示树突为细胞体向外伸出的很多。

2) 人工神经元

人工神经元网络结构和工作机理基本上是以人脑的组织结构(大脑神经元网络)和活动规律为背景的,它反映了人脑的某些基本特征,但并不是要对人脑部分的真实再现,可以说它是某种抽象、简化或模仿。参照生物神经元网络发展起来的人工神经元网络现已有许多种类型,但它们中的基本单元——神经元的结构是基本相同的。人工神经元模型种类繁多,本章只介绍工程上常用的最简单的模型,如图 9-2(a)所示。

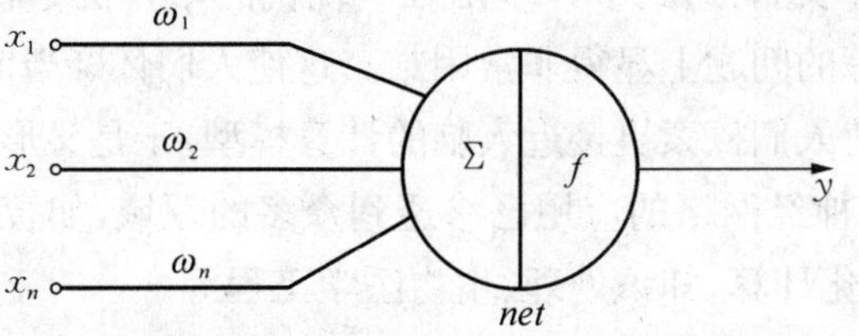

(a)

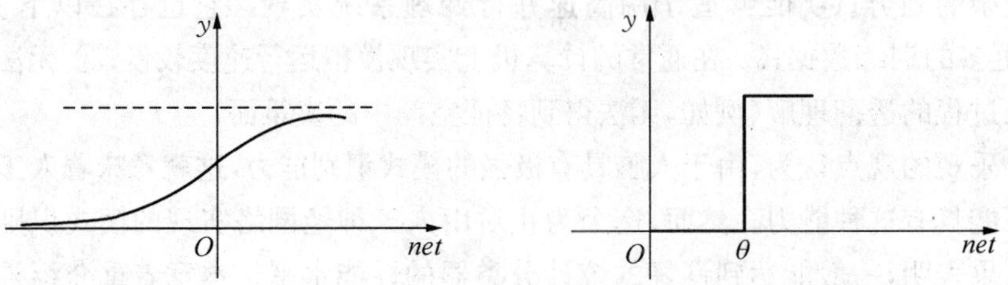

(b)

图 9-2 人工神经元模型(a),人工神经元模型与两种常见的输出函数(b)

图中的 n 个输入 $x_i \in \mathbf{R}$,相当于其他神经元的输出值,n 个权值 $\omega_i \in \mathbf{R}$,相当于突触的连接强度,f 是一个非线性函数,例如阈值函数或 sigmoid 函数,θ 是阈值。神经元的动作如下:

$$net = \sum_{i=1}^{m} \omega_i x_i \tag{9-1}$$

输出

$$y = f(net) \tag{9-2}$$

当 f 为阈值函数时,则其输出为

$$y = \operatorname{sgn}\left(\sum_{i=1}^{n} \omega_i x_i - \theta\right) \tag{9-3}$$

为使公式更为简洁,设阈值 $\theta = -\omega_0$,并记

$$\mathbf{W} = (\omega_0, \omega_1, \cdots, \omega_n)^{\mathrm{T}}$$

$$\mathbf{X} = (1, x_1, \cdots, x_n)^{\mathrm{T}}$$

则
$$y = \mathrm{sgn}(\boldsymbol{W}^{\mathrm{T}}X)$$
或
$$y = f(\boldsymbol{W}^{\mathrm{T}}X)$$
选取不同的输出函数 f，y 的取值范围也不同，若

$$f(x) = \mathrm{sgn}(x) = \begin{cases} 1, & x \geqslant 0 \\ -1, & x < 0 \end{cases} \tag{9-4}$$

则 $y \in \{-1, 1\}$，即 y 取值为 1 和 −1 两个值。

如果
$$f(x) = \begin{cases} 1, & x > 0 \\ 0, & x \leqslant 0 \end{cases} \tag{9-5}$$

则 $y \in \{0, 1\}$，即 y 取值为 0 和 1 两个值。

对于一些重要的学习算法要求输出函数 f 可微，此时通常选用 Sigmoid 函数：

$$f(x) = \mathrm{th}(x) = \frac{2}{1 + \mathrm{e}^{-2x}} - 1 \tag{9-6}$$

则 $y \in (-1, 1)$，可取$(-1, 1)$内的连续值。

也可选
$$f(x) = \frac{1}{1 + \mathrm{e}^{-x}} \tag{9-7}$$

则 $y \in (0, 1)$，可取$(0, 1)$内的连续值。

选择 Sigmoid 函数的优点：① 非线性、单调性；② 无限次可微；③ 当权值很大时可近似阈值函数；④ 当权值很小时可近似线性函数。

当神经元模型确定之后，神经网络的特性和能力则主要取决于网络拓扑结构及学习方法。

3) 人工神经网络的连接模式

根据连接方式的不同，神经网络的神经元之间的连接有如下几种形式：

(1) 前向网络。

前向网络如图 9-3(a)所示，神经元是分层排列的，分别组成输入层、中间层(也称隐含层，可以有若干层)和输出层。每一层的神经元只接受来自前一层神经元的输出。后面的层对前面的层没有信号反馈。输入信号(模式)经过各层次的顺序传输，最后在输出层上得到输出。感知器和误差反向传播算法所采用的网络均属于前向网络类型。

(2) 有反馈的前向网络。

有反馈的前向网络如图 9-3(b)所示，此类网络也是前向型网络，只是在输出层上接有反馈回路，将输出信号反馈到输入层。这种网络可以用来存储某种模式序列，如神经认知机就属于此种类型。

(3) 层内互连前向网络。

层内互连的前向网络如图 9-3(c)所示。通过层内神经元的相互结合，可以实现层内神经元之间的横向兴奋或抑制机理。这样可以限制每层内同时动作的神经元数，或者把

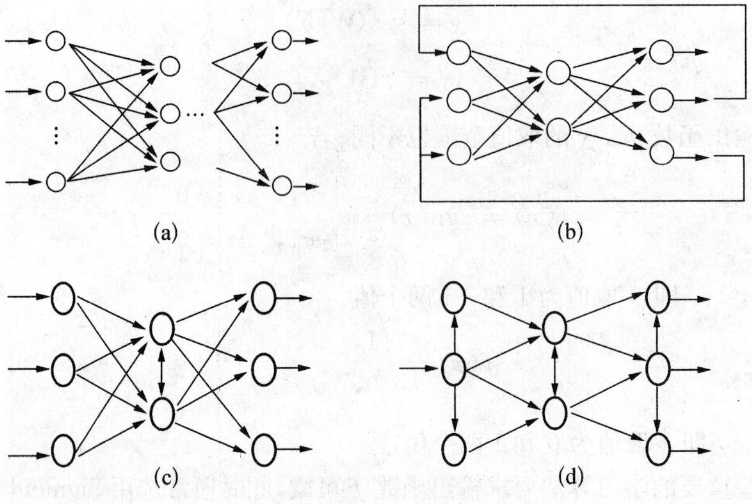

图 9-3 几种神经网路的基本结构示意图

(a) 前向网路；(b) 有反馈的前向网路；(c) 层内互连前向网络；(d) 相互结合型网络

每层内的神经元分成若干组，让每组作为一个整体来运作。例如，可以利用横向抑制机理把某层内具有最大输出的神经元挑选出来，而抑制其他神经元处于无输出状态。很多自组织网络都存在着层内互连结构。

(4) 相互结合型网络(包括全互连和部分互连类型)。

相互结合型网络如图 9-3(d)所示。这种网络在任意两个神经元之间都可能有连接。Hopfield 网络和 Boltzmann 机均属于这种类型。在无反馈的前向网络中，信号一旦通过某个神经元，该神经元的处理过程就结束了。而在相互结合网络中，信号要在神经元之间反复传递，网络处于一种不断改变状态的动态之中。从某种初始状态开始，经过若干次的变化，才会达到某种平衡状态。根据网络的结构和神经元的特性，网络的运行还有可能进入周期振荡或其他如混沌等平衡状态。

4) 神经元的学习算法

神经网络的学习算法十分丰富，不同的应用和不同的网络结构有着不同的学习算法，但几乎所有神经网络的学习算法均可看作 Hebb 学习规则的变形。Donald Hebb 描述过一种演化为数学程式的思想：

如果神经元 U_i 接收来自另一神经元 U_j 的输出，则当这两个神经元同时兴奋时，从 U_j 到 U_i 的权值 ω_{ij} 就得到加强。具体到前述的神经元模型，可以将 Hebb 规则表述为如下的算法：

$$\Delta\omega_i = \eta\, y x_i \tag{9-8}$$

式中：$\Delta\omega_i$ 是对第 i 个权值的修正量，η 是控制学习速度的系数。

5) 人工神经网络的应用

人工神经网络自从 20 世纪 80 年代中期复苏以来，其发展速度及其应用规模令人惊叹。神经网络比较适合用于特征提取、模式分类、联想记忆、低层次感知、自适应控制等领域。

(1) 联想记忆(Associative Memory, AM)。

联想记忆是指系统具有克服输入信号失真的能力,能够修复信号,使系统产生无偏差的本原信号或是正确的映射信号。

(2) 优化计算与决策。

网络各神经元状态分别对应优化问题的目标函数的各个变量,由目标函数和约束条件 建立网络的能量函数,用网络状态的动态方程驱动网络运行。当系统趋于稳定后,在稳定点上能量达到极小值,此时,网络各神经元状态对应问题的最佳解。

(3) 分类识别。

由于人工神经网络具有联想记忆功能、优化计算能力以及其他的一些性质,所以人工神经网络具有较强的分类识别功能,在模式识别领域中具有重要的应用,也是模式识别研究的热点之一。

(4) 智能控制。

人工神经网络可以有效地应用于各类控制领域。当控制对象或控制过程具有复杂的时变性、非线性,或是不确定性时,对它们不能精确建模,此时使用经典和现代控制理论与技术很难实现有效控制。而人工神经网络具有表示非线性映射关系的能力,可以对不确定系统进行自适应和自学习,因此,在控制领域人工神经网络得到了广泛的应用。

(5) 专家系统。

人工智能技术、模糊理论与人工神经网络相结合可以构成专家系统。

9.2　前馈神经网络及其主要算法

人工神经网络基本模型主要指早期几个有代表性的模型,本小节将介绍 MP 模型、感知器模型等几种前馈神经网络及其主要算法。

9.2.1　MP 模型

MP 模型属于一种阈值元件模型,是由美国 Mc Culloch 和 Pitts 提出的最早神经元模型之一,是大多数神经网络模型的基础。它又可分为标准、延时和改进型的 MP 模型。由于篇幅有限,这里只介绍标准的 MP 模型。

通常考虑某一种神经元要受到其他神经元的作用,因而总是以 n 个神经元相互连接形成神经元计算模型(见图 9-4)。一个神经元具备相应的输入和输出。神经元自身的状态,决定其输

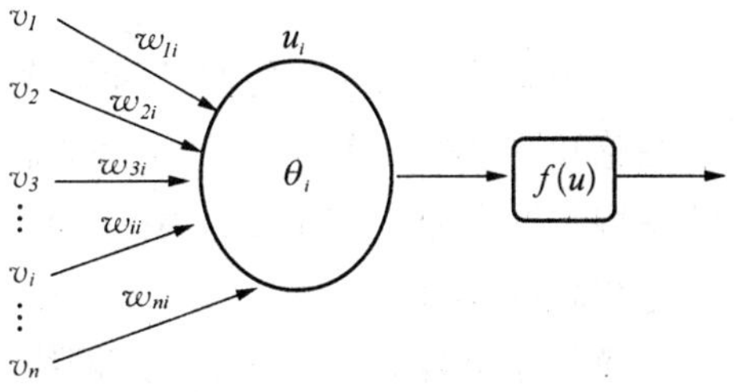

图 9-4　阈值元件模型

出的有无，即每一个神经元从其他 $n-1$ 个神经元接受信息，产生神经兴奋和冲动，在其他条件不变的情况下，不论何种刺激，只要达到阈值以上，就产生一个动作电位，并以最快速度作非衰减的等幅传递输出。一旦输入的总和小于阈值，神经元处于抑制状态，没有被激活，也就没有任何输出产生。

对于 n 个互连的神经元中第 i 个神经元，外界输入的总和影响其激活值。i 神经元的状态以某种函数形成输出，即有

$$u_i = \sum w_{ji} v_j - \theta_i \tag{9-9}$$

$$v_i = f(u_i) \tag{9-10}$$

式中：w_{ji}——神经元 i 与神经元 j 之间的连接强度，称之为连接权；

u_i——神经元 i 的活跃值及神经元的状态；

v_j——神经元 j 的输出，即是神经元 i 的一个输入；

θ_i——神经元 i 的阈值。

函数 f 表达了神经元的输入输出特性。在 MP 模型中，$f(u_i)$定义为阶跃函数：

$$f(u_i) = \begin{cases} 1, & u_i > 0 \\ 0, & u_i \leqslant 0 \end{cases} \tag{9-11}$$

如果把阈值θ_i看作为一个特殊的权值，则式(9-11)可改写为

$$v_i = f\left(\sum_{j=0}^{n} w_{ji} v_j\right) \tag{9-12}$$

式中：$w_{0i} = -\theta_i$，$v_0 = 1$。

为能用连续型的函数表达神经元的非线性变换能力，常采用 S 型函数

$$f(u_i) = \frac{1}{1 + e^{-u_i}}$$

MP 模型在发表时并没有给出一个学习算法来调整神经元之间的连接权，可以根据需要，采用一些常见的算法（如 Hebb 算法）来调整神经元连接权，以达到学习的目的。

9.2.2 感知器模型

感知器是一种早期的神经网络模型，是由美国学者 F. Rosenblatt 于 1957 年提出。由于在感知器中第一次引入了学习的概念，使人脑所具备的学习功能在基于符号处理的数学模型中得到了一定程度的模拟，而引起了广泛的关注。感知器也有简单和多层之分，这里介绍简单感知器。

简单感知器是一种双层神经网络模型，一层为输入层，另一层具有计算单元，可以通过监督学习来建立模式判别的能力，如图 9-5 所示。

学习的目标是通过改变权值使神经网络由给定的输入得到给定的输出。作为分类器,可以用已知类别模式的特征向量作为训练集,当输入为属于第 i 类的特征向量 $\boldsymbol{X}$ 时,应使其对应于该类的输出 $y=1$,而其他神经元的输出则为 0(或−1)。

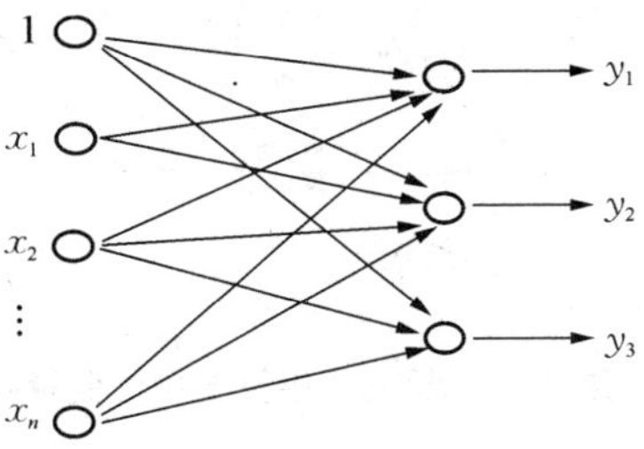

图 9-5　感知器模型

当神经元的输出函数为 Sigmoid 函数时,上述结论可以推广到连续的非线性函数,在很宽松的条件下,三层前馈网络可以逼近任意的多元非线性函数,突破了二层前馈网络线性可分的限制。这种三层或三层以上的前馈网络通常又被叫做多层感知器(Multi-Layer Perception, MLP)。

9.2.3　前馈神经网络

构成前馈网络的各神经元接受前一级输入,并输出到下一级,无反馈,可用一有向无环图表示。图的节点分为两类,即输入节点与计算单元。每个计算单元可有任意个输入,但只有一个输出,而输出可耦合到任意多个其他节点的输入。前馈网络通常分为不同的层,第 i 层的输入只与第 $i-1$ 层的输出相连,这里认为输入节点为第一层,因此,所谓具有单层计算单元的网络实际上是一个两层网络。输入和输出节点由于可与外界相连,直接受环境影响,称为可见层,而其他的中间层则称为隐层,如图 9-6 所示。

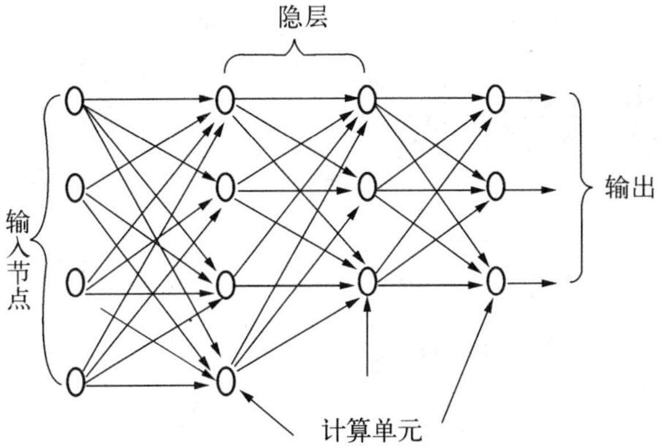

图 9-6　前馈神经网络结构示意图

9.2.4　反向传播算法(BP 法)

三层前馈网络的适用范围大大超过二层前馈网络,但学习算法比较复杂,其主要困难是中间的隐层不直接与外界连接,无法直接计算其误差。为解决这一问题,提出了反向传播(Back-Propogation, BP)算法。其主要思想是反向逐层传播输出层的误差,以间接算出隐层误差。其实质是把一组样本输入输出问题转化为一个非线性优化问题,通过梯度算法利用迭代运算求解权值的一种学习算法。算法分为两个阶段:第一阶段(正向过程),输入信息从输入层经隐层逐层计算各单元的输出值;第二阶段(反向传播过程),由输出误差逐层向输入层方向算出隐层各单元的误差,并用此误差修正输入层权值。

在反向传播算法中,一般采用梯度法修正权值,要求输出函数可微,通常采用 Sigmoid 函数作为输出函数。以一个节点为例,研究处于某一层的第 j 个计算单元,下标 i 代表其输入层第 i 个单元,下标 j 代表输出层是第 j 个单元,O 代表本层输出,w_{ij} 是输入层到本

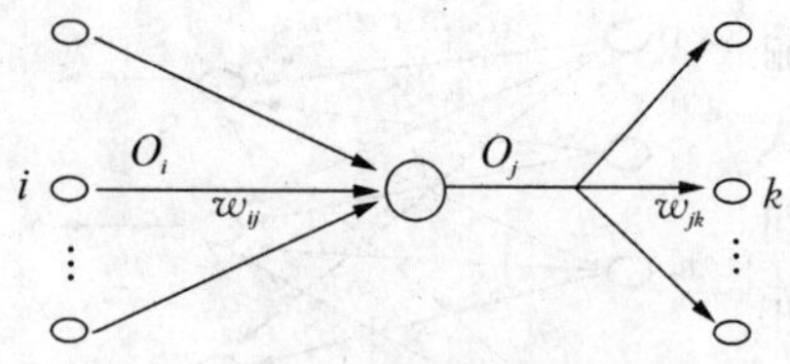

图 9-7 反向传播算法中的变量约定

层的权值,如图 9-7 所示。

当输入某个样本时,对每层各单元作如下计算(正向算法):

$$net_j = \sum_i w_{ij} O_i \tag{9-13}$$

$$O_j = f(net_j) \tag{9-14}$$

对于输出层而言,$y_j = O_j$ 是实际输出值,$\hat{y}_j$ 是理想输出值,在此样本下的误差为

$$E = \frac{1}{2}\sum_j (y_j - \hat{y}_j)^2 \tag{9-15}$$

为了使公式简化,定义局部梯度

$$\delta_j = \frac{\partial E}{\partial net_j} \tag{9-16}$$

考虑权值对误差的影响,可得

$$\frac{\partial E}{\partial w_{ij}} = \frac{\partial E}{\partial net_j}\frac{\partial net_j}{\partial w_{ij}} = \delta_j O_i \tag{9-17}$$

权值修正应使误差减小最快,修正量为

$$\Delta w_{ij} = -\eta \delta_j O_i \tag{9-18}$$

$$w_{ij}(t+1) = w_{ij}(t) + \Delta w_{ij}(t) \tag{9-19}$$

如果节点 j 是输出单元,则有

$$O_j = \hat{y}_j$$

$$\delta_j = \frac{\partial E}{\partial \hat{y}_j}\frac{\partial \hat{y}_j}{\partial net_j} = -(y_j - \hat{y}_j) f'(net_j) \tag{9-20}$$

如果节点 j 不是输出单元,由图 9-7 可知,j 对后层的全部节点都有影响。因此有

$$\delta_j = \frac{\partial E}{\partial net_j} = \sum_k \frac{\partial E}{\partial net_k}\frac{\partial net_k}{\partial O_j}\frac{\partial O_j}{\partial net_j} = \sum_k \delta_k w_{jk} f'(net_j) \tag{9-21}$$

对于 Sigmoid 函数

$$y = f(x) = \frac{1}{1+e^{-x}} \tag{9-22}$$

$$f'(x) = \frac{e^{-x}}{(1+e^{-x})^2} = y(1-y) \tag{9-23}$$

或者写成

$$y = f(x) = \operatorname{th} x \tag{9-24}$$

$$f'(x) = 1 - \operatorname{th}^2 x = 1 - y^2 \tag{9-25}$$

在实际计算时，为了加快收敛速度，往往在权值修正量中加上前一次的权值修正量，一般称之为惯性项，即

$$\Delta w_{ij}(t) = -\eta \delta_j O_i + \alpha \Delta w_{ij}(t-1) \tag{9-26}$$

式中：α 为惯性项系数。

综上所述，反向传播算法步骤如下：

步骤 1　选定权系数初始值。

步骤 2　重复下述过程直至收敛(对各样本依次计算)。

(1) 正向各层计算各单元 O_j。

$$net_j = \sum_i w_{ij} O_i$$

$$O_j = 1/(1 + \mathrm{e}^{-net_j})$$

(2) 对输出层计算。

$$\delta_j = (y_j - O_j) O_j (1 - O_j)$$

(3) 反向计算各隐层。

$$\delta_j = O_j (1 - O_j) \sum_k w_{jk} \delta_k$$

(4) 计算并保存各权值修正量。

$$\Delta w_{ij}(t) = \alpha \Delta w_{ij}(t-1) + \eta \delta_j O_i$$

(5) 修正权值。

$$w_{ij}(t+1) = w_{ij}(t) + \Delta w_{ij}(t)$$

以上算法是对每个样本作权值修正，也可以对各样本计算后求和，按总误差修正权值，即按批量修正法进行修正。

反向传播算法解决了隐层权值修正问题，但它是用梯度法求非线性函数极值，因而有可能陷入局部极小点，不能保证收敛到全局极小点。

二层前馈网络的收敛性不受初始值影响，各权值的初始值可以全设定为零；但三层以上的前馈网络(含有一个以上隐层)使用反向传播算法时，如果权值初始值都为零或都相同，隐层各单元不能出现差异，运算不能正常进行。因此，通常用较小的随机数(例如在[－0.3, 0.3]之间的随机数)作为权值初始值。初始值对收敛有影响，当计算不收敛时，可以改变初始值后重新试算，直至收敛。

反向传播算法中有 η 和 α 两个参数以及步长 Δw 对收敛性都有影响，而且对于不同的问题其最佳值相差也很大，通常可在 0.1～3 之间试探。对于较复杂的问题应用较大的

值。惯性项系数主要影响收敛速度，在很多应用中其值可在 0.9～1 之间选择（比如 0.95），$\alpha \geqslant 1$ 时不收敛，有些情况下也可不用惯性项（即 $\alpha=0$）。

三层前馈网络的输出层与输入层单元数是由问题本身决定的，例如，作为模式判别时输入单元数是特征维数，输出单元数是类数。但中间隐层的单元数如何确定则缺乏有效的方法。一般来说，问题越复杂，需要的隐层单元越多，或者说同样的问题，隐层单元越多越容易收敛。但是隐层单元数过多会增加计算量，而且会产生"学习过度"现象，使对未出现过的样本的推广能力变差。

对于多类的模式识别问题来说，要求网络输出把特征空间划分成对应不同的类别的区域，每一隐单元可形成一个超平面。N 个超平面可将 D 维空间划分成的区域数为

$$M(N,\ D) = \sum_{i=0}^{D} \binom{N}{i} \tag{9-27}$$

设有 p 个样本，不知道它们实际上应分成多少类，为保险起见，可假设 $M = P$，这样，当 $N < D$ 时，可选隐单元数 $N = \log_2 P$。当然这只能是一个参考数字，因为所需的隐层单元数主要取决于问题复杂程度而非样本数，只是复杂的问题确实需要大量样本进行训练学习。

当隐层数难以确定时，可以先选较多的隐层单元数，待学习完成后，再逐步删除一些隐层单元，使网络更为精简。删除的原则可以考虑某一隐层单元的贡献，例如，其输出端各权值绝对值大小，或输入端权向量是否与其他单元相近。更直接的方法是，删除某个隐层单元，继续一段学习算法，如果网络性能明显变坏，则恢复原状。如此逐个测试各隐层单元的贡献，把不必要的删去。

从原理上讲，反向传播算法完全可以用于四层或更多层的前馈网络。三层网络可以应付任何问题，但对于较复杂的问题，更多层的网络有可能获得更精确的结果。遗憾的是，反向传播算法直接用于多于三层的前馈网络时，陷入局部极小点而不收敛的可能性很大。需要运用更多的先验知识减小搜索范围，或者根据一些原则来逐层构筑隐层。

9.2.5 径向基函数网络

除了上述采用 Sigmoid 型神经元输出函数的前馈网络外，还有一种较常用的前馈型神经网络，叫做径向基函数（Radial Basis Function，RBF）网络，其基本结构如图 9-8 所示。这种网络的特点是：只有一个隐层，隐层单元采用径向基函数作为其输出函数，输入层到隐层之间的权值均固定为 1；输出节点为线性求和单元，隐层到输出节点之间的权值可调，因此，输出为隐层的加权求和。

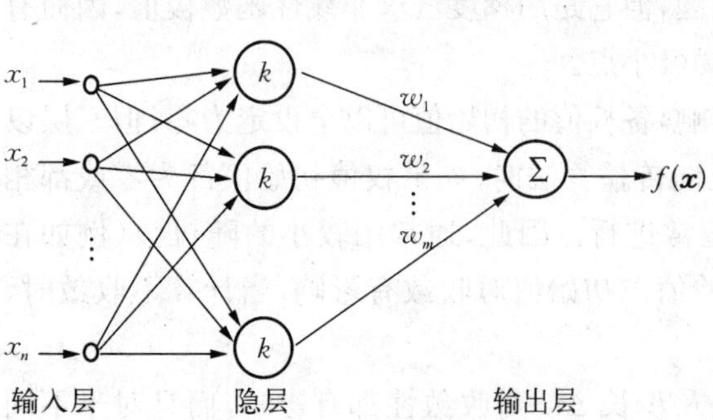

图 9-8　径向基函数网络

所谓径向基函数，就是某种沿径向对称的标量函数。通常定义为空间中任一点 z 到某一中心 z_0 之间欧氏距离的单调函数，可记为 $f(\| z-z_0 \|)$，其作用往往是局部的，即当 z 远离 z_0 时函数取值很小。最常用的径向基函数是高斯核函数，其形式为

$$f(\| z - z_0 \|) = \exp\left\{-\frac{\| z - z_0 \|^2}{2\sigma^2}\right\} \tag{9-28}$$

式中：z_0 为核函数中心；σ 为函数的宽度参数，或称核函数方差，它控制了函数的径向作用范围。

在 RBF 网络中，z_0 和 σ 这两个参数往往是可调的。可以从两个方面理解其作用：

(1) 把网络看成对未知函数 $f(z)$ 的逼近器。一般任何函数都可表示成一组基函数的加权和，这相当于用隐层单元的输出函数构成一组基函数来逼近 $f(z)$。

(2) 从输入层到隐层的基函数输出是一种非线性映射，而输出则是线性的。这样，RBF 网络可以看成是首先将原始的非线性可分的特征空间变换到另一空间（通常是高维空间）。通过这一变换使在新空间中线性可分，然后用一个线性单元来解决问题。

在典型的 RBF 网络中有 3 组可调参数：隐层基函数中心 z_0、方差 σ 以及输出单元的权值 w。这些参数的选择有 3 种常见的方法：

(1) 根据经验选择函数中心。比如只要训练样本的分布能代表整体分布，可根据经验选定均匀分布的 M 个中心，其间距为 d，可选高斯核函数的方差为 $\sigma = d/\sqrt{2M}$。

(2) 用聚类方法选择基函数。可以用各聚类中心作为核函数中心，而以各类样本方差的某一数作为各个基函数的宽度参数。

用方法(1)或方法(2)选定了隐层基函数的参数后，因输出单元是线性单元，它的权值可以简单地用最小二乘法直接计算出来。

(3) 将三组可调参数都通过训练样本用误差纠正算法求得。做法与 BP 方法类似，分别计算误差 $\delta(k)$ 对各组参数的偏导数（梯度），然后用 $\theta(k+1) = \theta(k) - \eta \dfrac{\partial \delta(k)}{\partial \theta}$ 迭代求取参数 θ。

9.3　反馈网络——Hopfield 网络

9.3.1　Hopfield 网络概述

与前馈网络不同，Hopfield 网络是一种反馈网络。反馈网络的基本单元是与前馈网络类似的神经元，其特性函数可以是阈值函数或 sigmoid 函数。反馈网络的结构是单层的，各单元地位平等，每个神经元都可以与所有其他神经元连接。如果考虑一个二层前馈网络，其输出层与输入层的神经元数相同，每一个输出单元都直接连接（反馈）到相对应的

一个输入单元上，该网络就等价于一个反馈网络。通常把反馈网络看成动态系统，主要关心其随时间变化的动态过程。反馈网络存在如稳定性问题以及随机性、不可预测性等因素，因此，它比前馈网络复杂得多，我们可以从不同方面利用这些性质以完成各种计算功能。

Hopfield 网络除了具有上述反馈网络的结构和性质之外，还满足以下条件：

(1) 权值对称，即 $w_{ij}=w_{ji}$，权矩阵 $\boldsymbol{W}=\boldsymbol{W}^{\mathrm{T}}$ 为对称阵；

(2) 无自反馈，即 $w_{ii}=0$，权矩阵 $\boldsymbol{W}$ 的对角线元素为 0。

由于满足对称条件，Hopfield 网络是稳定的。

9.3.2 离散 Hopfield 网络(DHNN)

离散 Hopfield 网络的各单元都互相连接，单元特性函数都是线性阈值函数，它是一个离散时间系统，用 $N(W, T)$表示一个 n 阶网络，其中，$\boldsymbol{W}$ 为 $n\times n$ 的对称阵，$w_{ij}=w_{ji}$ 是单元 i 与 j 之间连接的权值；$\boldsymbol{T}$ 为 n 维向量，T_i是单元 i 的阈值。各单元取值只能为$+1$ 或-1，描述状态变化的方程式可写为

$$x_i(t+1)=\operatorname{sgn}\Big[\sum_{j=1}^{n} w_{ij}x_j(t)-T_i\Big] \tag{9-29}$$

式中：$x_i(t)$为任一时刻 t(t 为正整数)单元 i 的状态，向量 $\boldsymbol{X}(t)\in\{-1,+1\}^n$ 描述整个网络的状态。若 $w_{ii}=0$ $(i=1, 2, \cdots, m)$，则称为无自反馈的网络。

网络有两种工作方式：

(1) 串行(异步)方式。在任一时刻，只有某一神经元 i(按固定顺序或随机地选择)改变状态，而其他单元状态不变。

(2) 并行(同步)方式。在任一时刻部分神经元按式(9-29)改变状态，其中最重要的一种特殊情况为：在某时刻 t 所有神经元同时按式(9-29)改变状态，可写成向量形式：

$$X(t+1)=\operatorname{sgn}[\boldsymbol{W}^{\mathrm{T}}\boldsymbol{X}(t)-\boldsymbol{T}] \tag{9-30}$$

称为全并行方式。

如果网络从 $t=0$ 的任一初始状态 $\boldsymbol{X}(0)$开始变化时，存在某一有限时刻 t，此后网络状态不再变化，即

$$\boldsymbol{X}(t+\Delta t)=\boldsymbol{X}(t),\quad \Delta t>0 \tag{9-31}$$

则称网络式(9-29)是稳定的。显然式(9-29)代表的系统的稳定状态应满足

$$x_i=\operatorname{sgn}\Big(\sum_{j=1}^{n} w_{ij}x_j-T_i\Big),\qquad i=1, 2, \cdots, n \tag{9-32}$$

定义系统的势函数如式(9-33)(Lyapunov 函数)来研究网络的稳定性：

$$E(t)=\frac{1}{2}\boldsymbol{X}^{\mathrm{T}}\boldsymbol{W}\boldsymbol{X}+\boldsymbol{T}^{\mathrm{T}}\boldsymbol{X}=-\frac{1}{2}\sum_{i=1}^{n}\sum_{j=1}^{n} w_{ij}x_ix_j+\sum_{i=1}^{n}T_ix_i \tag{9-33}$$

考虑在串行方式下，当 $w_{ii}=0$，一次运算只有 x_i发生时，其势函数的变化为

$$\Delta E_i = E(t+1)-E(t) = -[x_i(t+1)-x_i(t)]\left[\sum_{\substack{j=1\\ j\neq i}}^{n} w_{ij}x_j - T_i\right] \tag{9-34}$$

结合式(9-29)观察式(9-34)，由于 x 只能取 ± 1 的值，故只需考虑以下 3 种情况：

(1) $x_i(t+1)=x_i(t)$，此时，$\Delta E_i = 0$。

(2) $x_i(t+1)-x_i(t)=2$，此时最右侧括号内的符号为正，$\Delta E_i<0$。

(3) $x_i(t+1)-x_i(t)=-2$，此时最右侧括号内的符号为负，$\Delta E_i<0$。

由此可见，系统如果发生变化，其势函数只可能减小。系统只有有限个状态，最终一定会到达势函数的某一个极小点(平衡态)，与该点相邻的点的势函数值一定大于该点，该平衡态是孤立的。由于系统是非线性的，可以有多个孤立平衡态。如果系统是确定性的，从系统的状态空间的任何一点出发，都会到达某个极小点，这好像被平衡态所吸引，所以孤立平衡态又称为孤立吸引子。到达某个吸引子的所有出发点的集合称为该吸引子的吸引域。对于并行方式的系统，也有类似的结论。

以上讨论的是单元取值为$\{+1, -1\}$的情况，有时也采用取值为$\{0, 1\}$的元，上述结论仍然成立。

9.3.3 联想存储器

通常计算机中的存储器都是用地址进行访问的，而在人脑中则是由某方面的内容联想起其他内容，此种方式的存储器被称为联想存储器(AM)，又被称作内容寻址存储器(CAM)。

Hopfield 网络的孤立吸引子可以用作联想存储器。吸引域的存在，意味着可以输入有噪声干扰的、残缺的或是部分的信息而联想出完整的信息。为此，需要正确设定权值矩阵，使得吸引子恰好对应于要存储的信息。

设定权矩阵的简单方法是“外积规则”，用要存储的向量的外积组成权矩阵。设需存储的一组向量为$\boldsymbol{U}_1, \boldsymbol{U}_2, \cdots, \boldsymbol{U}_m$，其中 $m<n$，而 n 是向量维数，则有

$$W = \sum_{i=1}^{m}(\boldsymbol{U}_i\boldsymbol{U}_i^{\mathrm{T}} - \boldsymbol{I}) \tag{9-35}$$

令组中各向量两两正交，即 $\boldsymbol{U}_i^{\mathrm{T}}\boldsymbol{U}_i = n$，$\boldsymbol{U}_i^{\mathrm{T}}\boldsymbol{U}_j = 0\ (i\neq j)$，则

$$\begin{aligned}\boldsymbol{W}\boldsymbol{U}_i &= (\boldsymbol{U}_i\boldsymbol{U}_i^{\mathrm{T}} - I)U_i + \sum_{j\neq i}(\boldsymbol{U}_j\boldsymbol{U}_j^{\mathrm{T}} - I)U_i \\ &= (n-1)\boldsymbol{U}_i - (m-1)\boldsymbol{U}_i = (n-m)\boldsymbol{U}_i\end{aligned} \tag{9-36}$$

而 $\mathrm{sgn}(\boldsymbol{W}\boldsymbol{U}_i) = \boldsymbol{U}_i$可见，$\boldsymbol{U}_i$ 确实是网络的一个吸引子。

外积规则要求存储向量正交，条件比较苛刻；伪逆规则只要求存储向量线性独立，条件较为宽松。设矩阵 $\boldsymbol{U} = (\boldsymbol{U}_1, \boldsymbol{U}_2, \cdots, \boldsymbol{U}_m)$ 是 m 行 n 列的矩阵，其伪逆 $\boldsymbol{U}^{+}=$

$(\boldsymbol{U}^{\mathrm{T}}\boldsymbol{U})^{-1}\boldsymbol{U}^{\mathrm{T}}$，则权矩阵

$$\boldsymbol{W}=\boldsymbol{U}(\boldsymbol{U}^{\mathrm{T}}\boldsymbol{U})^{-1}\boldsymbol{U}^{\mathrm{T}}=\boldsymbol{U}\boldsymbol{U}^{+} \tag{9-37}$$

当矩阵$\boldsymbol{U}$中的各列向量线性独立时，$\boldsymbol{U}^{\mathrm{T}}\boldsymbol{U}$是满秩矩阵，存在逆矩阵。可以简单地验证

$$\boldsymbol{W}=\boldsymbol{U}(\boldsymbol{U}^{\mathrm{T}}\boldsymbol{U})^{-1}\boldsymbol{U}^{\mathrm{T}}\boldsymbol{U}=\boldsymbol{U} \tag{9-38}$$

所以矩阵$\boldsymbol{U}$中的m个列向量都是吸引子。

用 Hopfield 网络作为联想存储器，要注意以下问题：首先是网络容量，n阶的外积网络能存储的向量大约为$\frac{n}{4}\ln(n)$个；其次是多余的吸引子，如果列向量$\boldsymbol{u}_i$是吸引子，$-\boldsymbol{u}_i$也是吸引子，此外还会有一些难以预料的吸引子，吸引域的范围也难以控制。消耗存储量多，收敛计算费时也是明显的缺点。从实际应用的角度看，只存储矩阵$\boldsymbol{u}$，用通常的模式判别方法判断输入向量与矩阵$\boldsymbol{u}$中相近的一个向量$\boldsymbol{u}_i$作为输出，可以达到相同的目的，简便可靠，计算量小。

9.3.4 优化计算

反馈网络用于优化计算和作为联想存储器是对偶的，用于优化计算时$\boldsymbol{W}$是已知的，目的是找出具有最大E的稳定状态；作为联想存储器时稳定状态是给定的，要通过学习求出合适的权矩阵$\boldsymbol{W}$。

用反馈网络作优化计算的基本原理是：串行工作方式的网络把一组2^n个状态映射到一组稳定状态集合上，其能量函数达到极大值，因此它可用于使得如$\frac{1}{2}\boldsymbol{X}^{\mathrm{T}}\boldsymbol{W}\boldsymbol{X}-\boldsymbol{T}^{\mathrm{T}}\boldsymbol{X}$的二次函数达到极大。凡是可以把目标函数写成以上形式的优化问题都可以用反馈网络求解。当然这样找出的极大点是一个局部极大点。

实例 聚类问题

设有n个样本向量，想要聚成m类$(m<n)$，可采用$m\times n$个单元构成反馈网络，排成m行n列的矩阵；每一行代表一类，每一列代表一个样本，计算结果中第p行第q列的单元状态为1，则表示第q个样本属于第p类。由于一个样本只能属于一类，所以每一列中只能有一个单元的状态为1，其余应为-1。其能量函数为

$$E=\frac{1}{2}\sum_{k=1}^{m}\Big(\sum_{i=1}^{n}\sum_{j=1,\,j\neq i}^{n}w_{ki,\,kj}x_{ki}x_{kj}-\sum_{l=1,\,l\neq k}^{m}\sum_{i=1}^{n}\sum_{j=1}^{n}w_{ki,\,lj}x_{kj}x_{lj}\Big) \tag{9-39}$$

此式所表示的是，较为接近的样本应归为同一类，而较远的样本则归到别的类中。具体权值设定可让同一行中的各单元之间权值为相应样本接近的程度（例如欧氏距离的倒数），不同行则乘一负系数，$w_{ki,\,ki}=0$，$w_{ki,\,li}$为适当的负值。

9.3.5 连续 Hopfield 网络(CHNN)

Hopfield 网络的连续模型其网络结构与离散模型相同，单元特性相当于有时间常数

的电路，其时域特性可用如下的方程描述：

$$C_i \frac{\mathrm{d}u_i}{\mathrm{d}t}=\sum_{j=1}^{n} w_{ij}v_j-\frac{u_i}{R_i}+I_i \tag{9-40}$$

$$v_i=g(u_i)$$

系统的能量函数为

$$E=-\frac{1}{2}\sum_{i=1}^{n}\sum_{j=1}^{n} w_{ij}v_iv_j-\sum_{i=1}^{n} I_iv_i+\sum_{i=1}^{n}\frac{1}{R_i}\int_0^{v_i} g^{-1}(v)\mathrm{d}v \tag{9-41}$$

如果 $u_i=g^{-1}(v_i)$ 为单调增且连续，$C_i>0$，$w_{ij}=w_{ji}$ 则有 $E\leqslant 0$ 当且仅当 $\frac{\mathrm{d}v_i}{\mathrm{d}t}=0$ 时，$\frac{\mathrm{d}E}{\mathrm{d}t}=0$。

9.4　自适应共振理论神经网络

9.4.1　概述

自适应共振理论神经网络既能模拟人脑的可塑性（可以学习知识），又能模拟人脑的稳定性（学习新的知识但不破坏原有知识），即这种网络不仅能记忆新的知识，而且还保留已记忆的内容，这与某些神经网络是不同的。这种网络主要依据自适应共振理论（Adaptive Resonance Theory，ART），用生物神经细胞自兴奋与侧抑制的动力学原理指导学习，输出层各神经元竞争对输入模式的响应，在竞争中还可能采用侧抑制的方法，最后只有一个神经元获胜，获胜神经元则代表该输入模式的类别，权值的调整只在与获胜神经元关联的连接权值中进行，通过网络双向连接权值的记忆和比较，来完成对输入模式的记忆、回想，并以同样的方式实现模式的识别。当提供给网络的输入模式是一个网络已记忆的或与已记忆的模式十分相似的模式时，网络会把这个模式回想出来，并提供正确的分类；如果输入模式是网络不曾记忆的新模式，则网络将在不影响原有记忆的前提下，将这个模式记下来，并分配一个尚未使用过的输出层神经元作为这一记忆模式的记忆分类标志。

9.4.2　ART 网络的结构及原理

ART 网络主要有 ART1 和 ART2 两种模型，其主要区别是前者为二值输入，后者为模拟输入。这里主要介绍 ART1 模型。

ART1 网络结构如图 9－9 所示。

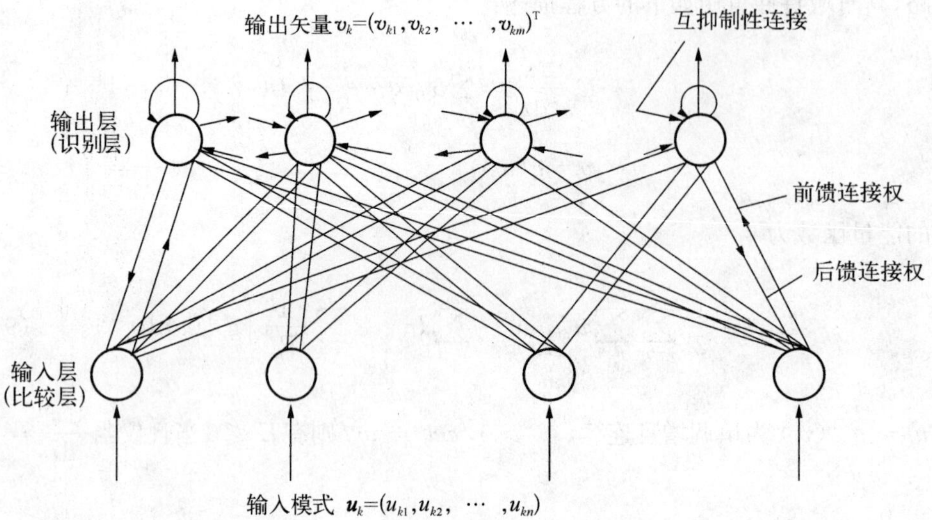

图 9-9 ART1 网络结构示意图

网络分为输入层和输出层(竞争层)。输入层有 n 个神经元,输出层有 m 个神经元,输入层和输出层之间为双向连接,输入层神经元 i 和输出层神经元 j 的前馈连接权系数为 t_{ij},这两个神经元的反馈连接权系数为 w_{ji},输出层神经元之间存在抑制性连接。二值输入模式矢量和输出矢量分别为 $\boldsymbol{u}_k=(u_{k1},u_{k2},\cdots,u_{kn})^{\mathrm{T}}$, $\boldsymbol{v}_k=(v_{k1},v_{k2},\cdots,v_{km})^{\mathrm{T}}$。ART1 网络的学习和工作是通过反复地将输入学习模式由输入层向输出层自下而上地短时记忆和由输出层向输入层自上而下地长期记忆和比较来实现的。当这种记忆和比较达到共振时,输出矢量可以正确地反映出输入学习模式的分类,且网络原有的记忆不受影响。至此,对一个输入模式的记忆和分类即告完成。

ART1 网络的学习工作原理如下:

1) 初始化

ART1 网络需要初始化的参数有三组,即 t_{ij}, w_{ji} 和 ρ, ρ 为网络的警戒参数,其大小由分类精度确定,它可以为一确定值,也可以在学习过程中变化。ρ 取较小值时,分类较粗。取连接权初值为

$$t_{ij}(0)=1,\quad i=1,2,\cdots,n;\quad j=1,2,\cdots,m \tag{9-42}$$

$$w_{ji}(0)=1/(1+n),\quad i=1,2,\cdots,n;\quad j=1,2,\cdots,m \tag{9-43}$$

$\{\boldsymbol{u}\}$用于记忆已学的输入模式,其值为 0 或 1,为使初始比较不丢失信息,故将$\{\boldsymbol{u}\}$的初值全部置为 1。在网络学习结束后承担着对学习模式的记忆任务,初始化时应给所有学习模式提供一个平等竞争的机会,然后通过对输入模式的竞争按一定规则调整。

2) 向网络输入模式 $\boldsymbol{u}_k=(u_{k1},u_{k2},\cdots,u_{kn})^{\mathrm{T}}$

3) 短时记忆(识别)阶段

ART1 网络的短时记忆与识别活动在输出层学习算法上是相同的,所以这个阶段也

称为识别阶段。它们是在学习模式由输入层向输出层的传递过程中完成的，这里设输出层不存在神经元间的相互抑制。对于学习模式 u_k，用竞争学习算法寻找输出层获胜神经元，这实际上是输出层各神经元对输入模式的竞争响应过程。其具体算法是：

$$\begin{aligned} &S_j = \sum_{i=1}^{n} w_{ij} u_{ki}, \ j = 1, 2, \cdots, m \\ &S_g = \max_j [S_j] \\ &v_{kg} = 1; \ v_{kj} = 0, \ \forall j \neq g \end{aligned} \tag{9-44}$$

也可以通过抑制竞争方式求出获胜神经元。

4）长期记忆和比较阶段

由上述讨论可知，输出层每个神经元都代表着一种记忆，它对应于某一类模式。由于输出神经元的状态是变化的，就这个意义上讲，上述过程称为短时记忆。而各输出神经元所代表的类别信息是由与它关联的两类连接权长期记忆的。

当向已学习结束的网络提供一个需识别的模式时，首先检查这个模式是否已学习过。如果是，则让网络回想出这个模式的分类结果；如果不是，则对这个模式进行记忆，并分配一个还未用过的输出层神经元来代表这个模式的分类结果。

具体过程如下：当输出层神经元 j 代表某一类模式时，就将该模式长期存储在前向连接权 $\boldsymbol{t}_j = (t_{1j}, t_{2j}, \cdots, t_{nj})^{\mathrm{T}} (j = 1, 2, \cdots, m)$ 和反馈连接权 $\boldsymbol{w}_j = (w_{1j}, w_{2j}, \cdots, w_{nj})^{\mathrm{T}} (j = 1, 2, \cdots, m)$ 中，并让向量 $\boldsymbol{v}_{kj}$ 与输出层第 j 个神经元所代表的学习模式 $\boldsymbol{u}_k = (u_{k1}, u_{k2}, \cdots, u_{kn})^{\mathrm{T}}$ 完全相等。当网络对某个输入模式进行识别时，首先需要对这个输入模式回想。这个输入模式经过识别阶段，竞争结果以神经元 g 作为自己的分类结果。此时，需要检查向量 $\boldsymbol{v}_k$，是否与这个输入模式相等；如果相等，说明这是一个已记忆过的学习模式，神经元 g 代表了这个模式的分类结果，即识别与记忆产生共振，网络可进行下一个模式的识别；如果不等，则放弃神经元 g 的分类进入寻找阶段。

对于模式分类而言，不要求同一类模式完全相同，因此当用 $\boldsymbol{v}_k$ 与输入模式 $\boldsymbol{u}_k$ 进行比较时，允许两者之间有差距，允许差距的大小由警戒参数确定，差距测度定义为

$$C_g = \boldsymbol{t}_g^{\mathrm{T}} \boldsymbol{u}_k / \| \boldsymbol{u}_k \| = \sum_{i=1}^{n} t_{gi} u_{ki} / \sum_{j=1}^{n} u_{kj} \tag{9-45}$$

实际上，上式的分子是和式 $t_{gi}u_{ki}$ 中同时为 1 的元素的个数，分母为和式 u_{kj} 中元素为 1 的个数，显然等式表示输入和输出的相似程度。当 $C_g \geqslant \rho$ 时，表明相似度大于要求，可以承认其识别结果。当 $C_g \neq 1$ 且 $C_g \geqslant \rho$，连接权 $\boldsymbol{t}$ 和 $\boldsymbol{w}$ 按下式向着更接近的方向调整：

$$w_{ig}(l+1) = \frac{t_{gi}(l) u_{ki}}{0.5 + \sum_{i=1}^{n} t_{gi}(l) k_{ui}}, \qquad i = 1, 2, \cdots, n \tag{9-46}$$

$$t_{gi}(l+1) = t_{gi}(l) u_{ki}, \qquad i = 1, 2, \cdots, n \tag{9-47}$$

当 $C_g < \rho$ 时，表明相似度未达到要求，则取消识别结果，将神经元 g 置 0，转入寻找阶段，并将这个神经元 g 排除在下次识别范围之外。

5）寻找阶段

网络将在余下的输出层神经元中搜索输入模式 $\boldsymbol{v}_k$ 的恰当分类。只要在输出层的神经元中含有与这一输入模式 $\boldsymbol{u}_k$ 相对应的分类单元，则网络总可以得到与记忆模式相符的结果。如果在已记忆的分类结果中找不到与该输入模式对应的类别，但在输出层中还有未使用过的单元，就可以给这个模式分配一个新的分类单元。在以上两种情况下，搜索总能成功。

9.4.3 ART1 网络算法步骤

根据前面介绍的网络学习、工作原理，现将算法步骤归纳如下：

步骤 1 初始化。

$$t_{ij}(0) = 1, \quad i = 1, 2, \cdots, n; \quad j = 1, 2, \cdots, m \tag{9-48}$$

$$w_{ji}(0) = 1/(1+n), \quad i = 1, 2, \cdots, n; \quad j = 1, 2, \cdots, m \tag{9-49}$$

步骤 2 将模式 $\boldsymbol{u}_k = (u_{k1}, u_{k2}, \cdots, u_{kn})^{\mathrm{T}}$ 输入给网络。

步骤 3 计算输出层各神经元的输入。

$$s_j = \sum_{i=1}^{n} w_{ij} u_{ki}, \quad j = 1, 2, \cdots, m \tag{9-50}$$

步骤 4 选择分类结果。

$$s_g = \max_j [s_j] \tag{9-51}$$

步骤 5 比较相似性若下式成立：

$$\frac{\boldsymbol{t}_g^{\mathrm{T}} u_k}{\| \boldsymbol{u}_k \|} \geqslant \rho \tag{9-52}$$

则转至步骤 7，否则，转至步骤 6。

步骤 6 取消识别结果。

将输出层神经元 g 的输出置 0，并将这个神经元排除在下次识别范围之外，返回步骤 4。当所有曾记忆过的神经元都不满足式 $\frac{\boldsymbol{t}_g^{\mathrm{T}} \boldsymbol{u}_k}{\| \boldsymbol{u}_k \|} \geqslant \rho$ 时，则选择一个新的神经元作为分类结果，进入步骤 7。

步骤 7 承认识别结果。

按下式调整连接权

$$w_{ig}(l+1) = \frac{t_{gi}(l) u_{ki}}{0.5 + \sum_{i=1}^{n} t_{gi}(l) k_{ui}}, \qquad i = 1, 2, \cdots, n \tag{9-53}$$

$$t_{gi}(l+1) = t_{gi}(l)u_{ki}, \qquad i = 1, 2, \cdots, n \tag{9-54}$$

步骤8 将步骤6中置O的所有神经元重新列入识别范围之内，返回步骤2，对下一个输入模式进行识别。

ART网络的特点：

(1) 可以完成实时学习，并适应非平稳环境。

(2) 对已学习过的对象具有稳定快速的识别能力，同时又能迅速地记忆未学习的新对象。

(3) 具有自归一能力，根据某些特征在全体中所占的比例，有时将其作为关键特征，有时又作为噪声处理。

(4) 可实现非监督学习。

(5) 容量不受输入模式数的限制，也不要求存储对象是正交的。

(6) 分类具有脆弱性，一旦输出层某神经元失效，将导致该神经元所代表的类别信息消失。

9.5 自组织特征映射神经网络

9.5.1 概述

生物神经学研究表明，人的大脑皮层具有功能区域性结构，即大脑皮层中存在许多不同的神经网络功能区，每个区域完成各自的功能，在这些功能区中，又包含若干个神经元群，它们则完成相应功能区的特定功能。人脑的记忆不是神经元与记忆模式的一一对应，而是一群神经元对应着一个模式。这种神经网络自组织特性是在人的先天生物结构基础上通过后天的环境适应和知识学习得到的。生理实验表明，某一外界信息所引起的兴奋刺激并不只针对一个神经细胞，而是对以某一个神经元为中心的一个区域内各神经元的兴奋刺激，并且刺激强度以区域中心为最大，随着与中心距离的增大，强度逐渐减弱，远离区域中心的神经元反而受到抑制。自组织特征映射(Self-Organizing Feature Map, SOFM)人工神经网络可以很好地模拟人类大脑的功能区域性、自组织特性及神经元兴奋刺激规律。

9.5.2 SOFM网络模型及功能

SOFM网络是由Kohonen提出来的，其模型结构如图9-10所示。它由输入层和输出竞争层组成，设输入层神经元个数为n，输出层是由$M = m^2$个神经元组成的二维平面阵列，输入层与输出层之间是全互连的。有时输出层各神经元之间还有侧抑制连接。SOFM能将任意维输入模式在输出层映射成一维或二维离散图形，并保持其拓扑结构不变。在输出层中，获胜的那个神经元g的邻域D内的神经元在不同程度上都得到兴奋，

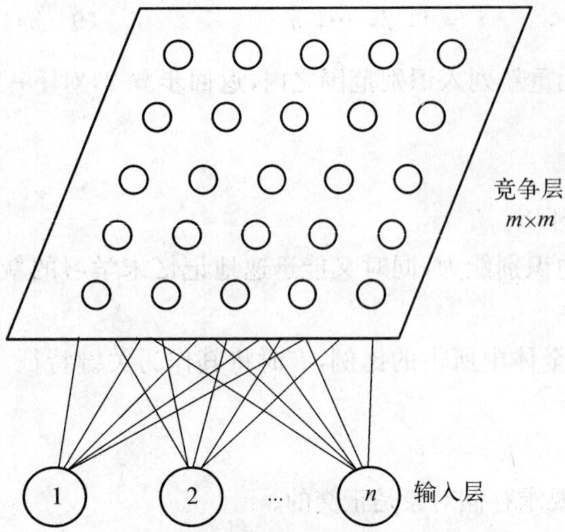

$\boldsymbol{u}_k=(u_{k1},u_{k2},\cdots,u_{kn})^{\mathrm{T}}$

图 9-10 SOFM 模型结构图

而在 D 以外的神经元都被抑制。这个 D 可以是任意形状，但一般是对称的，如正方形，六边形。D 是时间的函数，用 $D(t)$ 表示，随时间 t 增大 $D(t)$ 减小，最后可能剩下一个神经元，也可能是一组神经元。最终得到的区域反映了一类输入模式的属性。

SOFM 网络根据学习规则，通过对输入模式的自组织，能在竞争层中将分类结果表示出来。它不是以一个神经元或网络的状态向量反映分类结果，而是以若干神经元同时反映分类结果，这些神经元相连的连接权值虽略有差别，但这些神经元的分类作用基本上是相同的，其中任何一个神经元都能代表分类结果或近似分类结果。

由 SOFM 算法所形成的输入空间对连接权值向量空间的映射，连接权值向量空间对输出空间的映射，进而输入空间对输出空间的映射是一种拓扑有序的映射。所谓拓扑有序映射是指保持某种拓扑排序对应关系的映射。

网络通过对输入模式的反复学习，可以使连接权向量在连接权向量空间中的分布密度与输入模式的概率分布趋于一致，连接权向量的空间分布能反映输入模式的统计特征，这便是称该类网络为特征映射网络的原因。这种算法也可以使无规则的输入模式自动排序。由此可知，SOFM 可用于样本排序、样本分类及样本特征检测等。

实例：

图 9-11(a)是界面有交叠的两类样本，黑色的圈表示理想的贝叶斯决策界面；图 9-11(b)中的实线则是用 SOFM 网络学习算法生成的决策界面。

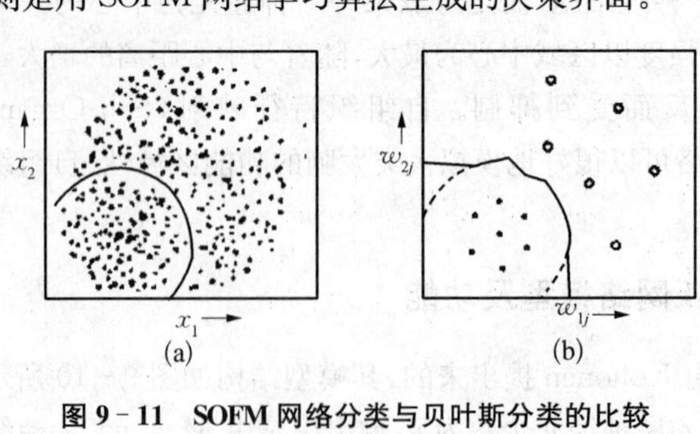

图 9-11 SOFM 网络分类与贝叶斯分类的比较

9.5.3 SOFM 网络原理

设网络的输入模式为 $\boldsymbol{u}_k=(u_{k1},u_{k2},\cdots,u_{kn})^{\mathrm{T}}$，竞争层神经元的输出为 $\boldsymbol{v}_j=(v_{j1},$

$v_{k2}, \cdots, u_{jn})^{\mathrm{T}}(j=1, 2, \cdots, m)$。输入层神经元 i 与竞争层神经元 j 之间的连接权向量为 $\boldsymbol{w}_i=(w_{i1}, w_{i2}, \cdots, w_{im})^{\mathrm{T}}(i=1, 2, \cdots, n)$，$\boldsymbol{w}_i$ 为模拟向量，$\boldsymbol{v}_j$ 为数字向量。$D_g(t)$ 则表示在第 t 次迭代中，获胜节点的邻域节点集合。

网络学习工作步骤如下：

步骤 1　初始化。

对 $\boldsymbol{w}_i$ 随机地赋予[0, 1]区间中的某值，确定学习速率 $\eta(t)$ 的初值 $\eta(0)$，$0<\eta(0)<1$，确定 $D_g(t)$ 的初值 $D_g(0)$ 及总学习次数 Q。

步骤 2　将模式

$$\boldsymbol{u}_k=(u_{k1}, u_{k2}, \cdots, u_{kn})^{\mathrm{T}} \tag{9-55}$$

输入网络并作归一化处理：

$$\begin{aligned}\overline{\boldsymbol{u}_k}&=\boldsymbol{u}_k/\|\boldsymbol{u}_k\|=(\overline{u_{k1}}, \overline{u_{k2}}, \cdots, \overline{u_{kn}})^{\mathrm{T}}\\ \|\boldsymbol{u}_k\|&=(\boldsymbol{u}_k^{\mathrm{T}}\boldsymbol{u}_k)^{\frac{1}{2}}\end{aligned} \tag{9-56}$$

步骤 3　计算归一化的连接权矢量 $\overline{\boldsymbol{w}}_j=(\overline{w}_{1j}, \overline{w}_{2j}, \cdots, \overline{w}_{nj})^{\mathrm{T}}$ 与输入向量归一化值 $\overline{\boldsymbol{u}}_k$ 之间的欧氏距离：

$$d_j=\|\overline{\boldsymbol{u}}_k-\overline{\boldsymbol{w}}_j\|=\Big[\sum_{i=1}^{n}(\overline{u}_{ki}-\overline{w}_{ij})^2\Big]^{\frac{1}{2}}, \ j=1, 2, \cdots, m \tag{9-57}$$

步骤 4　找出最小距离 d_g，确定获胜神经元 g。

$$d_g=\min_j[d_j] \tag{9-58}$$

步骤 5　调整连接权。

$$\boldsymbol{w}_j(t+1)=\begin{cases}\overline{\boldsymbol{w}}_j(t+1)+\eta(t)[\overline{u}_k-\overline{\boldsymbol{w}}_j(t)], & j\in D_g(t)\\ \overline{\boldsymbol{w}}_j(t), & \text{其他}\end{cases} \tag{9-59}$$

步骤 6　对连接权向量 $\boldsymbol{w}_j(t+1)$ 进行归一化处理：

$$\begin{aligned}\overline{\boldsymbol{w}}_j(t+1)&=\boldsymbol{w}_j(t+1)/\|\boldsymbol{w}_j(t+1)\|\\ \|\boldsymbol{w}_j(t+1)\|&=\Big[\sum_{i=1}^{n}w_{ij}^2(t+1)\Big]^{\frac{1}{2}}\end{aligned} \tag{9-60}$$

步骤 7　将下一个输入模式提供给输入层，返回步骤 2，直到 N 个学习模式全部使用完为止。

步骤 8　更新：$\eta(t)$ 及 $D_g(t)$ 表示为

$$\eta(t)=\Big(1-\frac{1}{T}\Big)\eta(0) \tag{9-61}$$

$$D_g(t)=\mathrm{INT}\Big[D_g(0)\exp\Big(-\frac{t}{T}\Big)\Big] \tag{9-62}$$

式中：INT[·]表示取整(要求 $D_g(t) \geqslant 1$)。

步骤 9 令 $t = t+1$，返回步骤 2，直至 $t = T$ 为止。

SOFM 算法说明如下：

(1) $\eta(t)$的选择：可以将网络学习过程分为两个阶段，第一个阶段为初步学习和初步调整阶段。在这一阶段内，各连接权向量朝输入模式的方向进行初步调整，并大致确定各输入模式在竞争层中所对应的映射位置。为使学习加快，一般取 $\eta(t) > 0.5$。一旦发现各输入模式有了相对的映射位置后，则转入学习第二阶段，即进行深入学习、精细调整阶段。在此阶段，学习速率的初值一般取 0.5，随着学习的进行不断地减小。学习速率的更新方式也可以采取其他形式。

(2) 对向量作归一化处理的目的是只保留向量的方向因素，这样可以较快地调整面 $\boldsymbol{w}_i$，使之与 $\boldsymbol{u}_i$ 方向趋于一致，从而有效地缩短学习时间。

(3) 连接权初值的确定。连接权的初值对学习速率和收敛性影响很大，但现在还缺乏一般性的指导规则，只能具体情况具体处理。一般情况下，输入学习模式只处于整个模式空间一个有限的子空间中，如果连接权向量 $\boldsymbol{w}_i = (w_{1i},\ w_{2i},\ \cdots,\ w_{mi})^{\mathrm{T}}(i = 1,\ 2,\ \cdots,\ n)$ 广泛地分布于各个随机方向上，则会有大量的权向量与输入模式 $\boldsymbol{u}_k = (u_{k1},\ u_{k2},\ \cdots,\ u_{kn})^{\mathrm{T}}$ 方向差异很大，甚至方向相反，这将给加快收敛速度带来很大困难，或影响其收敛性。下面介绍三种方法使 $\boldsymbol{w}_i = (w_{1i},\ w_{2i},\ \cdots,\ w_{mi})^{\mathrm{T}}(i = 1,\ 2,\ \cdots,\ n)$ 的初态与 $\boldsymbol{u}_k = (u_{k1},\ u_{k2},\ \cdots,\ u_{kn})^{\mathrm{T}}$ 处于一种比较容易接近的状态。

a. 将所有的 $\boldsymbol{w}_i = (w_{1i},\ w_{2i},\ \cdots,\ w_{mi})^{\mathrm{T}}(i=1,\ 2,\ \cdots,\ n)$ 赋予相同的初值，这样可以减少 $\boldsymbol{u}_i$ 在初始阶段对 $\boldsymbol{w}_i$ 的挑选余地，从而使 $\boldsymbol{w}_i$ 的调整过程加快。

b. $\boldsymbol{w}_i$ 在[0, 1]区间中随机赋值后，在网络的初始学习阶段对输入模式 $\boldsymbol{u}_i$ 加一些小的随机扰动往往更容易找到合适的 $\boldsymbol{w}_i$。随着学习过程的进行，逐步滤除 $\boldsymbol{u}_i$ 中的随机扰动部分。

c. 给竞争层每个神经元增设一个输出阈值 θ，作为判断两向量距离的依据。在学习过程中监视每个神经元被选中的次数，当发现某个神经元经常被选中时，暂时提高该神经元的阈值，从而增加其他神经元被选中的机会，提高权向量的利用率，从而使学习速度加快。

(4) 为了克服 Hebb 学习规则只有一个方向调整的缺点，需对其进行修正，在调整项后面再减一非线性遗忘因子项。连接权的调整采用如下方程：

$$\frac{\mathrm{d}\boldsymbol{w}_j}{\mathrm{d}t} = \eta v_j \boldsymbol{u}_k - \beta(v_j)\boldsymbol{w}_j \tag{9-63}$$

式中：t 为连续时间；η 为学习速率；$\beta(v_j)$ 为一正的标量非线性函数，且 $\beta(v_j) = 0$。为简化起见，可以取两个值：

$$v_j = \begin{cases} 1, & j \in D_g(t) \\ 0, & j \notin D_g(t) \end{cases} \tag{9-64}$$

此处 $\beta(v_j)$ 为离散值。相应地，设 α 为一正常数，取

$$\beta(v_j)=\begin{cases}\alpha, & j\in D_g(t)\\ 0, & j\notin D_g(t)\end{cases}\tag{9-65}$$

当取 $\alpha=v_j$ 时，式(9-62)可以写为

$$\frac{\mathrm{d}\boldsymbol{w}_j}{\mathrm{d}t}=\begin{cases}\eta(\boldsymbol{u}_k-\boldsymbol{w}_j), & j\in D_g(t)\\ 0, & j\notin D_g(t)\end{cases}\tag{9-66}$$

将微分方程近似成差分方程，上式可表示为

$$\boldsymbol{w}_j(t+1)=\begin{cases}\boldsymbol{w}_j(t)+\eta(t)[\boldsymbol{u}_k-\boldsymbol{w}_j(t)], & j\in D_g(t)\\ \boldsymbol{w}_j(t), & j\notin D_g(t)\end{cases}\tag{9-67}$$

SOFM 网络也可用于有监督的学习、分类。当已知类别的模式 $\boldsymbol{u}_i$ 输入网络后，仍按式(9-58)选择获胜神经元 g，如果结果表明分类正确，则将获胜神经元 g 的连接权向量向相同的方向调整，否则向相反的方向调整。调整关系可以表示为

$$\boldsymbol{w}_g(t+1)=\begin{cases}\boldsymbol{w}_g(t)+\eta(t)[\boldsymbol{u}_k-\boldsymbol{w}_g(t)], & j\in D_g(t)\\ \boldsymbol{w}_g(t)-\eta(t)[\boldsymbol{u}_k-\boldsymbol{w}_g(t)], & j\notin D_g(t)\end{cases}\tag{9-68}$$

(5) 邻域的作用与更新。

模拟人脑细胞受外界信息刺激产生的兴奋与抑制空间分布是通过获胜神经元邻域 $D(t)$ 来体现的，在学习初始阶段，$D(t)$ 取得较大，一般取输出层幅面的 1/3～1/2，随着学习的深入，$D(t)$ 逐渐变小。

第 10 章　基于隐马尔科夫模型的识别方法

隐马尔科夫模型(Hidden Markov Models，HMM)作为一种统计分析模型，由 Baum 等人创立于 20 世纪 70 年代。HMM 是一个双重的随机过程，早期因为其结构与语音的发音过程很相似，可以很好地描述语音信号整体的非平稳性和短时平稳性，因此在语音处理的各个领域得到了广泛的应用。近来人们开始将 HMM 应用于图像识别中，如人脸识别、手写体识别、手势识别、指纹图像识别、人的行为识别、基于形状的图像检索以及纹理图像建模等。HMM 具有完善的数学理论基础。完善的数学理论有利于建立起更加有效的匹配模型，提高模型的特征描述能力。该模型以统计理论为基础，可以更有效地捕捉图像的潜在变化特征，发掘出图像的内在变化模式。另外 HMM 在指纹图像识别及人脸图像识别领域都取得了很好的识别效果，因此可以预见利用 HMM 进行图像识别研究可以进一步提高图像的识别准确率。

10.1　一阶马尔科夫模型(MM)

考虑关于时间的一个状态序列，在时刻 t 的状态记为 $u(t)$，$u(t)$可以是一些离散的状态或是连续的状态，这里只考虑离散的状态，$u(t) = u_i(t)$，$i = 1, 2, \cdots, m$，一个含有 T 个状态的序列记为 $\boldsymbol{u} = [u(1), u(2), \cdots, u(T)]$。若在这个状态序列中，在时刻 t 出现的状态只受到$(t-1)$时刻出现的状态的直接影响，产生序列的统计机理可以用状态转移概率 $P[u_j(t+1) \mid u_i(t+1)] = a_{ij}$ 来刻画，$P[u_j(t+1) \mid u_i(t)]$ 表示对象在时刻 t 处于状态 u_i 的情况下，下一时刻$(t+1)$变为状态 u_j 的概率，这个概率与序列的时间起点无关，只与相邻两个时刻有关，因此可用不含参数 t 的 a_{ij} 表示，这种某一时刻的状态的发生概率只与前一时刻的状态有关的序列称为一阶马尔科夫链或一阶马尔科夫过程，表征具有这性质的系统的模型为一阶马尔科夫模型。如果与前面 N 个时刻的状态有关，那么称其为 N 阶马尔科夫模型。这里只讨论一阶马尔科夫模型。设全部的转移概率 $a_{ij}(i, j = 1, 2, \cdots, m)$ 及 $u_i(1)$的概率 $P[u_i(1)](i = 1, 2, \cdots, m)$ 合记为 θ，例如一个状态序列为 $\boldsymbol{u} = (u_1, u_4, u_2, u_2, u_3, u_4)$，$P[u_1(1) = 1]$，那么 $P(\boldsymbol{u} \mid \boldsymbol{\theta}) = a_{14}a_{42}a_{22}a_{23}a_{34}$，对象的某一个序列的概率等于各时间状态转移概率的乘积。如果一个序列的第一个时刻的状态 $u_i(1)$的概率

$P[u_i(1)]$和 $a_{ij}(i, j=1, 2, \cdots, m)$ 已知，那么就可以算出这个序列的概率。

10.2　一阶隐马尔科夫模型(HMM)

在实际中，有些对象的状态序列 $\boldsymbol{u}$ 不能被直接观察到，但这个序列的任意时刻的状态 $u(t)$都以某个概率产生若干个可能的可观测到的状态 $V(t)=\{v_1(t), v_2(t), \cdots, v_n(t)\}$ 中的一个，即这个不能观测到的状态序列 $\boldsymbol{u}(t)$是以可观测到的状态 $\boldsymbol{v}(t)$表现的。序列 $\boldsymbol{v}=[v(1), v(2), \cdots, v(T)]$ 称为可见状态序列，而以统计方式产生 $\boldsymbol{v}$ 的不可观测序列 $\boldsymbol{u}$ 称为隐状态序列或内部状态序列。例如，若前述的 $\boldsymbol{u}=(u_1, u_4, u_2, u_2, u_3, u_4)$ 是一个内部状态序列，它的可见序列 $\boldsymbol{v}=(v_3, v_2, v_4, v_1, v_1, v_5)$，在这里只能观测到 $\boldsymbol{v}$，而不能直接知道对象的隐状态 $\boldsymbol{u}$。

表征一个内隐的一阶马尔科夫序列以某个概率产生一个可见序列的系统的二层模型称为一阶隐马尔科夫模型。对于这个模型，能观测到可见状态序列，而不能直接知道它的内部序列。一阶隐马尔科夫模型可以用隐状态之间的转移概率、隐状态对可见状态的产生概率来描述：

$$P[u_j(t+1) \mid u_i(t)] = a_{ij}, \quad t=1, 2, \cdots, T-1; \quad i, j=1, 2, \cdots, m$$

$$P[v_k(t) \mid u_j(t)] = b_{jk}, \quad t=1, 2, \cdots, T-1; \quad i, j=1, 2, \cdots, m$$

$$0 \leqslant a_{ij} \leqslant 1, \quad \sum_j a_{ij} = 1, \quad \forall i$$

$$0 \leqslant b_{jk} \leqslant 1, \quad \sum_k b_{ij} = 1, \quad \forall j$$

为表述简介，将在时刻 $t=1$ 各隐状态的初始概率 $\{P(u_i); i=1, 2, \cdots, m\}$ 写成向量形式 $\boldsymbol{P}$，各时刻的隐状态转移概率 a_{ij} 写成矩阵 $\boldsymbol{A}$，各隐状态产生可见状态的概率 b_{jk} 写成矩阵 $\boldsymbol{B}$，即

$$\boldsymbol{P}=\begin{bmatrix} P(u_1) \\ \vdots \\ P(u_m) \end{bmatrix}, \boldsymbol{A}=\begin{bmatrix} a_{11} & \cdots & a_{1m} \\ \vdots & \ddots & \vdots \\ a_{m1} & \cdots & a_{mm} \end{bmatrix}, \boldsymbol{B}=\begin{bmatrix} b_{11} & \cdots & b_{1n} \\ \vdots & \ddots & \vdots \\ b_{m1} & \cdots & b_{mn} \end{bmatrix}$$

隐马尔科夫模型是一种统计信号模型。无论它的理论还是它在语音处理中的应用都不是新的。有关它的基本理论早在 20 世纪 60 年代末 70 年代初就已提出并加以研究；它在语音处理中的应用和实践的研究工作，在 70 年代中就已经开展起来了。然而，对它的理论的广泛和深入的了解，以及它在语音处理中的成功应用，还只是最近几年的事。

本节首先复习有关的某些基础知识(信号模型的概念，马尔科夫链的理论等)，并用几个简单的例子引出隐马尔科夫模型的概念；接着详细讨论隐马尔科夫模型的三个基本问

题的求解方法，这是隐马尔科夫模型的各种类型及其性质；最后一节讨论隐马尔科夫模型实现中的几个具体问题。至于隐马尔科夫模型在语音识别中的应用问题，将留在下一节讨论。

隐马尔科夫的信号模型如下所述：

现实过程产生的可观测的输出一般称为信号。信号可以是离散的，如有线字码表中的字母、码本中的码矢等；也可以是连续的，如语音的取样、测量的温度、音乐等。信号源可以是平稳的，即它的统计性质不随时间变化；也可以是非平稳的，即信号源的性质随时间而变化。信号可以是纯的，即严格地由一个信号源来产生的；也可以是被别的信号源(例如噪声源)或被传输失真、交混回响等污染了的。

如何用信号模型来描述这样一些实际信号是一个很基本、很重要的问题。这是因为：① 信号模型是从理论上描述信号处理系统的基础，利用信号处理系统对信号进行处理便可得到所希望的输出；② 有了信号模型就能够不需要有信号源而了解信号源的许多性质，信号源即是产生信号的现实过程；③ 利用信号模型可以实现许多重要系统，例如预测系统、识别系统等，这些系统一般都具有较好的性能和较高的效率。

为了描述一个给定信号的性质，一般可以选择不同的信号模型。信号模型粗略地可以分成确定模型和统计模型两大类。确定模型通常要利用信号的某些已知的特定性质，例如已知信号是正弦函数或指数函数的和等。在这种情况下，信号模型的确定一般很简单，唯一需要做的工作是估计信号模型参数的数值，例如正弦波的振幅、频率和相位，指数函数的幅度和衰减率等。统计模型要描述的是信号的统计性质，例如高斯过程、泊松过程、马尔科夫过程以及隐马尔科夫过程等。统计模型的基本假定是：信号可以用一个参数随机过程很好地加以描述，而且随机过程的参数可以用精确的方法加以确定或估计。在语音处理的各个应用领域中，确知信号模型和统计信号模型都已取得很大成功。本节只讨论统计信号模型中的一种，即隐马尔科夫模型。

10.2.1 离散马尔科夫过程

设有一个系统，它在任何时间可以认为处在 N 个不同状态 S_1, S_2, …, S_N 中的某个状态下，如图 10-1 马尔科夫链的实例所示，图中假设 $N=3$。在均匀划分的时间间隔上，系统的状态按一组概率发生改变(包括停留在原状态)，这组概率值和状态有关。状态改变的时刻表示为 $t=1, 2, 3, \cdots$；在时间 t 的状态表示为 q_t。一般来说，为了描述这样一个系统，就要求指定当前时间 t 的状态以及所有以前的状态。对于离散一阶马尔科夫链这种特殊情况，其概率描述简化为只需要指定当前状态和前一时刻的状态就够了，即

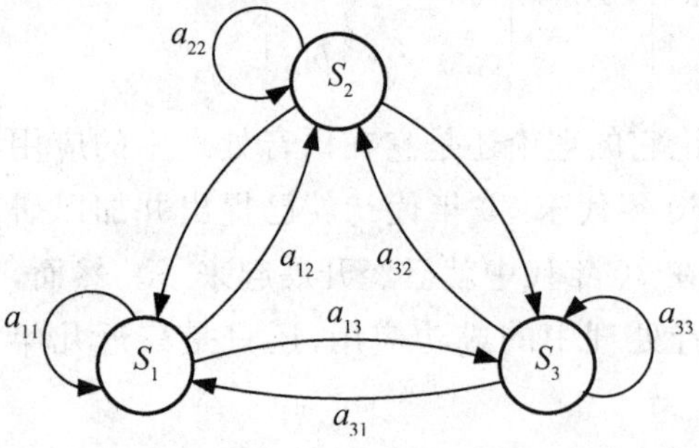

图 10-1 马尔科夫链的实例

$$P(q_t = S_j \mid q_{t-1} = S_i,\ q_{t-2} = S_k,\ \cdots) = P(q_t = S_j \mid q_{t-1} = S_i) \tag{10-1}$$

此外，我们只讨论这样一些随机过程，对它们来说式(10-1)右边与时间无关，因而得到下列形式的一组状态转移概率：

$$a_{ij} = P(q_t = S_j \mid q_{t-1} = S_i),\ 1 \leqslant i,\ j \leqslant N \tag{10-2}$$

它们具有以下性质：

$$\left.\begin{aligned} &a_{ij} \geqslant 0 \\ &\sum_{j=1}^{N} a_{ij} = 1 \end{aligned}\right\} \tag{10-3}$$

上述随机过程的输出是一组状态，每个状态各发生在某个时刻，而且各对应于一个可观测的物理事件，因此，称为可观测马尔科夫模型。为了加深概念，现在来看一个简单的例子。有一个关于天气的 3 状态马尔科夫模型。假设每天观测一次天气(例如规定在正午观测)，并规定三个状态为

状态 1：雨(或雪)；

状态 2：多云；

状态 3：晴。

每天观测的天气只能是上述的三个状态之一。假设状态转移概率矩阵 $\boldsymbol{A}$ 为

$$\boldsymbol{A} = [a_{ij}] = \begin{bmatrix} 0.4 & 0.3 & 0.3 \\ 0.2 & 0.6 & 0.2 \\ 0.1 & 0.1 & 0.8 \end{bmatrix}$$

已知 1 天(t=1)的天气是晴(状态 3)，问：其后 7 天的天气为“晴，晴，雨，雨，晴，多云，晴”的概率是多少？这个问题提得更正规一些就是，定义一个观测序列 $O=\{S_3,\ S_3,\ S_3,\ S_1,\ S_1,\ S_2,\ S_3\}$，状态对应时间 $t = 1,\ 2,\ 3,\ \cdots,\ 8$；求给定模型条件下 O 的概率。这个概率可表示为

$$\begin{aligned} P(O \mid \text{模型}) &= P(S_3,\ S_3,\ S_3,\ S_1,\ S_1,\ S_3,\ S_2,\ S_3 \mid \text{模型}) \\ &= P(S_3)P(S_3 \mid S_3)P(S_3 \mid S_3)P(S_1 \mid S_3)P(S_1 \mid S_1) \cdot \\ &\quad\ P(S_3 \mid S_1)P(S_2 \mid S_3)P(S_3 \mid S_2) \\ &= \pi_3 a_{33} a_{33} a_{31} a_{11} a_{13} a_{32} a_{33} \\ &= 1 \times 0.8 \times 0.8 \times 0.1 \times 0.4 \times 0.3 \times 0.1 \times 0.2 \\ &= 1.536 \times 10^{-4} \end{aligned}$$

式中：

$$\pi_i = P(q_1 = S_i),\ 1 \leqslant i \leqslant N \tag{10-4}$$

它表示初始状态的概率。

利用这个模型能够回答的另一个有趣的问题是：已知模型处在某个状态，问该模型停

留在这个状态下长达 d 的概率是多少？这个概率就是在给定模型条件下，下列观测序列发生的条件概率：

$$O = \{S_i, S_i, S_i, \cdots, S_i, S_j; S_i \neq S_j\}$$
$$t = 1, 2, 3, \cdots, d, d+1 \tag{10-5}$$
$$P(O \mid \text{模型}, q_1 = S_i) = (a_{ii})^{d-1}(1-a_{ii}) = p_i(d)$$

这个量就是状态 S_i 持续时间的离散概率密度函数，d 是持续时间。这种指数持续时间密度是马尔科夫链状态持续时间的特点。根据 $p_i(d)$，很容易计算出一个状态的观测值数目(持续时间)的期望值为

$$\bar{d}_i = \sum_{d=1}^{\infty} d p_i(d) = \sum_{d=1}^{\infty} d (a_{ii})^{d-1}(1-a_{ii}) = \frac{1}{1-a_{ii}} \tag{10-6}$$

这样，对于上面的天气模型来说，晴天的持续时间的期望值是 $1/(1-0.8)=5$，而多云的天气的期望值是 2.5，雨天期望值为 1.67。

10.2.2 隐马尔科夫模型的概念

前面介绍的可观测马尔科夫模型中，每个状态都对应一个可观测的物理事件。这个模型的限制条件过于严格，因而在许多实际问题中不能够应用。现在将这个模型加以推广，使它适用于通常遇到的情况，即观测是状态的概率函数。这样得到的模型称为隐马尔科夫模型。它是一个双重随机过程，其中之一是基本随机过程。基本随机过程是隐藏起来观测不到的，而只能通过另一组随机过程才能观测到，另一组随机过程产生出观测序列。为了说明这些概念，现在来看一个投掷硬币的简单实验。

假设一个房间用一块屏幕隔成两半，甲在这一半，另有一人乙在另一半边。乙做投掷硬币的实验。乙具体是怎样投掷的甲完全不知道，乙只是把得到的结果报告给甲，例如乙得到了如下的观测序列：

$$O = \{O_1, O_2, O_3, \cdots, O_T\} = \{H, H, T, \cdots, T\}$$

这里 $O_1, O_2, O_3, \cdots, O_T$ 分别表示第 1，第 2，…，第 T 个观测符号，H 表示硬币的正面，T 表示硬币的反面。问题是，怎样构造一个隐马尔科夫模型，才能很好地解释上述观测序列的产生？

现在面临的第一个问题是，模型总状态对应于什么？接着还要回答，模型中应该有多少状态？一种可能是，乙投掷的是一个有偏硬币(所谓有偏是指硬币出现正面和反面的概率不等)。在这种情况下，可以把实验用一个两状态模型来描述，每个状态分别对应于正面和反面，如图 10-2(a)所示。显然这是一个无记忆随机过程，它是马尔科夫过程的一种退化情况——零阶马尔科夫过程。这种马尔科夫模型是可以观测到的。为了完全确定这个模型，唯一要做的事就是有偏硬币出现正面(或反面)的概率具体是多少。有趣的是，这个实验也可以用一个 1 状态的隐马尔科夫模型来描述，这个状态对应于一个有偏硬币，或

者说，这个状态的输出由一个有偏硬币出现正或者反面的概率来决定。这样，模型的未知参数就是这个概率值。

图 10－2(b)是第二种形式的隐马尔科夫模型。模型中有两个状态，每个状态各对应于一个不同的有偏硬币。每个状态出现正面(或反面)的概率分布不同，而且两个状态之间相互转移的概率分布也不同(由转移矩阵来描述)。如何具体确定状态之间的转移可以有不同的方法，例如可以用另外一个硬币(第三个硬币)独立投掷的结果来决定状态的转移。

描述上述实验的第三种形式的隐马尔科夫模型如图 10－2(c)所示。模型中有三个状态，各对应一个有偏的硬币。状态之间的转移与某个概率事件发生的结果决定。

现在自然会问，上述三个模型哪一个最好(与观测序列最匹配)呢？从图 10－2 可清楚看出，单硬币模型有 1 个未知参数，双硬币模型有 4 个未知参数，而三硬币模型有 9 个未知参数；模型越大(状态越多)，自由度越大，似乎就能更好地描述投掷硬币的实验。尽管理论上这个结论是对的，但实际上对模型的状态数是有很大限制的。此外，还应当考虑

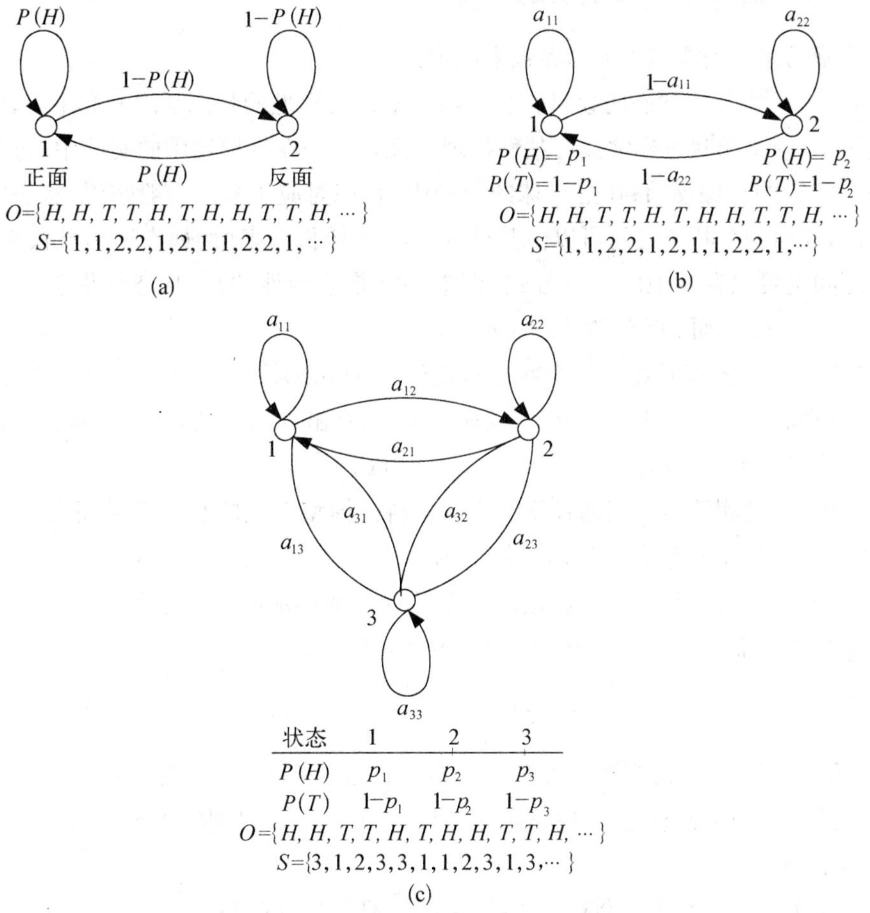

图 10－2　三种可能的马尔科夫模型

(a) 单硬币模型；(b) 双硬币模型；(c) 三硬币模型

到，也许实际上是在做投掷一个硬币的实验，显然用三硬币模型来描述这个实验，一定是很不合适的。

为了把隐马尔科夫模型的概念推广到稍微复杂一点的情况，再来看另外一个例子——“球与缸”的实验。

设有 N 个缸子，每个装了许多彩色的小球，小球的颜色可能有 M 种。现在按下列步骤产生出一个输出符号(颜色)序列：按照某个初始概率分布，随机地选定一个缸，从中随机地取出一个球，记录球的颜色作为第一个输出的符号，并把球放回原来的缸中。然后按照某个转移概率分布(与当前缸相联系)选择一个新缸(也可能仍停留在当前缸)，并从中随机取出一个球，记下颜色作为第二个输出符号。如此重复地做下去，这样便得到一个输出序列。我们能够观测到的是这个输出序列—颜色符号序列，而状态(缸)之间的转移(状态序列)被隐藏起来了。每个状态(缸)输出什么符号(颜色)是由他的输出概率分布(缸中彩球数目分布)来随机决定的。选择哪个缸(状态)输出颜色由状态转移矩阵来决定。

10.2.3 隐马尔科夫模型的参数

一阶隐马尔科夫模型由下列参数来决定：

(1) N——模型中状态的数目。虽然隐马尔科夫模型的状态是隐藏起来的，但在许多实际应用中，模型的状态通常具有某种物理意义。例如在投掷硬币的实验中，每个状态对应于一个特定的有偏硬币；在缸与球的模型中，状态对应于缸。一般来说，状态之间是相互联系的，任何一个状态之间可以由其他任一状态转移而来(例如在遍历性模型中)。当然状态之间也可以有其他的联系方式(即不一定是遍历性的)。状态的集合表示为 $S=\{S_1, S_2, \cdots, S_N\}$，而 t 时刻的状态表示为 q_t。

(2) M——观测符号数。每个状态可能输出的观测符号的数目。例如，在投掷硬币的实验中，观测符号是指正面和反面，共两个符号；在缸与球的模型中，观测符号是指球的颜色。观测符号集合表示为 $V=\{v_1, v_2, \cdots, v_M\}$。

(3) T——观测符号序列的长度。隐马尔科夫模型产生的观测符号序列表示为 $O=\{O_1, O_2, \cdots, O_T\}$，其长度 T 以时钟周期为单位。

(4) A——状态转移分布。这是由状态转移概率构成的一个矩阵。其元素 a_{ij} 是指 t 时刻状态为 S_i，而在 $t+1$ 时刻转移到状态 S_j 的概率，即

$$\boldsymbol{A}=(a_{ij}),\quad a_{ij}=P(q_{t+1}=S_j \mid q_t=S_i),\quad 1\leqslant i, j\leqslant N \tag{10-7}$$

(5) B——状态 S_j 的观测符号概率分布。它是状态 S_j 的观测符号概率构成的一个矩阵，其元素 $b_j(k)$ 是指状态 S_j 输出观测符号 v_k 的概率，t 时刻处于 S_j。即

$$\boldsymbol{B}=(b_j(k)),\quad b_j(k)=P(v_k \text{ 在时刻} \mid q_t=S_j),\quad \begin{matrix} 1\leqslant j\leqslant N \\ 1\leqslant k\leqslant M \end{matrix} \tag{10-8}$$

(6) π——初始状态分布。它是指 $t=1$ 时(初始时刻)处于某个状态的概率。即

$$\pi = \{\pi_i\}, \quad \pi_i = P[q_1 = S_i], \quad 1 \leqslant i \leqslant N \tag{10-9}$$

给定以上参数后,隐马尔科夫模型便可作为一个发生器,由它输出观测符号序列

$$O = \{O_1, O_2, \cdots, O_T\} \tag{10-10}$$

这里每个观测值 O_t 是观测符号集合 V 中的任一个符号,T 是输出观测符号序列中观测值的个数。观测符号序列产生方法如下:

步骤 1　按初始状态分布 π 随机选取一个初始分布 $q_1 = S_i$。

步骤 2　令 $t = 1$。

步骤 3　按状态 S_i 的符号概率分布 $b_i(k)$随机产生一个输出符号 $O_t = v_k$。

步骤 4　按状态 S_i 的状态转移概率分布 a_{ij},随机转移到一个新的状态 S_j, 即 $q_{t+1} = S_j$。

步骤 5　令 $t = t+1$,若 $t < T$, 则回到步骤(3);否则过程结束。

上述程序可用来产生观测符号序列,也可以用来作为已知观测符号序列的隐马尔科夫模型。

由以上讨论可以看出,为了完整地描述一个隐马尔科夫模型,应当指定参数 N 和 M,观测符号,三个概率分布参数 $\boldsymbol{A}$, $\boldsymbol{B}$ 和 π。实际上这些参数之间有一定联系(例如 $\boldsymbol{A}$, $\boldsymbol{B}$ 确定后也意味着 N 和 M 已指定),所以为方便起见,常将隐马尔科夫模型及其参数表示为

$$\lambda = (\boldsymbol{A}, \boldsymbol{B}, \pi) \tag{10-11}$$

对于大多数应用来说,参数 π 最不重要,因为它仅仅说明初始状态。$\boldsymbol{B}$ 最为重要,因为它直接与输出观测符号相联系。$\boldsymbol{A}$ 对某些问题(如前面所述投掷硬币实验)很重要,而对另一些问题(如孤立字语音识别问题)$\boldsymbol{A}$ 却不大重要。

10.2.4　隐马尔科夫模型的三个基本问题

1) 三个基本问题的提出

前节给出了隐马尔科夫模型的形式,为了将其应用于实际,必须解决如下三个基本关键问题:

(1) 已知观测序列 $O = \{O_1, O_2, \cdots, O_T\}$ 和模型 $\lambda = (\boldsymbol{A}, \boldsymbol{B}, \pi)$, 如何有效地计算在给定模型 λ 条件下产生观测序列 O 的(条件)概率 $P(O|\lambda)$?

(2) 已知观测序列 $O = \{O_1, O_2, \cdots, O_T\}$ 和模型 $\lambda = (\boldsymbol{A}, \boldsymbol{B}, \pi)$, 如何选择相应的在某种意义上最佳的(能最好地解释观测序列的)状态序列?

(3) 如何调整模型参数$(\boldsymbol{A}, \boldsymbol{B}, \pi)$以使条件概率 $P(O|\lambda)$最大?

第 1 个问题是评估问题,即已知模型和一个观测序列,如何计算由该模型产生出该观测序列的概率。也可以把这个问题看成是一个评分问题,即已知一个模型和一个观测序列,怎样来评估这个模型,或者说怎样给模型打分(它与给定观测序列匹配的如何)? 这一点是非常有用的。例如,假设有几个可供选择的模型,问题 1 的求解使我们能够选择出与给定观测序列最匹配的模型。

第 2 个问题是力图揭露出模型中隐藏着的部分，即找出“正确的”状态序列。这是一个典型的估计问题。但是应当清楚，对于所有退化的模型，找不到“正确的”状态序列。因而实际中常常用一个最佳判据来尽可能地求解这个问题。但是下面将会看到，可以采用的最佳判据有好几个，因此，最佳判据的选择就主要取决于状态序列的使用目的。状态序列的一个典型应用是了解模型结构，另一种应用是找出连续语音识别的最佳状态序列，还有一种应用是求取各状态的平均统计特性，等等。

第 3 个问题是使模型参数最优化，即调整模型参数，以使模型能最好地描述一个给定观测序列，最好地说明这个观测序列就是最优化模型产生出来的。用于调整模型参数使之最优化的观测序列称为训练序列。对大多数应用来说，训练问题是隐马尔科夫模型的一个关键问题。通过训练自适应调整模型参数使之适应训练序列并最优化，从而得到实际应用中最好的模型。

为了加深对三个基本问题的理解，现在来看孤立词语音识别方案。设有 W 个单词构成词汇表，现在要为每个单词设计一个隐马尔科夫模型，每个模型有 N 个状态。每个单词的语音信号，用矢量量化技术标书成 M 字码本中码矢构成的时间序列。因此，每个观测符号就是时间序列中每个码矢的标号。这样，对于词汇表中的每个单词，训练序列是由该单词语音(由一个或多个人发音)的模型，这是求解问题 3 来完成的。即训练序列调整模型参数，使之最佳，这样便得到每一个单词的最佳参数模型。为了增进对模型状态物理意义的了解，需要求解问题 2。这时，可把单词的训练序列分成一些段，每段对应于一个状态。然后研究每个状态中产生观测的谱矢量的性质。这样做的目的是对模型进行细调(例如，增加状态数、改变码本尺寸等)，使其性能得到进一步改进，以便能更好地作为单词语音的模型。一旦 W 个单词的隐马尔科夫模型设计出来，并最优化和彻底研究之后，便可利用这些模型来对任何未知语音进行识别。这一任务是由求解问题 1 来完成的。未知语音是实验观测序列，求解问题 1 时要给每个单词的隐马尔科夫模型打分(评估它们各自与实验序列匹配得如何)，最后选择得分最高的模型所对应的单词作为识别结果。

2) 第 1 个问题的求解

第 1 个问题是计算给定模型 λ 的条件下，产生观测序列 O 的概率，即求 $P(\lambda \mid O)$。最直接的方法是列举所有长为 T 的可能状态序列，这里 T 是观测序列长度。

给定模型 λ 产生某一状态序列 $Q = \{q_1, q_2, \cdots, q_T\}$ 的概率为

$$P(Q \mid \lambda) = \pi_{q_1} a_{q_1 q_2} a_{q_2 q_3} \cdots a_{q_{T-1} q_T} \tag{10-12}$$

其中：q_1 为初始状态，π_{q_1} 为初始状态为 q_1 的概率，$a_{q_1 q_2}$ 为从初始状态 q_1 转移到 $t=2$ 时的状态 q_2 的概率。

在该状态序列 $Q = \{q_1, q_2, \cdots, q_T\}$ 条件下(模型也给定)，产生观测序列 $O = \{O_1, O_2, \cdots, O_T\}$ 的概率为

$$P(O \mid Q, \lambda) = b_{q_1}(O_1) b_{q_2}(O_2) \cdots b_{q_T}(O_T) = \prod_{t=1}^{T} b_{q_t}(O_t) \tag{10-13}$$

式中：$b_{q_t}(O_t)$为状态 q_t 产生观测 O_t 的概率。即

$$b_{q_t}(O_t) = P(O_t \mid q_t, \lambda) \tag{10-14}$$

这与式(10-8)是一致的。

状态序列 Q 和观测序列 O 同时发生的概率(联合概率)为以上两概率之积,即

$$P(O, Q \mid \lambda) = P(O \mid Q, \lambda)P(Q \mid \lambda) \tag{10-15}$$

将所有可能状态序列所对应的上式联合概率求和,便得到给定模型 λ 条件下产生观测序列 $\boldsymbol{O}$ 的概率,即

$$P(O \mid \lambda) = \sum_{\text{所有}Q} P(O \mid Q, \lambda)P(Q \mid \lambda) \tag{10-16}$$

将式(10-15),式(10-13)和式(10-12)代入上式后得到

$$P(O \mid \lambda) = \sum_{q_1, q_2, \cdots, q_T} \pi_{q_1} b_{q_1}(O_1) a_{q_1 q_2} b_{q_2}(O_2) \cdots a_{q_{T-1} q_T} b_{q_T}(O_T) \tag{10-17}$$

该式解释如下:初始($t=1$)状态为 q_1 的概率是 π_{q_1},在这个状态下以概率 $b_{q_1}(O_1)$产生输出符号 O_1;在 $t=2$ 时以概率 $a_{q_1 q_2}$ 使状态从 q_1 转移到 q_2,同时以概率 $b_{q_2}(O_2)$产生输出符号 O_2。这一过程以上方式一直继续下去,直到完成最后一次转移并输出最后一个符号为止($t=T$)。

不难看出,按照定义来计算 $P(O|\lambda)$需要 $(2T-1)\boldsymbol{N}^{\mathrm{T}}$ 次乘法和 $\boldsymbol{N}^{\mathrm{T}}-1$ 次加法[请读者统计一下式(10-17)所用运算次数],近似地可以认为计算 $P(O|\lambda)$需要的运算次数为 $2T\boldsymbol{N}^{\mathrm{T}}$。即使在 N 和 T 都很小的情况下,这个运算量的要求也是无法承受的。例如,取 $N=5$ 和 $T=100$,运算量的数量级大约为 $2\times 100\times 5^{100}\approx 10^{72}$!因此,为了使问题 1 的求解变成现实,还必须寻找更有效的算法,所谓前向-后向算法就是这样一种高效算法,下面就来介绍它。

1) *前向算法*

首先要定义一个前向变量 $\alpha_t(i)$

$$\alpha_t(i) = P(O_1, O_2, \cdots, O_t; q_t = S_i \mid \lambda) \tag{10-18}$$

这就是说,前向变量 $\alpha_t(i)$是指在给定模型 λ 的条件下,产生 t 以前的部分观测符号序列(包括 O_t 在内)$\{O_1, O_2, \cdots, O_t\}$且 t 时刻又处于状态 S_i 的概率。前向概率 $\alpha_t(i)$可按照下列步骤进行迭代计算:

步骤 1　初始化。

$$\alpha_1(i) = \pi_i b_i(O_1), \quad 1 \leqslant i \leqslant N \tag{10-19}$$

步骤 2　迭代计算。

$$\alpha_{t+1}(j) = \Big[\sum_{i=1}^{N} \alpha_t(i) a_{ij}\Big] b_j(O_{t+1}), \quad \begin{array}{l} 1 \leqslant t \leqslant T-1 \\ 1 \leqslant j \leqslant N \end{array} \tag{10-20}$$

步骤 3 最后计算。

$$P(O \mid \lambda) = \sum_{i=1}^{N} \alpha_T(i) \tag{10-21}$$

第 1 步是把前向变量初始化为状态 S_i 和初始观测 O_1 的联合概率。

第 2 步迭代计算是前向变量的核心部分，可用图 10-3 前向递归算法原理图来加以说明。不管 t 时刻模型处在哪个状态（N 个可能状态的任一个），它都会以一定概率在 $t+1$ 时刻转移到状态 S_j 去。因此，在 $t+1$ 时刻处于状态 S_j 的概率应该等于 t 时刻各种可能状态转移到 S_j 的概率之和。由于 $\alpha_t(i)$ 是观测到符号序列 $\{O_1, O_2, \cdots, O_t\}$，而且 t 时刻又处于状态 S_i 这一联合事件发生的概率，于是乘积 $\alpha_t(i)a_{ij}$ 表示观测到符号序列 $\{O_1, O_2, \cdots, O_t\}$，而且由 t 时刻的状态 S_i 转移到 $t+1$ 时刻的状态 S_j 这一联合事件发生的概率。将这些乘积对 t 时刻所有 N 个可能状态求和，便得到观测到符号序列 $\{O_1, O_2, \cdots, O_t\}$ 且在 $t+1$ 时刻处于状态 S_j 的概率。一旦完成以上计算且已知状态 S_j，容易看出，将求和结果乘以 $b_j(O_{t+1})$ 即可得到 $\alpha_{t+1}(j)$。式(10-20)是对所有状态 S_j 来计算的 $(1 \leqslant j \leqslant N)$，对于任一给定 t 都要这样做，所以迭代计算是对 $t = 1, 2, \cdots, T-1$ 进行的。

第 3 步，将最后一次迭代计算的结果 $\alpha_T(i)$ 对 i 求和，便得到 $P(O|\lambda)$。因为根据前向变量的定义式(10-18)有

$$\alpha_T(i) = P(O_1, O_2, \cdots, O_T; q_T = S_i \mid \lambda)$$

所以，将所有 $\alpha_T(i)$ 对 i 求和便可得到 $P(O|\lambda)$。

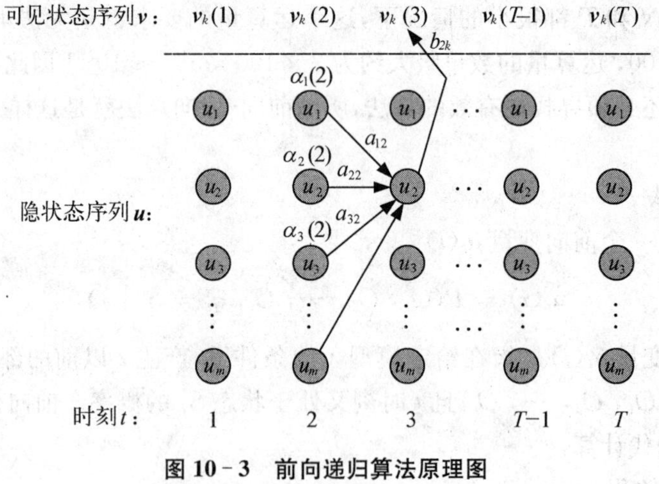

图 10-3 前向递归算法原理图

现在来看一下式(10-20)所需的计算量。对于每个 j，计算 $\sum_{i=1}^{N} \alpha_t(i)a_{ij}$ 需用 N 次乘法、$N-1$ 次加法，乘以 $b_j(O_{t+1})$ 又需要 1 次乘法，因而对于 j 取 N 个值来说，共需要乘法次数 $N(N+1)$，而加法次数为 $N(N-1)$；考虑到 t 从 1 取到 $T-1$，所以计算 $\alpha_t(i)$ 所需要总乘法次数为 $N(N+1)(T-1)$，总加法次数为 $N(N-1)(T-1)$。为简单计，可近似认

为计算 $\alpha_t(i)$所需计算量为 N^2T 次。而按定义直接计算 $P(O|\lambda)$所需计算量约为 $2TN^T$ 次。可见前向算法已经把计算量减少到非常低的水平。例如，设 $N=5$ 和 $T=100$，前向算法的计算量约为 $5^2\times100=2\,500$，而直接计算的运算次数是10^{72}次，运算量节省了约 69 个数量级！

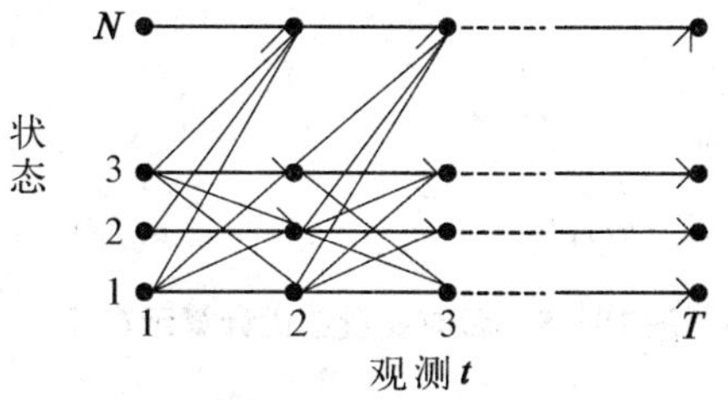

图 10 - 4　说明前向算法减少计算量的格型结构图

前向算法之所以能够大幅度减少计算量，主要原因为它是以图 10 - 4 所示的格型结构为基础的。由于只有 N 个状态，在格型结构中每个时间只有 N 个节点，所以不管观测序列有多长，所有可能的状态序列都将汇合入这 N 个节点。在时间 $t=1$（格型结构中左边第一列），需要计算 N 个 $\alpha_t(j)$值（$j=1, 2, \cdots, N$）。由于任一时间 t 的 N 个节点中的每个节点都是由前一时间 $t-1$ 的同样 N 个节点引来的，所以，任一时间 t 对 N 个 $\alpha_t(j)$的计算都只涉及迁移时间 $t-1$ 的 N 个 $\alpha_{t-1}(i)$的值。

2) *后向算法*

与上述类似的讨论，可以得到另一种相似的算法即后向算法，前向算法和后向算法统称前向-后向算法。为了推到后向算法，首先需要定义后向变量 $\beta_t(i)$为

$$\beta_t(i)=P(O_{t+1}, O_{t+2}, \cdots, O_T \mid q_t=S_i, \lambda) \tag{10-22}$$

它是指在已经给定模型 λ 和 t 时刻处于状态 S_i 的条件下，产生部分观测序列$\{O_{t+1}, O_{t+2}, \cdots, O_T\}$的概率。后向变量也可以用迭代算法进行计算，步骤如下：

步骤 1　初始化。

$$\beta_T(i)=1,\quad 1\leqslant i\leqslant N \tag{10-23}$$

步骤 2　迭代计算。

$$\beta_t(i)=\sum_{j=1}^{N}a_{ij}b_j(O_{t+1})\beta_{t+1}(j),\quad t=T-1, T-2, \cdots, 1,\quad 1\leqslant i\leqslant N \tag{10-24}$$

步骤 3　最后计算。

$$P(O\mid\lambda)=\sum_{i=1}^{N}\beta_1(i) \tag{10-25}$$

第 1 步，任意给定 $\beta_T(i)$等于 1（对所有 i）。

第 2 步，迭代计算可以用图 10 - 5 来说明。为了在时间 t 能处于状态 S_i，同时为了解释从时间 $t+1$ 开始以后的观测序列的出现，必须考虑在时间 $t+1$ 可能出在所有 N 个可能状态。这样就出现了 a_{ij}（从状态 S_i 转移到 S_j）和 $b_j(O_{t+1})$以及 $\beta_{t+1}(j)$（从状态 S_j 以

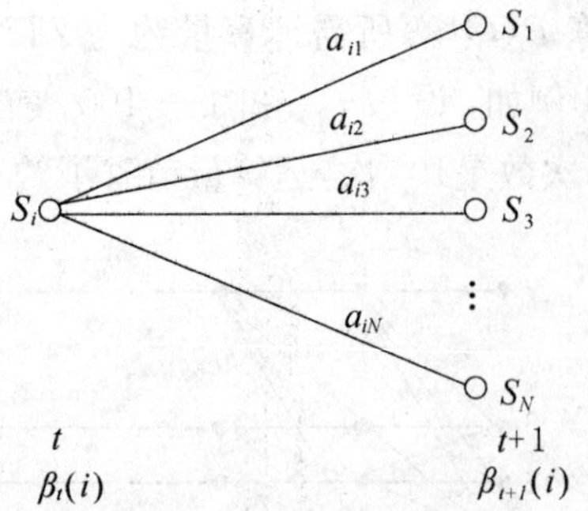

图 10-5　后向变量迭代计算示意图

后，保持后面一部分观测序列）。$\beta_t(i)$ 的计算（$1\leqslant t\leqslant T$，$1\leqslant i\leqslant N$）要求 N^2T 数量级的运算量，也可以用类似于图 10-4 的格型结构来计算。

后向和前向算法对于求解问题 2 和问题 3 也是有帮助的。

3）第 2 个问题的求解

问题 2 是求取伴随给定观测序列产生的“最佳”状态序列。所谓“最佳”要按一定的判据来定义。和问题 1 不一样，那里能够得到准确的解；而问题 2 的解法可以有许多种，主要取决于采用什么样的最佳判据。

一个可能的最佳判据是选择这样一些状态为最佳的状态序列，它们都是最可能发生的。这一最佳判据，就是要使“正确的”状态数目的期望值最大。为了求得问题 2 的解，首先定义变量 $\gamma_t(i)$：

$$\gamma_t(i)=P(q_t=S_i\mid O,\lambda) \tag{10-26}$$

它是在给定观测序列 O 和模型 λ 的条件下，t 时刻处在状态 S_i 的概率。$\gamma_t(i)$可用前向变量和后向变量表示为

$$\gamma_t(i)=\frac{\alpha_t(i)\beta_t(i)}{P(O\mid\lambda)}=\frac{\alpha_t(i)\beta_t(i)}{\sum_{i=1}^{N}\alpha_t(i)\beta_t(i)} \tag{10-27}$$

由于 $\alpha_t(i)$说明部分观测序列$\{O_1, O_2, \cdots, O_t\}$和 t 时刻处于状态 S_i，而 $\beta_t(i)$说明观测序列的剩下部分（已知 t 时刻处于状态 S_i），因而 $\alpha_t(i)\beta_t(i)$表示产生整个观测序列 O 而且 t 时刻处于状态 S_i 的概率，即 $\alpha_t(i)\beta_t(i)=P(O, q_t=S_i\mid\lambda)$。将其用因子 $P(O|\lambda)$归一化，便得到 $\gamma_t(i)$，它是一个条件概率，因为 $\gamma_t(i)=P(q_t=S_i\mid O,\lambda)=\dfrac{P(O, q_t=S_i\mid\lambda)}{P(O,\lambda)}$；且有

$$\sum_{i=1}^{N}\gamma_t(i)=1 \tag{10-28}$$

利用 $\gamma_t(i)$，可以求出各个最可能状态 q_t（在 t 时刻所处的最可能状态）为

$$q_t=\arg\max_{1\leqslant i\leqslant N}[\gamma_t(i)],\quad 1\leqslant t\leqslant T \tag{10-29}$$

虽然式(10-29)使正确状态数目的期望值最大（对每个 t 都选择最可能出现的状态），但最后得到的状态序列仍可能产生一些问题。例如，当隐马尔科夫模型中某些状态转移概率为零时（即对于某些 i 和 j 值中有 $a_{ij}=0$），那么，所谓“最佳”状态序列实际上甚至不成为状态序列。这是因为，式(10-29)的求解仅仅是从每个时刻出现最可能的状态来考虑的，而没有考虑到状态序列的发生概率（没有考虑全局结构、时间上相邻状态以及

观测序列的长度等)。

上述问题的解决办法是对最佳判据进行修正。例如,可以使成对的正确状态(q_t, q_{t+1})或成三个的正确状态(q_t, q_{t+1}, q_{t+2})的数目的期望值最大来求取状态序列。虽然这样一些判据在某些用中也许是合理的,但最广泛应用的判据仍然是寻找单个最佳状态序列(途径),亦即使 $P(Q|O, \lambda)$最大,这等效于使 $P(Q, O|\lambda)$最大。现在有一种以动态规划为基础的寻找单个最佳状态序列的方法,即所谓的 Viterbi 算法。下面简单介绍这种算法。

对于给定的观测序列 $O = \{O_1, O_2, \cdots, O_T\}$,为了找到单个最佳状态序列 $Q = \{q_1, q_2, \cdots, q_T\}$,需要定义一个量 $\delta_t(i)$:

$$\delta_t(i) = \max_{q_1, q_2, \cdots, q_{t-1}} P(q_1, q_2, \cdots, q_t = S_i, O_1, O_2, \cdots, O_t \mid \lambda) \quad (10-30)$$

即 $\delta_t(i)$是沿着一条路径在 t 时刻的最好得分(最高概率),它说明产生头 t 个观测符号且终止于状态 S_i。$\delta_t(i)$可用迭代进行计算:

$$\delta_{t+1}(i) = [\max_i \delta_i(i) a_{ij}] b_j(O_{t+1}) \quad (10-31)$$

为了实际找到这个状态序列,需要跟踪使式(10-31)最大的参数变化的轨迹(对每个 t 和 j 值)。可以借助于阵列 $\psi_t(j)$来做到这一点。寻找最佳状态序列的完整过程现在可陈述如下:

步骤 1 初始化。

$$\delta_1(i) = \pi_i b_i(O_1), \quad 1 \leqslant i \leqslant N \quad (10-32)$$

$$\psi_1(i) = 0 \quad (10-33)$$

步骤 2 迭代计算。

$$\delta_t(i) = [\max_{1 \leqslant i \leqslant N} \delta_{t-1}(i) a_{ij}] b_j(O_t), \quad 2 \leqslant t \leqslant T, 1 \leqslant j \leqslant N \quad (10-34)$$

$$\psi_t(j) = \arg\max_{1 \leqslant i \leqslant N} [\delta_{t-1}(i) a_{ij}], \quad 2 \leqslant t \leqslant T, 1 \leqslant j \leqslant N \quad (10-35)$$

步骤 3 最后计算。

$$p^* = \max_{1 \leqslant i \leqslant N} [\delta_T(i)] \quad (10-36)$$

$$q^* = \arg\max_{1 \leqslant i \leqslant N} [\delta_T(i)] \quad (10-37)$$

步骤 4 路径(状态序列)回溯。

$$q_t^* = \psi_{t+1}(q_{t+1}^*), \quad t = T-1, T-2, \cdots, 1 \quad (10-38)$$

应当注意,在实现方法上,Viterbi 算法类似于前向算法(除了多一个回溯步骤外)。它们的主要区别在于,Viterbi 算法用式(10-34)的计算(即对前面的状态求最大值)来代替前向算法中的式(10-20)的求和运算。显然 Viterbi 算法也可以用格型结构有效地加以实现。

4）第 3 个问题求解

问题 3 是调整模型参数($\boldsymbol{A}$, $\boldsymbol{B}$, π)，使观测序列在给定模型条件下的发生概率最大。这是三个问题中最困难的一个问题。目前尚无解决这个问题的解析方法。实际上，给定任何有线观测序列作为训练数据，没有一种最佳方法能估计模型参数。但是，可以利用迭代处理方法（如 Baum-Welch 法，或称期望值修正法即 EM 法）或利用梯度技术选择 $\lambda = (\boldsymbol{A}, \boldsymbol{B}, \pi)$ 以使得 $P(O|\lambda)$局部最大。这里介绍一种选择模型参数的迭代处理方法。

为了说明隐马尔科夫模型参数的重估方法（迭代更新和改进），首先定义

$$\xi_t(i, j) = P(q_t = S_i, q_{t+1} = S_j \mid O, \lambda) \tag{10-39}$$

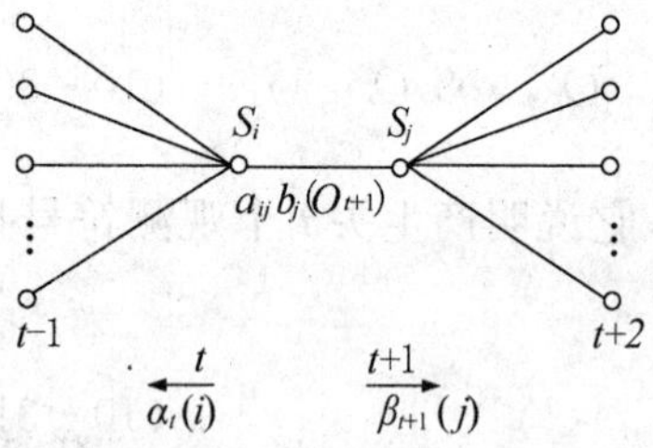

图 10－6　说明 $\xi_t(i, j)$计算的示意图

即它是在给定模型和观测序列条件下，在时间 t 处于状态 S_i，而在时间 $t+1$ 处于状态 S_j 的概率。为了计算这个联合事件（在时间 t 处于状态 S_i，而在时间 $t+1$ 处于状态 S_j）的概率，用图 10－6 来说明运算顺序。根据前向变量和后向变量定义，从图 10－6 可以清楚看出，$\xi_t(i, j)$可以写成下列形式：

$$\xi_t(i, j) = \frac{\alpha_t(i)a_{ij}b_j(O_{t+1})\beta_{t+1}(j)}{P(O \mid \lambda)} = \frac{\alpha_t(i)a_{ij}b_j(O_{t+1})\beta_{t+1}(j)}{\sum_{i=1}^{N}\sum_{j=1}^{N}\alpha_t(i)a_{ij}b_j(O_{t+1})\beta_{t+1}(j)} \tag{10-40}$$

上式的分子就是 $P(q_t = S_i, q_{t+1} = S_j, O \mid \lambda)$，除以 $P(O \mid \lambda)$ 便得到所求的概率。$\alpha_t(i)$说明输出前 t 个观测值且在时间 t 处于状态 S_i，$a_{ij}b_j(O_{t+1})$ 说明在时间 $t+1$ 转移到状态 S_j 并输出观测符号 O_{t+1}，$\beta_{t+1}(j)$ 说明输出观测序列的剩下部分。

前面曾把 $\gamma_t(i)$定义为在给定观测序列和模型条件下，在时间 t 处于状态 S_i 的概率，因此，将 $\xi_t(i, j)$对 j 求和便可得到$\gamma_t(i)$，即

$$\gamma_t(i) = \sum_{j=1}^{N}\xi_t(i, j) \tag{10-41}$$

如果将 $\gamma_t(i)$对 t 求和，将得到一个量，这个量可解释为访问状态 S_i 的次数的时间期望值。或者等效地解释成从状态 S_i 进行转移的次数的期望值（如果在求和中去掉最后时间 T）。类似地，将 $\xi_t(i, j)$对 t 求和（t 从 1 到 $T-1$），可以得到从状态 S_i 转移到 S_j 的期望数。即

$$\sum_{t=1}^{T-1}\gamma_t(i) = \text{从状态 } S_i \text{ 进行转移的期望数} \tag{10-42}$$

$$\sum_{t=1}^{T-1}\xi_t(i) = \text{从状态 } S_i \text{ 转移到 } S_j \text{ 的期望数} \tag{10-43}$$

利用上面的公式以及计算事件发生的概念，可以得到一种重估隐马尔科夫模型参数

的方法，其计算公式如下：

(1) 在时间 $t=1$ 处于状态 S_i 的次数(频率)的期望值：

$$\bar{\pi}_i = \gamma_1(i) \tag{10-44}$$

(2) 从状态 S_i 转移到 S_j 的期望数与从状态 S_i 转移的期望数的比值：

$$\bar{a}_{ij} = \frac{\sum_{t=1}^{T-1} \xi_t(i, j)}{\sum_{t=1}^{T-1} \gamma_t(i)} \tag{10-45}$$

(3) 从状态 S_j 观测到符号 v_k 的次数的期望值与处于状态 S_j 的次数的期望值的比值：

$$\bar{b}_j(k) = \frac{\sum_{t=1}^{T} \gamma_t(j) O_t = v_k}{\sum_{t=1}^{T} \gamma_t(j)} \tag{10-46}$$

π_i 的重估公式只不过是在 $t=1$ 时处于状态 S_i 的概率。a_{ij} 的重估公式就是从状态 S_i 转移到 S_j 的期望数除以从状态 S_i 转移的期望数。$b_j(k)$ 的重估公式是处于状态 S_j 并观测到符号 v_k 的次数的期望值除以处于状态 S_j 的次数的期望值。注意 $b_j(k)$ 的重估公式中的求和是从 $t=1$ 到 $t=T$。

如果把现在的模型定义为 $\lambda = (\boldsymbol{A}, \boldsymbol{B}, \pi)$，并用它来计算式(10-44)～式(10-46)的右边；把重估模型定义为 $\bar{\lambda} = (\bar{\boldsymbol{A}}, \bar{\boldsymbol{B}}), \pi)$，由式(10-44)～式(10-46)的左边来决定。那么，可以证明：

(1) 初始模型 λ 定义了似然函数的一个临界点，在此情况下 $\bar{\lambda} = \lambda$；

(2) 在 $P(O|\bar{\lambda})$ 意义上来说，模型 $\bar{\lambda}$ 比 λ 更有可能，亦即找到了一个新模型，观测序列更有可能从这个新模型产生出来。

以上述方法为基础，如果不断地用 $\bar{\lambda}$ 代替 λ，并重复上述重估计算，那么就能够改善模型观测到 O 的概率，直至达到某个极限点为止。这一重估过程的最后结果称为隐马尔科夫模型的最大似然估计。

应当指出，前向-后向算法只能得到局部最大。在大多数我们感兴趣的问题中，最佳化曲面是很复杂的因而有许多局部最大值。

利用约束最佳化技术，求 Baum 辅助函数

$$Q(\lambda, \bar{\lambda}) = \sum_{Q} P(Q \mid O, \lambda) \log[P(O, Q \mid \bar{\lambda})] \tag{10-47}$$

的最大值，可以直接推导出重估式(10-44)～式(10-46)。可以证明，$Q(\lambda, \bar{\lambda})$ 的最大化导致似然函数值的增加，即

$$\max_{\bar{\lambda}}[Q(\lambda, \bar{\lambda})] \Rightarrow P(O \mid \bar{\lambda}) \geqslant P(O \mid \lambda) \tag{10-48}$$

最后似然函数收敛于临界点。

参考文献

[1] 孙即祥. 现代模式识别[M]. 北京:高等教育出版社,2008.

[2] 边肇祺,等. 模式识别[M]. 北京:清华大学出版社,2000.

[3] JULIUS T T, RAFAEL C G. Pattern Recognition Principles [M]. New Jersey: Addison-Wesley, 1977.

[4] (日) 福永圭之介. 统计图形识别导论[M]. 陶笃纯,译. 北京:科学出版社,1978.

[5] 张尧庭,方开泰. 多元统计分析导论[M]. 北京:科学出版社,1982.

[6] 傅京孙. 模式识别及其应用[M]. 北京:科学出版社,1983.

[7] RAFAEL C G, MICHAEL G T. Syntactic Pattern Recognition — an introduction [M]. New Jersey: Addison-Wesley, 1978.

[8] 李金宗. 模式识别导论[M]. 北京:高等教育出版社,1994.

[9] (希) 西奥多里蒂斯,等. 模式识别[M]. 李晶皎,等译. 北京:电子工业出版社,2004.

[10] 瓦普尼克 V N. 统计学习理论[M]. 许建华,张学工,译. 北京:电子工业出版社,2009.

[11] 瓦普尼克 V N. 统计学习理论的本质[M]. 张学工,译. 北京:清华大学出版社,2000.

[12] Platt J. Fast training of support vector machines using sequential minimal optimization [M]. Advances in Kernel Methods — Support Vector Learning, Cambridge, MA: MIT Press, 1999: 185 - 208.

[13] 殷勤业,杨宗凯,谈正,等. 模式识别与神经网络[M]. 北京:机械工业出版社,1992.